中国少数民族特需商品
传统生产工艺和技术保护工程第十二期工程

西南地区少数民族服饰

（第一部分）

湘黔边苗族服饰

铜仁职业技术学院湘黔边苗族服饰研究课题组 编著

中国经济出版社
CHINA ECONOMIC PUBLISHING HOUSE
·北京·

图书在版编目（CIP）数据

西南地区少数民族服饰. 第一部分, 湘黔边苗族服饰 /
铜仁职业技术学院湘黔边苗族服饰研究课题组编著. --
北京：中国经济出版社，2023.12
ISBN 978 - 7 - 5136 - 7315 - 0

Ⅰ. ①西… Ⅱ. ①铜… Ⅲ. ①苗族 - 民族服饰 - 西南
地区 Ⅳ. ① TS941.742.8

中国国家版本馆 CIP 数据核字（2023）第 082263 号

审图号：GS 京（2023）1033 号

策划编辑　姜　静
责任编辑　王西琨　马伊宁
责任印制　马小宾
封面设计　邹雅娴

出版发行　中国经济出版社
印 刷 者　北京艾普海德印刷有限公司
经 销 者　各地新华书店
开　　本　787mm×1092mm　1/16
印　　张　21.25
字　　数　388 千字
版　　次　2023 年 12 月第 1 版
印　　次　2023 年 12 月第 1 次
定　　价　160.00 元
广告经营许可证　京西工商广字第 8179 号

中国经济出版社 网址 www.economyph.com 社址 北京市东城区安定门外大街 58 号 邮编 100011
本版图书如存在印装质量问题，请与本社销售中心联系调换（联系电话：010-57512564）

中国少数民族特需商品传统生产工艺和技术保护工程第十二期工程

——西南地区少数民族服饰（第一部分）：湘黔边苗族服饰

项目指导小组成员

主　任：张志刚

副主任：彭泽昌

成　员：叶　青　马　磊

项目办公室成员

主　任：张命华　吴　玉

副主任：廖延林　龙开义　徐振华　秦中应

成　员：龙智先　吴金庭　陈　芳　曾新华　胡国兵　潘洪礁

　　　　龙家兴　邹雅娴　石丽平　陈忠祥　吴　华　田　曦

　　　　谢　峰　滕楚弋　吴仙花　龙燕萍

专家评审组成员

周　莹　中央民族大学美术学院教授、博士生导师（组长）

贺　琛　中国民族博物馆收藏部副主任、副研究馆员

李迎军　清华大学美术学院长聘副教授、博士生导师

王　弈　北京服装学院教授、硕士生导师

陈敬玉　浙江理工大学服装学院教授、硕士生导师，浙江理工大学

　　　　瓯海研究院副院长

中国少数民族特需商品
传统生产工艺和技术保护工程
—— 第十二期工程 ——

西南地区少数民族服饰（第一部分）：
湘黔边苗族服饰

CONTENTS **目 录**

第一章　湘黔边苗族服饰概况

苗族，是一个古老的民族，散布在世界各地，主要分布于中国的黔、湘、鄂、川、滇、桂、琼等省区，以及东南亚的老挝、越南、泰国等国家和地区。根据历史文献记载和苗族口碑资料，苗族先民最先居住于黄河中下游地区，其祖先是蚩尤，在"三苗"（中国传说中黄帝至尧舜禹时代的古部落名）时代又迁移至江汉平原，后由于战争等因素，逐渐向南、向西大迁徙，进入西南山区和云贵高原。明清以后，部分苗族移居东南亚各国。20世纪60年代，又从东南亚远徙欧美。苗族有自己的语言，苗语属汉藏语系苗瑶语族苗语支，分湘西、黔东和川黔滇三大方言。

本书所述湘黔边地处云贵高原向湘西丘陵过渡的缓坡地带，武陵山脉中部，属于武陵民族走廊的核心地带，是历史上的红苗聚居区。湘黔边苗族自称"果熊"，他称"红苗"（以"着红色衣服"而得名）。据史料考证与口碑传说，湘黔边苗族先民起源于黄河流域及长江中下流的远古氏族部落；后发展至江淮一带，古称"三苗"；今天主要分布在湘、黔、渝、鄂边区（即武陵地区）。湘黔边苗族操苗语湘西方言，分为东部方言和西部方言两种土语。东部土语主要通行于沅陵、泸溪、辰溪及古丈部分乡镇，西部土语则主要通行于贵州省的松桃县，湖南省的凤凰、吉首、花垣等县市，重庆市的秀山、酉阳、彭水、石柱等县，湖北省的宣恩、咸丰、来凤等县。历史上湘黔边苗族服饰以湘西型各式为主，但现今除湘西、松桃、铜仁、秀山、彭水等县有部分地区仍保持苗族语言和服饰外，其他县的苗族服饰特征已经不明显了。因此，本书所研究的湘黔边苗族服饰主要分布于湖南省湘西州的凤凰、吉首、花垣、泸溪等县市和贵州省的松桃县。

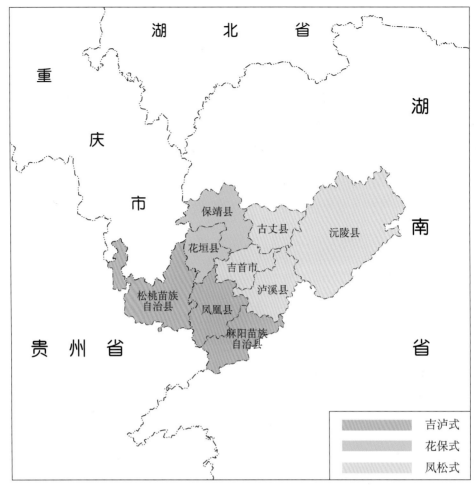

▲ 湘黔边苗族服饰分布图

一、源流

（一）材料及纺织工艺

服饰，是服装与首饰之总称，包括首饰、冠式、妆饰、衣服、裤裳、鞋履、饰物等，与纺织技术及生产力的发展有着极为密切的联系。历史上苗族只有语言没有文字，这为研究湘黔边苗族服饰史带来了极大的难度，只能综合汉字文献记载、考古文物发现以及田野调查等资料予以简略地勾勒与描述。

中外服饰史研究表明，人类衣服的主要来源是兽皮。据考古学家推断，从 400 万年前人类诞生起一直到 30 万年前左右，人类一直都是赤身状态，人类如野兽一般在大自然中生存，历经与野兽和大自然的搏斗后渐渐成长起来，并开始学会用树叶、野兽皮毛制作衣服。故《后汉书·舆服志》记载："上古穴居而野处，衣毛而冒皮，未有制度。"作为人类集团的一部分，毫无疑问，苗族的先民也是用树叶、野兽皮毛制作衣服。苗族学者麻明进、麻绍伟追溯湘西苗语"衣服"的词源，认为今日湘西苗族衣服的简称"婀"（Eud）、"系兜"（Xid ndoul），源自古苗语"备尤垄系"（Bid yul nus xib），而"备尤垄系"的汉译为"牛毛鸟衣"，它概括了苗族服装起源及外在形象，是用兽皮、像牛毛的棕皮毛和禽羽做衣服并加以装饰的。据说流传至今的椎牛祭祖，即湘黔边苗民对远祖征服野牛，以牛皮制作衣装的缅怀与追忆；而今日苗族拳师为了御敌护身，仍依古制戴牛头皮制的头盔、穿棕片缝成背褡的棕片甲，也是苗族"牛毛鸟衣"这一远古服饰文化的遗留与传承。

考古学上与苗族先民直接相关的文化遗存当为屈家岭文化。屈家岭文化，是蚩尤九黎部落集团与炎黄二帝联盟战争失败后退居在江淮、江汉和洞庭彭蠡间形成的三苗国部落的三苗文化的遗存。其分布范围大概是今湖北省地界，北抵河南省西部，南到湖南省洞庭地区的澧县，西至重庆市的巫山，东达江西省的修水。其年代为公元前2800年左右，距今已4800多年之久，此时期也是三苗集团最为强盛的时期。屈家岭文化遗址发现了大量的彩陶纺轮。纺轮多为扁薄中小型；同时，还有个体较大的偏重的无彩常规纺轮、石纺轮，以及绣织物缯帛。这些出土器物表明，这一时期三苗集团的纺织工艺已经发展到了一定水平。

春秋战国时期，以苗族为主体的楚国，其纺织技术在全国的同期水平中位居一流，这在湖北江陵马山一号楚墓及长沙左家塘等地战国楚墓出土的纺织品中得以证实。

秦汉以来，湘黔边苗族服饰面料有葛、麻、棉、丝、毛，且款式较多。早在秦汉时期，统治者在苗族先民居住的武陵郡、巴郡的"蛮夷"以"賨布"交纳贡赋。《后汉书·南蛮传》记载，汉在武陵蛮地区（今湖南西部、湖北西南等地）"岁令大人输布一匹，小口二丈，是谓賨布"。賨布，即人头税交纳的麻布，可见这些地区的苗族麻织业有了一定的发展。

唐宋时期，苗族聚居武陵五溪地区的黔州、辰州、溪州、奖州等，贡品中多有"葛布""苎麻布""溪布""绢"等，可见，湘黔边苗族服饰布料来源仍然延续了"织绩木皮"的传统。此种状况在改土归流之后随着苗区集市贸易的繁盛而得到了极大的改变。改土归流之后，当时由沅水、酉水及澧县、沅陵进出湘西的水路、陆路上，商贾络绎不绝，商业贸易十分活跃。外来商品很多，永绥等地"广货川货，四时皆有；京货陕货，亦以时至"，"鱼、盐、布匹一切食用之物，皆取于内地"。（乾隆《永绥厅志》卷二）"布帛器用，场期皆随时可售得者。"（光绪《古丈坪厅志》卷十一）"城乡市铺贸易往来，有自下路装运来者，如棉花、布匹、丝、扣等类。"（同治《保靖县志》卷二）这些记载表明，改土归流后，流入湘黔边苗区的布匹、丝绸、丝线等服饰原料较之以前，不仅数量巨大，容易获得，且种类繁多，为湘黔边苗族服饰布料的多样化、印染工艺的革新、色彩的搭配、针法的改进等提供了物质基础。

明清以后，随着苗区与中原互动日益紧密，湘黔边苗族的纺织工艺水平大大提高。清康熙年间阿琳的《红苗归流图·挑丝纺织图》绘制了改土归流时湘西一带"生苗"区苗族妇女纺丝织锦的全过程：有的妇女在织茧抽丝，有的用纺车纺纱，有的在染色，有的在牵纬线、上织机，有的在矮机上织布。其《附志》云，"苗妇亦知纺织之事，抽茧采草木取汁染色，机织成锦，文皆龙凤方胜花卉……又绩苎为巾帨"；"纺棉苎为布以供衣裳。其机其矮，席地而织"。

"改土归流"后，湘黔边少数民族地区建立了府州厅县等行政管理机构，统治者在湘西土司区和"苗疆"采取了一些比较积极的治理开发政策。允许客民入境垦荒，棉、苎麻栽培技术逐渐普及；在苗族地区推广汉族先进纺织生产工具和技术，如纺车、养蚕等。"攻木者雕缕（镂）刻画，攻金者铸枪炼刀，及一切农器莫不精致坚牢。其他各艺皆日异月新"。苗族地区的丝麻纺织业得到了进一步发展。改土归流后汉族群众流入湘西，百艺工匠带来了先进的手工业技术，"永顺在土司时自安朴陋，因鲜外人踪迹。自改流后，百务咸兴，于是攻石之工、攻金之工、砖植之工、设色之工，皆自远来矣"，工种也渐增多，"土、木、竹、石、裁缝、机匠之属各有专司"，外地和本地手工业者"彼此相习，艺亦渐精"，直接带动了苗民纺织工艺的提升。乾隆初年《永顺府志》（卷十）载："苗民性喜彩衣，能织纫，有苗巾、苗锦之属"，表明苗族的传统织布技术已相当成熟，作为地方名优特产颇受欢迎。

苗族的服装传统原料为自种自织的麻布、棉布、土绸、土绢，清末随着大量洋布倾销，麻布逐渐被淘汰，土布虽然经用，但耗时费工，产量不多，成本较高，衣服原料以洋布为主。

（二）改土归流前苗族服饰形制

"改土归流"以前，湘黔边苗族具有本民族完整的服饰体系，且与汉人服饰迥然有别。苗族服装的面料均为自织、自染的五彩斑斓的土布；男女服装性别差异不大，男女下装均着裙，上身穿青或蓝色绣花衣，下穿百褶裙，头蓄长发，包青色花帕，缠裹腿；喜好佩戴各种银饰。

▲ 清傅恒等编绘的《皇清职贡图》所描绘的红苗形象

秦汉时期，史书上所载的三苗后裔"盘瓠蛮"，也称"武陵蛮""五溪蛮"，便是目前生活在湘西地区的苗族先民。秦汉以降，历代汉文文献对"嗜好居处全异"湘黔边苗族先民的"好五彩衣"习俗格外关注，相关记载不绝于书。东汉应劭《风俗通义》载："盘瓠子孙，织绩木皮，染以草实，好五色衣服，裁制皆有尾形。"东晋干宝《搜神记》载："赤髀横裙，盘瓠子孙。"范晔则在《后汉书·南蛮西南夷列传》载："织绩木皮，染以草实，好五色……衣服斑斓。"《隋书·地理志》又载："诸蛮本其所出，承盘瓠之后，故服章多以斑布为饰。"《宋史·蛮夷传》统称西南各蛮夷"锥髻跣足，走险如履平地……衣服斑斓"。

"跣足"即光脚板，"赤髀横裙"即不穿长裤，大腿外露，穿着横裙。"织绩木皮，染以草实，好五色，以斑布为饰"，指用麻纤维、树皮等加工成服装，并且用花草、树皮、野果等类物质煮染布料，最后用彩色的麻线之类绣织衣服、装饰打扮。这一习俗沿袭至清朝前期。

雍正时期的陈牧《进贡苗蛮图》载："（红苗）铜仁府有之，吴、龙、石、麻、白五姓，衣服悉用斑丝红，以此为务……"道光《凤凰厅志》追述："苗人惟寨长撒发，余皆裹头椎髻，去髭须如妇人。短衣跣足，以红布搭包系腰，着青蓝布衫，间有刺绣彩花。"这些描述表明，清前期，红苗的衣着特征：湘黔边苗族男女服饰差别不大，女子着红色上衣，且有较宽的云肩装饰，袖口、领襟和裙下摆用织锦花边进行装饰，下着长褶裙，头戴帕，衣长处于臀围以下等。

改土归流前，湘黔边苗族男女喜欢全身佩戴各种银饰物。陆游《老学庵笔记》记载宋代五溪蛮："男子未娶者，以金羽插髻；女子未嫁者，以海螺为数珠挂颈上。"到清代，苗族男女仍盘髻插簪，发髻绾于头顶偏后部分。男子穿绣花衣服，项带银圈一二围；女子穿镶有花边的红色窄袖短衣和百褶裙，佩戴银饰。沈瓒等编《五溪蛮图志》记载，明成化年间湘西苗族"男女皆戴银耳环，尺围大"。银饰在清代盛极一时。爱必达《黔南识略》记载："男……项带银圈一二围""女子银花饰首、耳垂大环，戴银圈，以多者为富"。阿琳《红苗归流图志》记载："男子以网巾约发，带一环于左耳，大可围圆一二寸。妇人则两耳皆环，绾发……遍以银索（紫）绕之，插银簪六七枝。"清道光《凤凰厅志》又记载："苗人……富者以网巾约发，贯以银簪四五支，长如匕，上扁下圆，两耳贯银环如碗大，脖围银圈，手戴银钏""其妇女银簪、项圈、手钏皆如男子，惟两耳皆贯银环三四圈不等。衣服较男子略长，斜领直下，用锡片红绒或绣花卉为饰。富者头戴大银梳，以银索密绕其髻，裹以青绣帕，腰不系带，不着里衣，以锦布为裙，而青红间道，亦有钉锡铃绣绒花者，两三幅不等，与男子异""未嫁者额发中分结辫，垂以锡铃、乐珠为饰。"

（三）改土归流后苗族服装变化

今日湘黔边苗族服装风格的形成，尤其是妇女的服装，其形制、装饰手法极其接近清代、民国时期的汉族服装，较多地留有清代妇女服装之遗风。造成此一苗族服装形制风格巨变的原因有二：一是明清以来苗汉文化交流交融加强；二是康熙、雍正年间清政府在湘黔边苗区实施"改土归流"政策，力推服饰"变革"，迫令苗民一律剃发，"服饰宜分男女"，湘黔边苗族服装在本民族服饰形制的基础上开始较多地渗入了当时汉民族服饰的因素而逐步产生演变。

道光《松桃厅志》卷六"苗蛮"载："苗人服饰，五姓皆同。青布裹头，衣尚青，短仅蔽膝，男着裤，女着裙，裙多至数匝，百褶褊襦甚风不举，盛饰时用斑丝，常服惟青布，近则少壮妇女多用浅蓝，亦名月蓝……其男之黠者，装束全与汉民同，惟女不弓足而已。"这些文献说明了此时苗族服饰已开始汉化，红苗已弃红尚青。

"改土归流"后，苗族男子大都按满人形式剃发，留头顶发圈编为辫子或绾髻，外包头巾；身穿大襟大袖短衣或长衫，老年人还穿无领大袖对襟"马褂"短衣。男子衣装改短，多安5颗布纽扣，袖长口小，摆宽腰大。黑帕缠腰，青布或花布裹脚。少数穿袜，多缝白布袜及蓝布袜，外套麻履。一些青年在衣胸、袖口、衣领处滚绣花边。裤子短大，疏松异常。总体是对襟少而满襟多。

民国初年，传教士陈心传记载湘西苗族："今无论苗仡，察其男子之凡与汉族接近或者居处接近者，已多与汉民同。僻处深山而少入城市者则略异，皆喜裹青布或花布头巾，着青蓝大布襟满或大襟衣；间或可见仍有颈环项圈，右臂围以红铜手钏者。妇女或闻其近四五十年以来，或苗或仡，非有嘉庆，皆少着裙者。而概改者刺有花边之绔也，其衣服亦无有再织五色花绸、花边制裁者。贫寒之家，皆系以青蓝布匹为之，富者则更有以土绸、杭绸及绫、缎、羔皮为之者。其上衫亦与汉妇之服装制裁同，所异者唯无风领，并稍长、稍宽，其边缘走有线、绣有花，或滚有花边。""苗妇中之较富者，于宴会时则喜戴银项圈、披肩、耳环、牙签，及镯、戒等饰品。"

辛亥革命到中华人民共和国成立前后，男装改裳裙为裤，裤筒短而大，脚缠青布绑腿，头着青、花色长布帕，斜十字缠带，大如斗笠。穿两三件青、条格麻色对襟布衣，钉7对布扣，衣袖长而小。若碰节庆、赶场、做客等社交娱乐场合，后生穿上最新衣裳，多达7件，扣衣层次分明，由外而里层层见扣，让人一看便知。

妇女衣服满襟无领，腰大而长，袖大而短；胸前、袖口叠缝绣边，间饰细花栏杆线辫；盛装的开衩衣边及衣摆，有刺绣及挖云钩；在颈、右衽角、胁下、腰、臀各部安扣。腰系红、绿、黄色细帕或絷带、裙带，帕带两端吊悬于右方。裤短筒大，裤腰宽阔，装以围约1.3米白布，裤筒以围约0.7米的青、蓝色布为主，常装于裤边上13～17厘米处叠缝绣花边或串、挑花边，盛装从裤边向上叠绲两层近尺宽的苗绣花边。妇女裙不离身，有颛式围裙、梯形围裙。裙头、裙角镶有绣花布边，间配线辫，两边缝连絷带。若提裙角系于腰身就成腰袋，利于所摘瓜菜放入；若将围裙搭在头上则可遮阳御寒，而铺开可供小孩坐卧。之前的百褶裙，系时围满腰身，前后长至脚踝，行路裙摆摇曳，风度翩翩。"改土归流"后，只是在椎牛、接龙等盛大祭典时穿，时称礼裙。

二、类型

湘黔边苗族以"红苗"为主，另有20多个苗族支系，而每一支系又包含若干的小支系，每个小支系的服饰又各有特点，以便各支系之间互作区分，这就使得湘黔边苗族服饰显得分外多姿多彩。清同治《永绥厅志》卷六记载，湘西苗族支系从服饰和姓氏上分主要为红苗，此外还有青、花、黑、爷头、洞崽、八寨、箐、白、九股、黑山、黑脚、西溪、平伐、东、杨保、紫姜、吴家、梁家等苗。虽"各志统谓之红苗"，但支系不同，服饰各有特色，如箐苗，"衣皆用麻"；白苗，"衣尚白，科头跣足，盘髻粗簪"；九股苗，"服尚青"；黑山苗，"以蓝布束发"；西溪苗，"女裙不过膝，以青布缠腿"；平伐苗，"男子披草衣，短裙；妇人长裙，绾发"；东苗，"男以花布束首，著浅蓝短衣；妇绿布裳，缘绣，两袖甚窄"；花苗，"所着裳服先用蜡绘于布而后染，既染去蜡，则花见"。各支系的服饰经过长期的互动融合，最终在湘黔边苗区形成了"一型"（湘西型）"三式"（花保式、凤松式、吉泸式）的服饰类型。

花保式。花保式服饰主要流行于花垣、保靖、古丈、吉首等县市。特点是妇女穿圆领大襟右衽衣，短小贴身，习于卷袖，以露出白色桃花袖套为美。上衣无盘肩花纹，衣襟纹饰多，追求大红大紫，艳丽夺目，少留空白。佩戴绣有龙、凤、花草、虫鱼等纹饰的围裙，戴黑、白布帕或丝帕盘绕于头。头帕层层环绕呈螺旋状，额前绕成平面，脑后似梯田形，末挽一道，平整于额眉。下着宽脚裤，裤下方有两道滚边，一道花纹，两道水纹或花带，穿花鞋。

凤松式。凤松式服饰流行于凤凰、麻阳、花垣等县及贵州的松桃县。特点是上衣长且肥，有盘肩花及两道滚边，前襟纹饰较少，色彩淡雅秀气。富人之家也有吊脚花，或称吊底花，少则一层，多则三层滚边花。戴绣花胸围兜或银片胸围兜，下穿绣花裤、绣花鞋。佩戴银肩及云肩。头缠花格帕或丝帕，层层环绕呈圆筒形，以高大为美。

吉泸式。吉泸式服饰流行于沅陵、泸溪、古丈、吉首等县市。妇女穿海蓝色立领大襟窄袖短衣，无纹饰。戴挑花胸围兜。男女均围白帕，绣青色花蝴蝶，朴素美观，独具风韵。

三、特点

（一）类型与功能多样

湘黔边苗族服饰类型多样，从穿着场合来看，有生活装、礼宾服（盛装）、祭祀衣（巴岱、头人及祭祀专用的接龙服饰）、作战服（如特制挡箭马甲）等；从性别来看，有男装和女装；从年龄来看，有成人装、儿童装、少女装、老年妇女装。作为苗族文化的综合性载体，这些类型多样的服饰，除了具有保暖、审美等通用功能外，还承载着其他功能。

湘黔边苗族的服饰图案在苗族历史文化的发展中，担负起"纹"以"载道"的作用，历史上的苗族虽无文字，但每一次迁徙之后，苗族先民都会把所生活的自然环境以及历史事件等物化为视觉符号绣于服饰上，以反映苗族先民的生活状态，记录苗族的历史文化发展进程。因此，穿戴在苗族人民身上的服饰，实质上就是解读苗族历史文化的一本百科全书。

湘黔边苗族服饰还具有突出的宗教功能。在"万物有灵"原始宗教观念支配下，不仅其服饰纹样蕴含着浓厚的自然崇拜、图腾崇拜、生殖崇拜、鬼神崇拜意识，而且在宗教仪式中还直接起到交感巫术的作用。祭祀衣是巴岱、头人、龙女（龙母）在接龙仪式中所穿戴的祭祀专用服饰，龙女（龙母）身着华丽的盛装，表示对龙神的尊敬；巴岱和头人身着绣有龙纹的祭祀衣，一丝不苟地举行祭祀仪式，企图实现人与"龙神"的交融，呼唤"龙神"的回归，期盼"龙神"的护佑。

湘黔边苗族笃信银器能驱邪逐祟、防阴气戕害。古时苗民戴上银脖圈，据说能战胜作恶的"老变婆"，确保合家平安。湘黔边苗族童帽具有明显的"护魂"寓意。湘黔边苗族认为新生儿童的生命力很脆弱，难以在艰苦恶劣的环境下存活成长，必须用帽子上的法器纹来保护儿童"魂魄"居所头部。法器纹是童帽上较为常见的纹饰，一般有葫芦、八卦、盘长纹等，在苗族人民的意识里，这些纹饰是法器的象征物，具有强大神力。葫芦与"福禄寿喜"四神中的"福神"联系在一起，有着"降福施祥"的能量；八卦则有着"阴阳调和、挡凶避煞"的作用；盘长是佛教的法器，具有"让灵魂永生"的功能。这些童帽法器纹饰直接反映出湘黔边苗族借助拥有能量的法器来保护儿童的美好愿望。

（二）重视配饰和装饰 ················

湘黔边苗族服饰自古以来即有"好五色""衣服斑斓"的特点。清代前期，湘黔边苗族男女均喜欢上身穿花衣，下着百褶裙，头蓄长发，包诸色花帕，脚着船形花鞋，配以各种银饰，其好装饰的风格十分突出。清雍正年间"改土归流"后，在政府指令"服饰宜分男女"后，湘黔边苗族服装虽然在形制、结构、色彩等方面都日趋与汉服相一致，但其好装饰的风格反而得到继承和发扬。妇女的头帕、首饰、衣、裤、裙及其他饰物的样式、色彩、图案、制作工艺等，都体现出古朴、精美、优雅、独特的装饰美风格。

与汉族仅将配饰作为服饰的一种点缀不同，湘黔边苗族服饰尤其重视配饰，而配饰中尤以银饰最为突出，湘黔边苗族民谚说"无银无花，不成姑娘"，苗族盛装银饰以其多样的品种、奇美的造型与精巧的工艺，呈现了一个瑰丽多彩的服饰配饰世界。湘黔边苗族银饰以大为美，大银角几乎为佩戴者身高的一半；以多为美，有银插花、银牛角、银帽、银梳、银簪、项圈、耳环、披肩、压领、腰链、衣片、衣泡、银铃、手镯和戒指等；以"匠心制作"为美，银饰的式样和构造均需匠师的精心设计，从绘图、雕刻到制作成型共有 30 多道工序，包含铸炼、吹烧、锻打、焊接、编结、镶嵌、擦洗和抛光等环节，制作流程繁杂，工艺水平极高。

湘黔边苗族极其重视装饰，对称与均衡、对比与调和、节奏与韵律、统一与变化等形式美的法则在造型、色彩方面体现得淋漓尽致，再充分运用点、线、面组合，其对称和谐的装饰美格外突出。服饰两边袖口上、裤脚上花边的位置，花边大小、花色、规格均相同；头帕上的对角、对边的花纹，绣花鞋上的左右花样也一模一样；就连围裙、围腰、围胸兜两边所绣的花样也极讲究对称。苗族服装纹饰的对称性构图也比比皆是，如双龙、双凤、双鸟、双鱼、双蝶等，不论是动物、人，还是植物花卉，对称是随处可见的。在服装纹饰图案中，人手牵着手、花连着花，还有连续不断的涡旋纹、几何纹等，给人一种对称均衡与强烈的节奏感和装饰感。

（三）审美与实用并重

湘黔边苗族遵循求美与求实并举的原则，擅长将美观性与实用性巧妙融合。美观性主要体现在湘黔边苗族服饰图案中，苗族同胞善于从息息相关的生活环境中提取素材，将自然万物作为描摹对象，并积极发挥想象进行适当的艺术处理，使其成为符合湘黔边苗族特定审美需求的图案。实用性在于湘黔边苗族对于自然之物进行有效的取舍，选择和自身有利害关系或特殊意义的自然物，做到物尽其用。

到了近代，湘西苗族服饰更注重实用功能，其款式顺应周围环境，与自然协调和谐，融实用与美观于一体。苗族妇女及男子喜欢头缠巾帕，除了美观之外，更重要的是为了保护头部。在天气炎热的时候，头巾可以当作帽子遮阳，防止日晒；在天气寒冷的冬天，可防止头部受寒。苗族男女的裤子均较短，裤腰宽而裤脚大，裤腰白色。短而宽松，更加自然，适合劳作。苗族妇女常年劳作的地方，地势不平，荆棘丛生，所以到近代苗族改裙为裤。到了节日，穿的盛装中才有裙子，百褶裙多短至膝部或小腿下；男子打上绑腿或护套，便于在山间行走。

那些精美绝伦的服饰图案，同样具有一定的实用功能。湘黔边苗族服饰通常在领口、袖口、肩部、下摆和裤边等处绣上繁复的图案纹样。这些纹样丰富、色彩对比强烈的图案既给人一种视觉上的跳跃，带来美的享受，还可以减轻穿着或劳动时对服饰的磨损，增强服饰的耐用性，提高服饰的实用价值，不仅满足了苗族同胞日常劳动生活的需求，还为单调枯燥的农耕生活增添了色彩。作为青年男女爱情纽带的苗族花带，也蕴含着深刻的实用原理。湘黔边苗族生活在山高林密的武陵山脉，虫蛇肆虐，外出劳作时常遭毒蛇侵咬。传说有一个勤劳聪明的苗族姑娘，根据蛇不咬同类的道理，编织了与蛇外形极度相似的五颜六色的花带子拿在手上，从此不再害怕蛇来伤害她，此后佩戴花带的习俗就在苗族中形成。

（四）传承与变迁并存

作为湘黔边苗族人民综合性的文化载体，苗族服饰的图案饱含着数千年来湘黔边苗族人民创造的历史文化、审美意识、价值观念，这些被称为"穿在身上的史诗与图腾"纹样图案，至今仍在不断地传承着。人们穿着绣有这些图案的服装参加各种仪礼、庆典、节日活动，那些日趋遗忘的历史与文化被一次又一次地激活，刺激了苗族传统服饰的传承与再生产，那些象征祖先、神灵、历史、吉祥的纹样生生不息地被绣在了传统服饰上。龙、凤、狗、牛、枫树、蝴蝶等图腾纹样在今日的苗族服饰中反复出现便为明证。

凤凰在苗族人心中的地位至尊无上，因此凤凰纹样在苗族服饰中频繁出现。此外，苗族妇女喜欢佩戴以凤凰形象为纹样的银饰，有的银冠上会用好几只凤凰来点缀，配以银花、银叶，成为名副其实的凤凰银冠。在湘西苗族的凿花剪纸、刺绣图案中也经常能够看到姿态迥异的凤凰纹样。凤凰纹样还与其他纹样相搭配，组合为很多寓意吉祥的图案，如凤穿牡丹、百鸟朝凤、丹凤朝阳、鸾凤交颈等。在苗族创世神话中，苗族人民祖先姜央是枫木生成"蝴蝶妈妈"卵生出的，蝴蝶自然成了苗族人心目中的"妈妈"，孕育了他们特有的对蝴蝶即对祖先的崇拜和热爱的文化意识。在绣片和印染中出现的大量的蝴蝶纹样，体现了他们对蝴蝶的图腾崇拜。

在坚守与传承中，我们也注意到，湘黔边苗族传统也发生了剧烈的变迁，主要表现在以下三个方面。

传统服饰礼服化。苗族传统服饰制作工艺烦琐，需要手工纺织、染色、刺绣和缝制等诸多工艺，不仅耗时费力，且价格昂贵，逐渐被简单方便和物美价廉的汉式和西式服饰取代，苗族传统服饰由常服向礼服转变。我们调查发现，在日常生活中，除了部分老年人外，湘黔边苗族人民基本没有穿戴传统服饰的，只有在参加各种仪礼、庆典、节日活动时，传统服饰才会被当作礼服来穿戴。此外，湘黔边苗族"斑斓"的服装配饰传统也日趋简洁化。在发达地区，苗族男子为了方便生产和生活，在服饰的选择上更加简易，而苗族女子在日常工作生活中也采用了现代化的装饰，不再佩戴一些小饰品和首饰，整体上都偏向于汉装，更加简洁朴素。

服饰材料多元化。随着市场经济和科技的快速发展，湘黔边苗族传统手工编织的布料，大都被现代机器生产和人工合成化学布料取代。例如现代机器生产的布料，已经取代了手工纺织的布料，成了苗族人民制作服装的常用材料；工厂生产的现代化纤维线，也取代了传统的染色线和手工绞丝线。

制作工艺机械化。因手工制作太耗费时间，湘黔边苗族传统的纺织、印染、刺绣、裁剪、缝制等服装制作工艺，逐渐被机械加工所取代，像纺纱和绞丝这种传统的手工艺制作正在大量减少。苗族人民用来制作传统服饰材料的工具已经被遗弃，掌握传统服饰制作工艺的苗族同胞也越来越少，而工厂生产的现代成品布料、工业染料和涤纶线等在苗族人民的生活中经常出现。

第二章　湘黔边苗族纺织工艺

　　勤劳勇敢的中华民族在长期与大自然作斗争的实践中，创造了辉煌的物质文明，纺织业便是重要的见证。服饰面料的制作离不开纺织技术，而苗族传统纺织技艺源远流长，其在发展过程中既生动地呈现了苗族传统社会中"男耕女织"和"自给自足"的生活情景，也记录了苗族传统手工纺织业的发展变迁。

　　在传统社会，纺纱织布是苗家女必备的一项生活技能。纺线织布、制衣做鞋，是苗族女儿从小就必须跟着长辈学习的技艺，这门技艺也是衡量苗家女儿是否心灵手巧、勤劳持家的重要标准。湘黔边苗族民间谚语"无妻不成家，无砣不成秤""嫁女看首饰，选媳看挑织"，说明一位心灵手巧、善于纺织的妻子是家庭生活基本的保障。

　　作为苗族人民代代相传、口传心授的一门技艺，湘黔边苗族传统纺织工艺广泛扎根于湘黔边各大小苗寨。中华人民共和国成立以前，除了为数不多的生产型工坊外，大多数家庭都是自种棉麻，自纺成纱，自织成布，自缝成衣，满足家庭成员遮身御寒的生活需要。苗族传统纺织业不仅是苗族人民赖以生存的生活技能，也是苗族社会走向文明的重要标志。随着科学的进步、时代的更替，苗族传统纺织技术虽不再是当代苗家女必备的生活技能，但在偏僻寨落或旅游景区仍会看到苗家织娘纺纱织布的场景，让人想到"唧唧复唧唧，木兰当户织"的《木兰辞》。那些陈旧简陋的纺织工具，已经凝固成具有艺术和审美价值的湘黔边苗族文化符号。

▲ 湘黔边苗族纺织女

一、源流

由于苗族只有语言没有文字，关于苗族纺纱织布的历史源于何时，没有明确的文字记载。但在苗族先民生活过的多处古代遗址中，曾出土过纺轮、织机等遗物，以及麻布残片和若干纺成的细麻绳，这证实了苗族很早就掌握了先进的纺织技术。

虽然苗族纺织的起源无法考证，但关于苗族纺织的描述在各类历史文献中有零星记载，从这些记载中，我们依稀可以勾画出苗族纺织发展的脉络。据有关史料考证，秦汉时期，苗族由采集狩猎进入农耕时代，其制作服饰的原料从兽皮及羽毛，逐渐转向麻和棉。秦汉时，武陵郡、巴郡的"蛮夷"地区已经有了布匹，实行了交纳布匹的贡赋制度。可见这些地区包括苗族在内的诸少数民族，除农业生产外，纺织业也有了一定的发展。关于苗族纺织的文献记录最早见于东汉应劭的《风俗通义》和东晋干宝的《搜神记》，他们在转述关于"盘瓠"的传说时均曰"盘瓠"子孙织绩木皮，染以草实。南朝宋范晔在其著作的《后汉书·南蛮西南夷列传》中记载苗族先民"织绩木皮，染以草实，好五色衣服。裁制皆有尾形"。

唐宋时期，苗族纺织业也得到了新的发展。唐贞观时期，东谢蛮（古族名）首领谢元深到朝廷进贡时，身穿绸缎衣服，说明唐朝时期今贵州省黔南、黔东南的丝绸纺织工艺已成熟。据《元和郡县图志》记载，开元年间，黔地以黄蜡、葛布、苎麻布、溪布、绢等为贡品献给当时的皇室，可知苗族纺织业在唐代已被普遍采用，并在秦汉的基础上获得了进一步的发展。明清时期，研究苗族文化、经济、习俗的典籍日增，有关苗族纺织业的文献也逐渐增多。明代沈瓒编撰的《五溪蛮图志》中记载今湘黔边苗族先民五溪蛮，"昔以楮木皮为衣，今皆用丝、麻染成五色，织花绸、花布裁制"。清代《苗蛮图集》记载苗族妇女"善织""勤织""乐织""好织"，以织布为主业。该图集中的"女织""养蚕织棉"，描绘了苗族妇女养蚕、纺纱、摇线、上机、织布、染布等生活画面，给我们提供了苗族纺织工程和纺织技术研究的资料。《黔书》中对铜仁府红苗这一支系的衣着曾有这样的描述："衣用斑丝织成，女工以此为务"，说明该地区的苗族妇女善于纺织。

道光《铜仁府志》载："女苗习耕种、勤纺织、养家蚕、织板丝绢及花布锦，以为业。"道光《松桃厅志》载松桃苗族"衣服，单、夹、棉三称，率用棉布，村民自织。夏无轻罗，冬鲜重裘。盛暑时用夏葛等布，隆冬袭裘者大要黑白羊皮、猞猁狐狼"。《黔南识略》（卷二十）"松桃直隶同知"中载松桃"女苗司耕种，勤纺织，养家蚕，织板丝绢及花布锦为业"。从这些历史文献中可以看出，纺织在过去苗族群众的日常生活中占有重要地位。

此外，民间口头文学为我们研究苗族纺织史提供了另一视角。如至今仍在民间流传的苗族古歌《开天辟地》中唱道："在远古时代，宝香抱尖来，尖只抱一抱，柱脚敲一槌，石柱稳又稳，天不落下来，天上已稳定，地下也稳定。这时凡间人，人人都高兴，女人纺棉纱，男的做活路。"苗族纺纱织布在古歌中被视为是开天辟地的大事，其历史当十分久远。

二、原料

武陵山区气候温和，山环水绕，大小田坝点缀其间。勤劳智慧的苗族人民在几千年自给自足的自然经济发展过程中，因地制宜，充分利用各种原生态的植物纤维和动物纤维作为纺织的材料，主要包括天然的树皮及农作产品棉、麻、丝，满足服饰制作所需。苗族种植棉、麻的历史久远。纺织时，既可以单独使用一种材料进行纯纺，也可将麻、棉、丝、毛、化纤等各种材料搭配起来进行混纺。

（一）树皮纤维

在早期，苗族社会纺织技术较为落后，人们制作服装的材料主要是树皮纤维。根据考古发现和文献记载可推测，原始社会的苗族部落已从最初的以树叶、兽皮遮身蔽体，逐渐开始运用树皮、树根等原生态材料，通过搓、绩、编、织等手段制成粗陋的衣服。历代文献所载"盘瓠"子孙所谓"织绩木皮"就是剥取树皮纤维织成布料，而明代的《五溪蛮图志》则明确记载，湘黔边苗族先民五溪蛮"昔以楮木皮为布"，此楮木皮布大概与南宋诗人陆游《谢朱元晦寄纸被》中"白於狐腋软於绵"纸被原材料相同，体现了居于山地的苗族先民就地取材满足生活需要的智慧。由于苗族人民多居住于高山密林，因地制宜地利用树皮纤维进行纺织，在苗族地区曾长期盛行。直到中华人民共和国成立前，湘黔边苗族地区还保留着从野桐树上剥取树皮纤维用来编织绳子和织草鞋的生活习惯。

（二）竹、棕、稻草

斗笠、蓑衣、草鞋是松桃、凤凰一带的农民传统劳作服饰三件套，在相当长一段时间内是苗族人民耕作时不可或缺的劳动三宝。斗笠的编制材料主要是竹皮，里面夹着棕毛或油纸，既可遮雨又可防晒；蓑衣主要是用棕毛或草编制而成，既保暖又透气；稻草是编织草鞋的主要材料，它具有一定韧性，且原料获取容易。苗族人民用稻草编制的草凉鞋、敞口草鞋、高筒草鞋等，防滑保暖，穿脱方便，经济实用，一年四季、晴天雨天都可穿，可满足不同季节不同场合的需要。

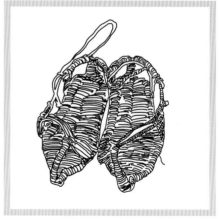

▲ 植物纤维制品：蓑衣、草鞋

贵州省博物馆藏有一件松桃苗族竹制上衣，该上衣为对襟式，无领无纽，用白布包边。整件衣服由竹枝段串联制成，每段竹枝长不过1厘米，细如缝衣针。制作时将细小中空的竹段用线穿起来，制成镂空衣服。由于竹节细小，经过线穿的每个结合点犹如可活动的关节，故穿上时衣服可以随体成型，舒适而不会刺激皮肤。

▲ 松桃苗族竹制上衣　贵州省博物馆藏

（三）苎麻

苎麻，荨麻科，属多年生宿根性草本植物。该物种起源于中国，原产于中国西南地区，是我国古代重要的天然纺织原料。苗族和汉族同为中国古老的民族，也是最早进行苎麻栽培和利用麻纤维进行纺织的民族。在苗族先民生活过的多处古代遗址中，曾出土麻布残片和若干细麻绳，这证实了苗族很早就掌握了先进的麻纺技术。在苗族的创世神话中，天神给人类送来的第一件东西就是麻种，他教会人类种麻织布，制作衣服。在漫长的生存斗争史上，苗族人学会利用棉花、苎麻、大麻、羊毛、火草等进行纺织。据有关史料记载，早在秦汉时期苗族制作服饰的材料就已经从用兽皮、树皮及羽毛转向用麻了。湘黔边一带具有种麻的生态条件，在长期的农耕生产中形成了种麻传统。由于麻织布品质地粗、沉重，穿起来不贴身，保暖性能差，故随着棉织品、丝织品等的出现，占据富饶平坦地带的汉族，逐渐放弃了麻织品而改穿棉织品、丝织品。湘黔边苗族避居深山，气候寒凉，土地贫瘠，不适宜种植棉花和养蚕缫丝，且因交通闭塞、环境封闭，苗族向其他民族购买精贵的棉布、丝绸较为困难，相比于明中叶以后才在湘黔边苗区兴起的棉花种植，麻类种植更为普遍，所以湘黔边苗族服饰材料中麻制品曾长期占据主导地位。

▲ 纺织原料苎麻、麻线、麻布

麻主要有苎麻和葛麻。据记载，苎麻分为桃麻和火麻两种，桃麻最良，种植也多，桃麻又可分坐兜麻和审根麻；火麻因其品质较差，种植者少。苎麻和葛麻是麻纺织业的主要原料，在明代以前就有好些地方种植，至明清时期黔东各地种植范围更广。据道光《铜仁府志》载，铜仁府产苎布、葛布，这说明当地有种植苎麻和葛麻的传统，不仅种植广泛，而且产量高。此外在明清时期的黔东各地方志的《人物志》中也记载了许多妇女以纺织为业，且主要是麻纺织业。松桃、凤凰一带当时虽有棉花种植，但由于受山多地少、湿润多雨的自然条件影响，无法进行大面积棉花种植，故以麻纺为主。

湘黔边苗族称苎麻为青麻、家麻，一直到 20 世纪八九十年代，苎麻都还是这些地区重要的经济作物。据《松桃苗族自治县志》（1986—2006）记载，1985 年，松桃从湖南省大庸市调进大批苎麻良种，当年种植面积 66.13 公顷，亩产 32 千克，总产 3.17 万千克。2000 年，种植面积 121 公顷，亩产 82 千克，总产 14.88 万千克，为"七五"至"十五"期间种植面积最大、总产量最高年份。2006 年，种植面积 23.93 公顷，亩产 50 千克，总产 1.18 万千克。

苎麻纤维较为细长，特性与棉基本相似，纤维空隙大，吸水性强，透气性好，传热性快，穿着轻盈凉爽，而且不容易受到虫蛀和霉菌腐蚀。缺点是纤维的延展性较差，织出的布粗糙、硬实，但耐磨性差，且容易发皱，穿着时没有光滑的质感，虽然松桃、凤凰一带苎麻种植比较普遍，但随着棉布的大量使用，麻在当地多被搓成麻绳，作捆绑物品或纳鞋底之用。

（四）棉 ·······

棉花，锦葵科，属植物的种子纤维。棉作为天然植物纤维，吸水性强，透气性和保暖性都非常好，且不容易被碱性破坏，有利于布料的洗涤、染色和印花，织出的布柔软舒适，颜色丰富。缺点是弹性较差，容易缩水变形和起皱，易染色，易发霉，长时间接触日光照射容易发硬发脆。

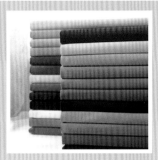

▲ 纺织原料棉花、棉线、棉布

棉花原产于亚热带，喜热、好光、耐旱。从整体环境来说，湘黔边一带气候温暖，有利于棉花生长。但由于雨水较多，不适宜大面积种植，因此棉花没有成为湘黔边苗族的主要经济作物，种植棉花多为自给自足，仅满足家庭织布制衣的需要。过去，苗族人几乎家家户户都会在房前屋后开垦大小不等的土地种植棉花，一般一户人家种上1千克左右的棉花种，等到棉花收获便能解决一家人的衣被织造所需。苗家人生了女儿后，为了给女儿弹制棉花被，将其作为女儿出嫁时的嫁妆，每年也会扩大种植面积。

湘黔边苗区棉花种植大约始于明中叶。最早记载有关湘黔边苗区种棉的文献当属明嘉靖十五年（1536年）刊刻的《思南府志》，该志记云："弘治以来，蜀中兵荒流移入境，而土著大姓将空闲山地招佃安插为其业，或以一家跨有百里之地者。流移之人，亲戚相招，缰属而至，日积月累，有来无去，因地产棉花种之获利。"此段记载表明，铜仁棉花种植技术系由蜀人于明弘治年间引进。此后土人效其所为，大举种棉，这样棉花的种植就在黔东各地乃至整个湘黔边苗族推广开来。清代黔东棉花的种植比明代有所增加，种植范围更广，几乎遍及黔东各府、州、县。在许多黔东州县的地方史志中可以见到种棉的一些零星记载，这反映了这些地方确实有棉花的种植，并且逐渐取代苎麻成为家庭纺织的主要原料。

（五）丝

蚕丝是蚕结茧时分泌丝液凝固而成的连续长纤维，也称天然"蚕丝棉"。它与羊毛一样，是人类最早利用的动物纤维之一，也是丝绸织造最主要的原料。蚕丝与人体的角质和胶原同为蛋白质，结构十分相近，具有极好的人体生物相容性，是目前世界上公认最柔软、健康的天然纤维。它吸湿性强，是棉的1.5倍，延伸性好，耐热耐用性都较强，织出的布光滑柔软，富有光泽，穿在身上有冬暖夏凉之感，舒适度极高。桑蚕丝的缺点是受潮后容易滋生细菌，不耐盐水浸蚀，不方便清洗和保存。

苗族祖先从黄河流域向江南迁徙，把蚕也带到了南方。因此有苗族是丝绸文化的主要缔造者和传承者的说法。

▲ 纺织原料蚕丝、丝线、绸缎

湘黔边大部分地区属于丘陵地带，自然条件优越，适宜栽桑养蚕，加之山区生态环境好，污染源少，具有发展蚕桑产业得天独厚的自然条件。所以苗人的宅前屋后、田间隙地都种桑养蚕，并逐步成为当地的一项副业，收益可观。《黔南识略》（卷二十）"松桃直隶同知"记载，松桃"女苗司耕种，勤纺织，养家蚕，织板丝绢及花布锦为业"。据《松桃苗族自治县志》（1986—2006）记载，20世纪八九十年代，松桃县委、县政府曾将桑蚕列为支柱产业项目，在松江、大坪、孟溪、长兴、盘信片区都成立了蚕业站。后来因蚕茧生产出现低潮，价格锐减，产生挖毁桑园现象，蚕业也逐渐衰落。

长期以来，湘黔边苗族人民基本上都沿用传统的方法进行养蚕缫丝。由于育蚕、缫丝费时费工，蚕丝得来不易，蚕丝被视为珍品，苗族妇女在缫丝过程中，对于薄茧、出蛾茧或一点乱丝头，都不舍得轻易丢弃，总是想方设法将它们拼凑成丝线。由于蚕丝市价不低，加上丝织品不耐磨，不适用于日常劳作时穿着，因此苗族服饰中纯粹的丝织品并不多，而是将丝与棉进行混纺、混织，增加衣料的光泽度和舒适度，尤其是苗族刺绣对丝的运用，大大提升了刺绣的品质。

（六）化纤

化纤织物的出现，让人们对纺织面料有了更多的选择，例如莫代尔纤维、竹纤维、纳米纤维等。面料的种类、样式日益繁多，能够满足不同功能的需求，化纤原料也逐渐走入苗族纺织行业。如今，走在松桃、凤凰等县的街头，在服装店、制衣店、布料店所售卖的各类衣料，也大多以化纤材料为主。这些新型纺织面料的出现，给苗族服饰的制作带来更为多元化的选择，大大节约了人力、物力和财力，同时也对传统纺织业带来了巨大的冲击。一方面，化纤面料都是由机器批量生产，成本相对较低，多为高分子织物，密度较大，结实耐用，方便打理，因此受到广大苗族人民的喜爱；另一方面，化纤织物的流行和普及，让棉、麻、丝等天然动植物纤维织品逐渐高端化、小众化和艺术化，尤其受到一些追求环保和品质的人士的喜爱。

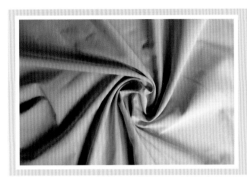

▲ 纺织材料——化纤

三、工具

目前，湘黔边苗族中的老年妇女大多会纺纱织布，所织布平整细腻，不起坨，与机织布相当，但比机织布更结实耐用。特别是垫子花、多色条纹布、豆腐块等纹样工艺独特，技艺精湛。用料一般选用棉花、蚕丝和麻，用具也丰富多样，主要包含纺线工具和织布工具两大类。

（一）纺线工具

纺线工具大致可以分为三类：第一类是前期用来处理棉花的轧棉机、弹弓、弹槌等；第二类则是用来纺线的手摇纺车，包括辅助工具锭子、套管、纺轮线等；第三类是后期用来整理线的线拐、篗、线筒等。

1. 轧棉机、弹弓、弹槌、搓条

轧棉机（Qod ceub minx fab） 用来去除棉花中的棉籽。主要由一个木架和两根摇杆组成。木架上横架两根可以转动圆木棍的摇杆，圆木棍之间留有一定的间隙，它们分别与摇杆连接。操作时，两人分别转动两根摇杆，另一人在两根原木棍间喂入籽棉，棉籽则被挤压出来，棉花则穿过缝隙如雪飘落在轧车前。松桃县档案馆的展厅现就展览着这样一台小巧玲珑的轧棉机。

弹弓（Bieat giongd）、弹槌（Ghob giongd） 棉花去籽后要弹松才能纺绩成纱，弹弓就是专门用来弹棉花和整理棉花的弓，长短不一，一般用竹子制成，弯成弓形，再用经过涂蜡处理的弹弦绷紧。弹槌是与弹弓配套使用的木制的杵，用来敲击弹弦。

▲ 弹棉花

搓条（Ghob ghadminx fab） 用来卷棉条的光滑细竹竿。

2. 纺车（Qod nins）

苗族纺车的样式主要有两种，一种是手摇单锭纺纱车，另一种是脚踏多锭纺纱车。手摇单锭纺纱车，在湘黔边苗族村寨最为常见。这种纺车由底座、支架、纺轮、手柄和锭子五个组件构成，主要由一个木制或竹制的纺轮，固定在两根木头支架之间的轴上，轴的一端支于支架间，另一端伸在支架外，装有手柄，纺车左边安装可以转动的锭子，锭子和纺轮与绳子连接。

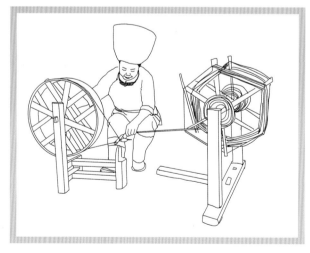

▲ 纺车

在松桃盘信镇大湾村板栗寨村民龙兰江的家中就有一台手摇单锭纺车，纺车底座长70厘米，呈侧立的"Ⅱ"字形。"Ⅱ"字上横处内侧有两个铁制的车耳，用来卡放锭子。锭子的一端穿插在两个车耳里面，另一端伸出横木之外，并套上空心的竹棍，纺纱时用来绕线。"Ⅱ"字下横处外侧有一根木制方立柱，长约50厘米，柱子上端有安装纺轮轮轴的圆孔，距底座35厘米，轴的一端有摇柄。纺轮以若干竹片作径骨，用绳子将之连缀成类似风车的轮。纺轮上有一根马尾毛粗细的双股绳子将纺轮和锭子相连，绳子成60度左右的夹角，是纺轮与锭子的传动绳。手握手柄，转动纺轮，纺轮上的双股绳子带动锭子回转即可以纺纱，这种纺车有一边抽线、一边缠线的功能。

锭子（Zhous qod） 是纺纱车上用来抽线、缠线的主要部件，一般用一头微钝、一头尖的细铁棒做成，顶端有一凹槽用以支撑并带动锭子一起回转，中上部卡两三颗珠子，用来固定纺轮和锭子的传动绳。中间用套管作为锭子的上部轴承，纺轮和锭子之间的动力靠一根绳子传送。

3.线拐、籆、线筒

线拐（Pax sod） 中间为一根直棍，两头卯两根横棍，直棍长65厘米左右，横棍长20厘米左右，两根横棍不平行，而是遥相垂直。线拐主要用来绕纺好的线。

籆（Hongd ngiongd） 一种古老的缫丝、理线工具。前后两个外框分别用三根竹片交叉重叠在一起，用绳子将竹片的端点依次连接在一起成六边形，中间用圆木棍作轴，将两个外框联结，用指推籆使之转动，便可将丝线绕于籆上。这虽是一种简单的机械，但它的发明却提升了缠线、绕线的速度。

线筒（Suot saod） 线筒是最后用来缠绕处理好的纱线的空心竹筒，长约23厘米。

（二）织布工具 ·································

织布的工具可以分为两类：一类是前期用来牵经线的织架子、置梭架（线轮架）及相关辅助工具；另一类是用来上机织布的织布机及其他辅助工具。

1.织架子、线轮架

织架子（Xenb ndod giab） 又被称为经架、经具，主要部件有木架、经牙、线眼棒等，整体结构为长4米左右的"工"字形木架子，工字头的横木约1米长，横木上分别有7个孔，最边上的一个孔里插着一根1米左右的长圆木棍，其他孔里都均匀地插着30厘米左右的短圆木棍，其中一头的横木再垂直卯有一根短横木，横木上也钻有一个孔，插着一根1米左右的长木棍，与工字头横木上插的长圆木棍平行，这两根长木棍叫作线眼棒，用来分经线，剩余的13根短圆木棍叫经牙，用来绕经线。经牙的数量多寡决定了整经的长度，经线越长，经牙就越多。由于苗族没有类似汉族用来测量长度的度量衡，因此，在很长的时期内，织架子上两头经牙之间的距离就成了苗族人织布时用来计量长度的单位，在苗语中叫"Ghob hlob"。

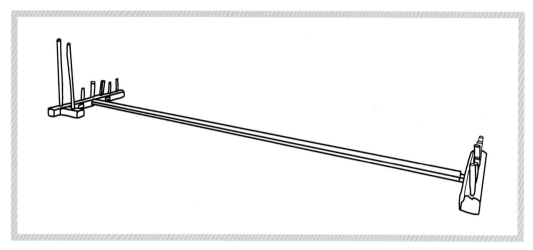

▲ 辅助工具——织架子

置梭架（线轮架，Zongx ndod giab） 主要部件包括底座和转动轴，底座为两个拱形支架，支架上架着一根长约2.4米的横木，横木均匀插着22根箸竹棍做的转动轴，用来套缠好线的竹筒。牵经线时用手拉动线头，竹筒跟着转动起来，经线便源源不断地从竹筒上被拉出来。

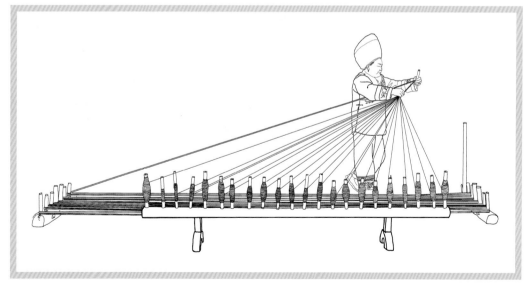

▲ 辅助工具——置梭架

2.织布机

苗族传统手工织布机结构复杂，操作麻烦，主要类型包括腰机（也叫踞织机）、踏板织布机。

腰机（Zongx ndod ghuad） 为早期使用的织布工具，这种织布机没有机架，卷布轴的一端系于腰间，靠腰力绷紧经线，织布时人席地而坐，脚踩织机经线木棍，用双手进行提综开口，穿线投纬，拍纬打紧。这种织布机操作起来劳动强度大，织布效率低，现在松桃、凤凰一带已很少见。

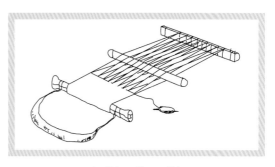

▲ 纺织工具——腰机

踏板织布机（Gal dal hlob） 通过踏板提综完成织布，现在苗族地区最为常见的是双综双蹑的互动式脚踏织布机，通过左右踏板的一上一下牵动两片综的一升一降，从而使经线形成梭口，用于穿纬引线。织机主体下方是以方木做成的四脚床型木架，用于支撑、固定整个机子，上方为马头形状的木架，机架上有坐板、卷布轴、羊角、综、筘、梭子等部件。

坐板（Pand ndut jongt） 为横放在机架前方的一块木板，可以根据需要取放。

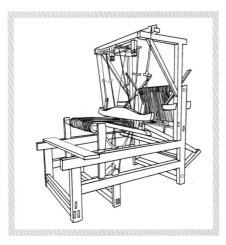

▲ 踏板织布机

"卷布轴"是用来卷绕打纬完毕的织物，同时还可与经轴一起绷紧经线，卷布轴两端有一横轴，可自由转动，横轴上有孔，用木条插入孔中，即可卡住固定卷布轴。

羊角（Ghieb yongx） 又称"卷经轴"，是用来卷经线的圆木轴，直径约7厘米，长约80厘米。上机前用羊角卷好经线，上机后羊角放出经线，在织布过程中与卷布轴相配合保持织面的紧度。

综（Ghob zaot） 是织布机上使经线交错上下分开形成梭口，以便使梭子顺利通过的部件，用细绳做的综线依次紧密地绕于上下两根综杆上，穿综时经线一隔一穿过综线。

筘（Ghob jeil） 即织布机的"杼"，长68厘米，宽10厘米，由一排紧密相排的梳齿状的细木条组成，一般有600根左右紧密均匀地排列成排，根与根之间仅可容一根经线通过，两端薄竹板或木板用线固定。

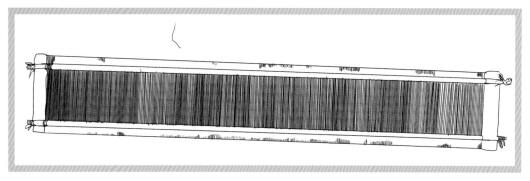

▲ 筘

梳子（Deb ngangl） 是两头尖、中间宽的立体船型木制品，长约24厘米，边缘有一个小孔，纬线从中引出。织布时，梳子带着纬线进入梳口，从两层经线中间穿过，使纬线与经线交错。织布时坐

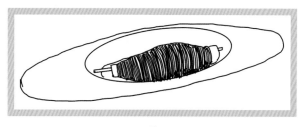

▲ 梳子

着操作，采用踏板提综控制综片，综片一上一下形成梳口，一手投梳，一手拉筘拍打纬线，手脚密切配合，省时省力，大大地提高了织布效率。

在松桃县大湾村板栗寨村民龙兰江家现存有两台双踏板双综片织布机。织布机马头木架上方有4个挂钩，用来穿绳挂住综片，两片综分别通过麻绳连接挂钩，综片又用绳子与最下方的踏板相连，织布时脚踩踏板即可牵动两片综一升一降地运动，梳口张开，便可左右手交替投梳。梳子从两层经线中间穿过，带领纬线与经线交错，再通过机杼的挤压便形成了布匹。这种织机目前在松桃、凤凰一带仍是最主要的织机类型，且在历史上长时间沿用，有的地方增加两综两蹑，可以织造民众喜欢的花纹。

（三）编织工具

1. 花带编织工具

宋朝朱辅《溪蛮丛笑》中记载，当时"五溪"土著织造的情况是："取皮绩布，系之于腰以代机，红纬回环，通不过丈余。"显然，这是一种类似水平式踞织机的织造，与当今湘黔边苗族花带的织造有异曲同工之妙，亦为一种经向起花的简单手工织造。

苗族花带编织历史久远，早期苗族人民没有专门的织花带工具，仅借助双手和膝盖，与古籍中所记载的凭"手经指挂"以完成"妊织之功"之类的编织方式相类似，是一种原生态的手工艺。在湘西竹山苗寨至今还有一位90多岁的龙阿婆，无须任何牵经提综装置，仅用简易的木架和缠线的竹片，便可完成花带编织。在大大小小的苗寨里，还有年迈的老人将凳子侧倒在地上，用凳子腿缠经线，用竹片分经线，织成花带。

后来，苗族人民在长期的生产实践中发明了专门的织花带的简易工具，主要工具是木制织架（Zongx xid nbanb）和骨刀（Jiud benx）。

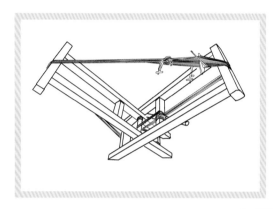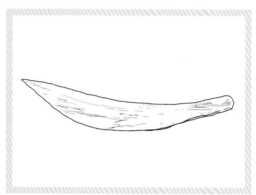

▲ 织架、骨刀

织架比织布机矮小，结构较为简易，坐在小板凳上织。织架有两种构造：一种是双"X"形可收缩折叠的木架，"X"木架上端大下端小，两个"X"形的架子中间用木条通过榫卯结构连接起来，类似民间可折叠的小马扎凳子，编织时，艺人坐在木架前，将右脚跨过"X"木架的连接处，踩在地上固定好木架，即可开始编织；编织过程中，为了防止右脚疲劳，左右脚可以交替使用。这种形制的编织机在凤凰一带比较常见。另一种是"Ⅱ"形立式木架，下方有一踏板，编织时将木架横放在地，人坐在一侧，脚踩踏板绷紧经线，即可开始编织，这种结构的织带机在松桃一带较为普遍。松桃县盘信镇老屋村村民龙金妹家中至今仍有一台"Ⅱ"形织带机。

▲ "Ⅱ"形织带机

骨刀是编织花带时必不可少的一个工具，主要用来挑穿花带纬线和拍打经纬线。传统的打线板多用黄牛肋骨制成，正好利用了牛肋骨的天然弯弧状，整体形状扁长两头跷，长约30厘米，宽约5厘米，一边保持原状，一边削薄成钝刃；一端削尖，便于织花带时挑丝拨线，另一端则削成柄，便于手握。如今因牛肋骨不易获得，也有将木板或竹板削成薄片尖刃形状用作打线板的。

2. 草鞋编织工具

苗族编织草鞋的工具主要有草鞋腰机（Dab mel xiut）、草鞋槌（doux niub）。

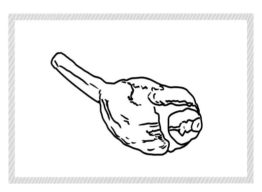

▲ 草鞋腰机、草鞋槌

草鞋腰机是用木头制作而成的"人"字形简易架子，上方卯一根横木，还有一个"V"字形的木制钩头连着草绳，打草鞋时将钩头系在腰上，草绳另一头系在横木上，用于拉紧稻草进行编织。

草鞋槌是用来制作草鞋的辅助机器，主要是将稻草槌软便于编织操作。

四、技艺

从布料来看，苗族纺织工艺经历了由早期的葛藤、苎麻植物纤维织布，到养蚕缫丝织布与植棉纺纱织布并存，再到现代以棉布、丝绸及化学纤维织布作为衣料的历史发展过程。传统纺织工艺主要分为棉布纺织、麻布纺织、蚕丝纺织。不同材料的纺织工艺，其区别主要在于前期的纺纱，棉线、麻线、丝线上机织造流程则大同小异。

（一）棉布纺织

苗族传统手工棉布的织造工艺极为复杂，可以分为纺纱、牵经线、排经线、上机织布四个重要阶段。细分的话，从采棉纺线开始，到上机织布，要经过擀棉、搓棉、纺线、拐线、洗纱、拧纱、揉纱、排纱、晾纱、倒纱、理纱、抓纱、捋纱、刷纱、穿综、上筘、提综、投梭、排纬、卷布等大大小小二十几道工序。

1. 纺纱

撣棉（Bab minx fab） 撣棉之前，需要将采摘的棉花收拾干净并晒干，然后用轧花机去除棉籽，再用弹弓和弹槌将皮棉弹蓬松，形成棉绒。撣棉时，将棉绒放在一根竹棍上，最后使劲用手搓转，将棉绒搓成直径为2~3厘米的圆筒状棉条。搓棉时棉条不能搓太紧，太紧纺线时不好抽线；也不能搓得太松，太松棉条会散开。棉条搓好后一般会在柜子里放置十天半个月，让它变蓬松后再拿出来纺纱。

纺线（Nins qod） 纺线前需要先调试好纺车，将纺轮线在纺车轮上缠绕两圈，用左手拇指在其中一根线上绕，食指在另一根线上绕，形成套圈，穿过锭子，将锭子固定在纺车底座的车耳上，纺轮线便将纺轮和锭子连接成一个转动轴，用手摇纺车把手，纺轮线便可带动纺车轮及锭子一起转动，再准备一块蜂蜡将纺轮线上蜡，使纺轮线在转动过程中润滑、耐磨，再将搓好的棉条装在篮子里放在一旁，准备工作即完成。

开始纺线了，纺织娘坐在纺车前，用右脚踩住纺车底座上的木条固定好纺车，用右手轻轻摇纺车，纺轮带动锭子迅速旋转，用左手像捏狗尾巴一样捏住棉条，食指和大拇指捏住棉条往后移，高度与锭子持平，棉条随着锭子的转动慢慢从手中抽出丝合成一股细线，右手一边摇纺车，左手一边向后移动，当抽出的线达到一臂长，手臂再也伸不出去了，这时将左手抬高，由后向前，再摇动纺车，把抽出的线缠绕在锭子的套管上。缠完线把手降低到与锭子平行的高度纺下一段线……就这样不断地重复操作，手不断地由前向后又由后向前，手中的棉条便丝丝缕缕地绵延而出，一层一层缠绕在锭子的套管上，套管上的线越缠越多，逐渐形成一个如橄榄球形的小线锭，把这些小个头线锭集中起来，为拐线做准备。手中的棉条抽完，继续换下一个棉条，继续纺线。

纺线看上去简单，其实费时费力，还得讲究技巧。抽线时左右手要相互配合好，力度要适中，抽出的线粗细才能均匀。抽线过程中，如果棉线断了，需要将断线头压在棉条里接上再重新抽线。过去棉花多用棉锤手工弹棉，纺线不容易断，且粗细较为均匀。用机器绞过的棉花，棉花里的棉丝纤维会被破坏，因此纺线时容易断线，且粗细不太均匀。苗族地区的女孩子，很小就开始学纺线，伴随着吱吱呀呀的纺车声，一团团洁白柔软的棉花被抽成了千丝万缕的棉线。不知道要熬多少个夜晚，才能把一根根棉条纺成细细的纱线，将一匹布所需的棉花纺完。为了消磨这枯燥又劳累的时光，妇人们便自然而然地唱起了苗歌。歌声和着纺车转动的吱呀声，汇成一曲优美的劳动者之歌。

拐线（Pax sod） 把线锭子从纺车上取下来，左手拿着线拐中间的木棍，右手拿锭子，将线锭上的线头理出来，牵出棉线，依次绕过线拐两根横木棍的四个端点，左手将线拐转动 90 度，右手拿锭子在两个横木上绕一圈，不断重复这个动作，直到将线拐缠满，再将线剪断，用线头捆住线，从线拐上取下来，就形成了一个周长近 2 米的线圈，再将线圈缠成麻花状备用，其被称为"线只"。

洗纱（Ncot shoub） 洗纱有两种要求，若是用于织染色布的，只洗一两次即可，直接将线圈用水浸湿，用木头做的棒槌使劲捶打，目的是将棉线中的纤维洗软，方便后期使用。若是用于织花布，要求棉线要洁白，必须将南瓜叶捣烂制成汁液装在大桶或大盆里当漂白粉用，然后将线圈浸泡在里面，一定时间后，拿到河里或水井边去清洗。反复清洗多次，直到把线圈洗得雪白。

拧纱（Biot shoub） 将洗好的线圈一头套在固定的木桩上，另一头套在竹筒上，朝一个方向使劲绞拧，将线圈里的水分拧干。

揉纱（Ghaol shoub） 提前煮好一锅大米粥，将拧干的线圈从木桩上取下来，放进粥里，用手不断地使劲揉搓，直到将粥里所有的米粒全部揉进棉线里，把大米粥揉成米浆。揉出的米浆越浓，说明棉线揉得越好。这一步的目的是增加棉线的光滑度和柔韧度，经过揉纱工序后，棉线变得坚韧耐用，织布时不易被拉扯断。

排纱（Jix nqod shoub） 将揉好的纱从米浆里拿出来，挂在院子里的竹竿上，一边晾，一边用手上下使劲拉扯，将线里剩余的米浆和米粒弹出来，这时线圈变得更光滑和均匀了。

晾纱（Shod shoub） 将排好水分的棉线挂在竹竿上进行晾晒，晾晒时要均匀摊开，不能堆在一起成饼状，还要多次翻面，拍打，使其快速晒干。晒干后将线圈集中在一起，以便倒纱。

倒纱（Ntiod saot） 这一步是将线圈绕到竹筒上，做成一个个线筒。将晾晒好的线圈套在簺上，再把簺架在木架上，可以来回转动。在簺上整理出线头，缠在竹筒上。将纺车换一个"Z"字形的纺车头，竹筒套在锭子上，左脚踩住纺车头，右手转动纺车，纺车带动锭子上的竹筒转动，竹筒上的线又带动簺转动，纺车、锭子和簺形成一个转动的连轴，将簺上的线慢慢地往锭子上的竹筒上引。引线的同时，左手拿着一块蜂蜡，让簺上抽出的线从蜂蜡上滑过，然后绕到锭子上的竹筒上面，就成了一个一个的线筒，这时，棉线变得更加光滑结实。线筒分为经线筒和纬线筒，经线筒要比纬线筒大些；缠纬线的竹筒较小，方便放进梭子里。将经线筒和纬线筒缠完后，纺纱的程序便全部完成。

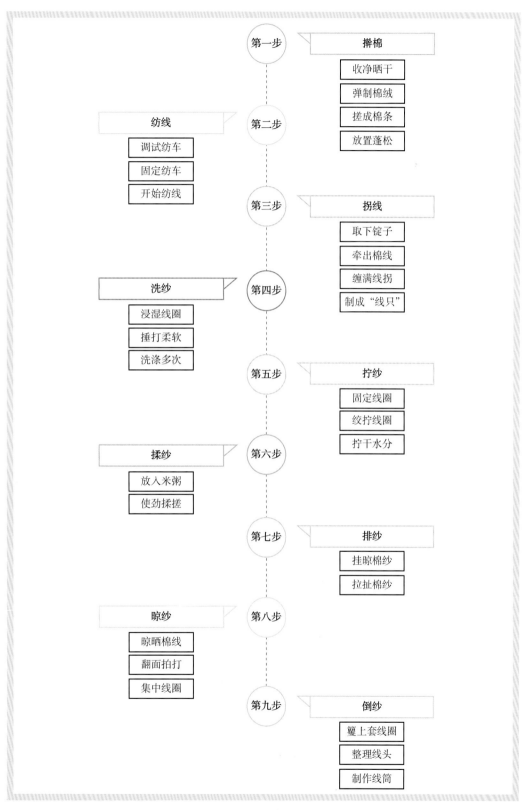

第一步　　擀棉
- 收净晒干
- 弹制棉绒
- 搓成棉条
- 放置蓬松

纺线　　第二步
- 调试纺车
- 固定纺车
- 开始纺线

第三步　　拐线
- 取下锭子
- 牵出棉线
- 缠满线拐
- 制成"线只"

洗纱　　第四步
- 浸湿线圈
- 捶打柔软
- 洗涤多次

第五步　　拧纱
- 固定线圈
- 绞拧线圈
- 拧干水分

揉纱　　第六步
- 放入米粥
- 使劲揉搓

第七步　　排纱
- 挂晾棉纱
- 拉扯棉纱

晾纱　　第八步
- 晾晒棉线
- 翻面拍打
- 集中线圈

第九步　　倒纱
- 篗上套线圈
- 整理线头
- 制作线筒

▲ 纺纱步骤

2. 牵经线

牵经线（Xend ndod）是苗族传统织布工艺中至关重要的一个流程，也是最烦琐、最费时的环节，关系到织品质量的好坏。经过擀棉、纺线的工序，棉花已被纺成棉线，并分别被缠成了经线筒和纬线筒。接下来就进入牵经线环节，也是上机织布前的最后准备工作。一般牵经线由两人一起完成，往往要忙活一整天才能做完。在松桃、凤凰一带，纺织娘们都有一个不成文的规矩，牵经线必须当天完成。若到天黑还没完成牵经线，就是点灯也要接着做，不能放过夜。若放一晚到第二天再继续做，织出的布就会出现一边质量好一边质量差，或者一节好一节差的情况。

▲ 松桃大湾苗族织娘龙兰江牵经线场景

3. 排经线（Beux ghod hlob）

排经线（Beux ghod hlob）是把线筒上的线转移到经轴上并分出两层经线的工序，便于上机织布时形成梭口。排经线的目的是将线筒上的线，按需要的长度和幅度，平行排列地卷绕在经线架的经牙上，再绕在织布机的羊角上，便于后续穿综、穿筘。排经线要求每根经线张力要均匀一致，在羊角经轴上分布均匀整齐。整个过程包括准备场地和工具、理纱、捋纱、抓纱、穿筘、卷经线、刷经线、上筘等具体环节。

准备　排经线时，首先必须选择宽敞的院落作为牵经场地，方便操作。场地选好后，将织架子和线轮架平行放置在合适的位置，并隔开一定距离，方便牵经人在中间牵线来回走动。再根据服装裁剪的需要确定布的长度，进而确定经线长度。排经线的准备工作便完成。

理纱（Jid zeix sod）　将绕好线的竹筒安装在线轮架的转动轴上，一根一根理出每根竹筒上的线头并捏在手里，捏成一束线并打个死结，把打好结的线系在织架子一端的第一个经牙上。

捋纱（Zheb sod）　用左手抓住理成一束的线，右手拿一根竹筒去拉动线束，带动线轮架上的线轮转动，线轮上的线便一缕一缕地流出来，放眼望去，手里抓住的线与线轮架形成一个扇面。牵经线的人在经架子两头来回走动，把纱线从经架子一头的经牙上往另一头的经牙缠绕，绕一圈便是一抌。抌的次数越多，织布的布匹就越宽，直到将经架上的经牙全部依次绕完。过去，苗族妇女在抌纱时，会在经线上做记号，从一头经牙绕过到另一头经牙之间的距离为 1 抌，苗族妇女以此来计量织出的布匹长度，便于计算工时和工钱。

抓纱（Lod sod） 抌纱与抓纱是交替进行的，经线绕完经牙一遍，就需要抓纱，抓完纱又继续抌。抓纱的目的是将经线在手中绕出层次，缠在经架子的两根线眼棒上，形成"8"字形交叉状，从而将经线分为两层，便于下一步上箅。抓纱时，左手拿竹筒，右手的拇指和食指将一根线捏住，手指并拢把线往下压，再往上翻，线绕手掌一圈，便抓好一根线了，动作反复，将所有的线全部绕在手掌，再交叉挂在两根线眼棒上。

穿箅（Tiangb janl） 将穿过线眼棒已被分成上下两排的经线再次穿过箅，由于经线的数量众多，需要一根一根地均匀地分别穿入箅中。穿箅时，用骨钩（骨头制成，钩状薄片）钩住线眼棒上的一根经线，从沿箅的梳齿状木条缝隙里钩出来，一根一根重复以上动作从箅缝里钩出，直到线眼棒上所有经线都依次穿过箅。

卷经线（Jix jangd sod） 将穿过箅的经线全部卷在羊角上，卷线之前，先将插在经架上的线眼棒和箅放倒，抽出线眼棒，将两根竹棍（分经杆）穿过布好的上下交叉的经线，分经杆两头用绳子拴住固定。将经线头上的竹棍固定在羊角上，转动羊角，经线就缠绕在羊角上。卷经线时，箅和分经杆不断往后移。

刷经线（Njid sod） 刷经线和卷经线同时交替进行，需要两人配合，一人刷，一人卷，目的是在上机前把经线抌顺，去除污絮，保持织物平整。刷经线一般用棕刷或竹刷，将刷子沾上茶油，顺着一个方向轻轻地刷，刷好一截，就往羊角上卷线，直到把所有经线刷完、卷完。

牵综（Doub jiel） 经线在羊角上卷完后，开始进行牵综。两综两蹑的织布机有两片综，因此牵综时需要将两片综重叠起来，因动作烦琐细致，通常需两人合作才能完成，一人理线，一人穿综。操作时，左手同时捏两片综，用右手理出上方的一根经线，第一片综的综线在手指绕个圈扣，将经线从活扣中穿出来，再理出下方的另一根经线，将第二片综的综线打个圈扣，经线从圈扣里穿过。重复以上动作，第一根经线穿第一片综，第二根经线穿第二片综，依次交替用两片综穿完所有的经线。这一环节费时费神，经线越多，布匹越宽，牵综的时间就越长，有的甚至要几个小时才能完成。

上筘（Doub zaot） 把筘架在羊角上，正面朝上，把牵完综的经线平铺在上面，用刺猬毛做的针管尖挑出两根经线，从筘缝里引出，从上到下，两根经线一组，依次从筘板缝里引出所有的经线。此时，牵经线全部完成，上机织布准备就绪。

4.上机织布

上机织布的基本环节包括安装修整器件、装梭子、试织、踏板提综开梭口、投梭引纬、拍纬、卷布7个程序。

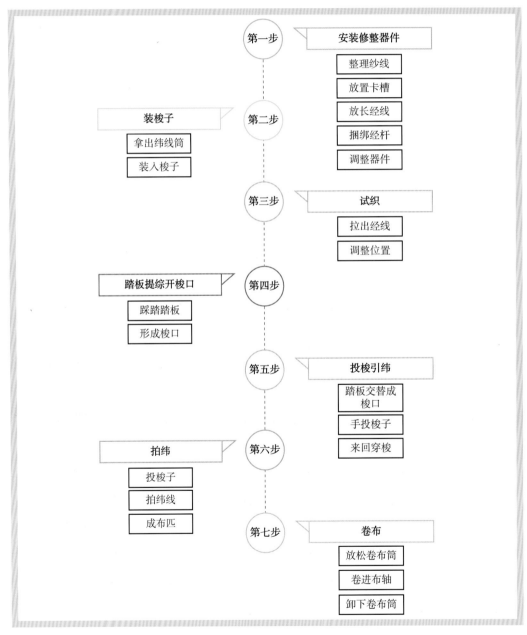

▲ 上机织布的基本环节

安装修整器件 主要是把织布机羊角上的纱线理好之后，将其卡放在织布机马头背面的卡槽里，织布时可以源源不断地放出经线。解下捆在综上的布带，徐徐转动羊角，把经线放长，将筘板和综穿过织机横杆，把分经杆（jia zha）用绳子捆在横杆上，打活结。将筘上紧在织机筘板槽里。将两片综一前一后用绳子挂在综钩上，并用绳子与踏板连接起来。卷布筒上绑一根竹棍，用来引布。最后再对织布机的各个器件进行修整，调整好各个器件的位置，修整完毕才能织布。

装梭子（Zaot seib seib） 将所有缠绕好的纬线筒装进一个小筐里，放在织布机旁边备用。织布时，从小筐里拿出一个缠好线的纬线筒，把它装在梭子里，成为可以转动的轮轴，用来引送纬线。

试织（Shad ndod） 从筘板里将经线拉出，拉直拉紧，调整羊角、综、筘的位置，让经线绷紧，再调整踏板与综片的距离，用几根稻草当纬线进行试织，试织没问题便可正式进入织布环节。

踏板提综开梭口（Nzhad mes） 织娘坐在座板上，左右脚轮流踩踏踏板，拉动两片综一上一下，分出上下两层经线，形成梭口，并有一定角度，使梭子有穿过经线的通道。

投梭引纬（Bangd deb ngangl） 踏板上下交替形成梭口，左右手交替从梭口投梭子，梭子带着竹筒上的纬线不断地在织口中来来回回穿梭，梭子投得越快，布匹织得越快。动作一定要快速干脆，左右穿接一气呵成，不能拖泥带水，避免与经线产生大的摩擦，不利于梭子穿过梭口。

拍纬（Zheb ndod） 投一次梭子，用筘板拍打一次经纬线，让经纬线紧密交织，便成了紧致的布匹。伴着梭子左来右往的每一次啪嗒声，是筘板的撞击声。拍纬时用力要均匀，经纬交结点横竖交织紧密。力气太小，纬线拍不紧，织出的布就会松垮不紧密；力气太大，又可能会让经纬线挤压变形，导致布匹不平整光滑。

卷布（Jix jangd ndeib） 随着经纬不断交织、拍打，布匹便一点一点被织了出来，当织好一段布时，为方便操作，保证经线幅面平直，必须放松一段经线，打结的地方要解开纱结，并慢慢放松卷布筒。织到30厘米左右时需暂停操作，把布卷进布轴，就这样织出的布源源不断地被卷在卷布轴上，一直到把经线全部织完才卸下卷布筒。

棉布可以根据需要织成多色多样。常见的苗族棉布有白底长条间青色、青底长条间白色、黑白方格、黑白点交杂等。织成什么色彩，主要有三个方面的因素：棉线颜色、牵经线时经线的布置、织布时纬线的颜色变化。

织娘在织布时，既要全神贯注，又要眼明手快。人坐在座板上，踩踏板、投梭子、拍纬线、卷布，双脚上下交替，双手在空中翻飞，梭子左右穿梭往复，经线纬线纵横交错，随着清脆的拍纬撞击声，一缕缕纱线便在一推一拍间延展。所有动作一气呵成，犹如钢琴演奏一般和谐美妙。织布是一个漫长又枯燥的过程，苗家的织娘们往往会唱起动听的苗歌，与吱吱呀呀的机杼声相应和，婉转动人。"织梭光景去如飞，兰房夜永愁无寐"，在苗族社会漫长的历史发展中，无数的织娘们在织布机上一梭子一梭子地编织出各种布匹，为家人制成新衣，带去温暖，她们起早贪黑一丝一缕地编织着辛劳而平凡的生活，也编织着苗族织娘美妙的人生。

（二）麻布纺织

纺麻，从古至今自始至终贯穿于苗族人民的生产、生活中，是苗族人民充满智慧的一门技艺。

从史料记载来看，苗族麻纺织的历史可以追溯到汉代。范晔（宋）著的《后汉书·南蛮西南夷列传》对苗族先民长沙蛮、武陵蛮就有这样的描述："织绩木皮，染以草实，好五色衣服，制裁皆有尾形""汉兴，改为武陵，岁令大人输布一匹，小口二丈，是为賨布"。文中的"织绩木皮，染以草实"，织就是纺织；绩就是绩、捻，即今所谓的绩麻、捻麻；木皮就是麻纤维。"染以草实"就是用草、树叶或植物的果实来染煮布匹，也就是今天的蜡染技术。可见，早在汉代以前，纺麻织布和蜡染技术就已经在苗族先民中广为流行，以至于朝廷都专门向苗族地区征收布匹。元、明、清以来，汉文史籍对苗族先民的记载也多以纺织和服饰为主。乾隆《贵州通志》说："花苗……衣用败布，缉条以织……裳服先用蜡绘于布而后染之，既去蜡则花现。"从上述史料记载可以看出，苗族具有悠久的麻纺历史，也构建了苗族传统的麻文化。

湘黔边手工苎麻织布经一代又一代人的不断传承、总结、提高，形成了独具特色的民族民间手工技艺，形成苗族古老悠久的历史传统文化。苗族苎麻布纺织工艺复杂，将麻纤维加工成麻线并织成麻布，是个极为繁杂的过程，包括种麻、割麻、剥麻、刮皮、晒麻、绩麻、纺麻、网麻、煮麻、滚线、网线、排线、织布等10多道工序。据统计，苗族妇女从绩麻开始，手工制作一套衣裙需要150个工时，断断续续需一年之久才能完成。

苎麻布纺织一般始于每年的农历五六月，将成熟的苎麻割下，经过剥皮、浸水、脱胶，再用竹木刀或铁皮刀刮皮之后，在竹竿上晾干；接着通过绩麻，即用手将原材料撕成细麻线（Jid peab nos），将线头撕开交叉抢紧（Jid cad nos），而后将麻丝放进麻篮，层层堆积，用竹片或木条隔层，以免混乱打结；再将麻丝纺成线绽，在竹架上绕线，再水洗脱胶、漂白；接着进行浆麻线，将米汤混合煮过的碎玉米粒渗透麻线，在竖立的木桩上拧干麻线的水分，抖掉玉米残渣后晒干或晾干；将浆好的麻线绕在线筒上，后期牵经线、上机织布的流程与棉纺一样。由于麻布纺织工艺复杂，而麻布又较为粗糙，且不耐磨，因此，现在苗族人几乎不用麻布制衣。

织麻布与织棉布的区别在于样式上，麻布是织成本色，织好后可以根据需要再进行染色。棉布既可以织成本色，也可以根据需要织成其他颜色。

▲ 麻线制作流程：割麻、晒麻、刮麻、泡麻、捶麻、搓麻

（三）蚕丝纺织

松桃、凤凰一带气候温暖，适宜养蚕，苗家农户多在田地周边自植桑树，暮春时节，桑叶满枝。从暮春到初秋，一年可连续养三季，从育蚕种到摘蚕茧，养一季蚕需要两个月左右。蚕卵孵出幼虫，农户采摘桑叶切碎进行精心喂养。蚕虫长大后在吐丝结茧之前有几天桑叶吃得极少，即出现"饱中"现象（Beut nzhongb），接着三天不吃桑叶，出现"饱则"现象（Beut zeud），三天后又猛吃桑叶，出现"沙则"现象（Seat zeud），直到蚕虫通体发亮，开始吐出细丝，再将蚕移至树枝或竹枝上，苗语称

Deb npad tead bloud（汉语发音"黛帕坦表"），意为姑娘出嫁。蚕在枝上吐丝结出蚕茧，人们将蚕茧摘下，便有了蚕丝纺织的材料了。

蚕茧摘下以后，需要煮蚕茧，将蚕茧在大锅里用水煮沸；再进行抽丝，先用筷子搅出丝头，抽出丝线，然后在纺车上纺成丝线锭、绕丝线、绕线筒、穿综、穿筘、上机织布的工序，与棉布纺织一样。在织品中有的经纬都用丝线，有的则用丝线作纬线，棉线作经线。织法一般为平纹组织和畦纹的平纹组织，也有采用文绮的织法。前两种较多，后一种织法形成的织品主要用于妇女的衣裙，如衣袖、裙边、背带、花边等，"苗锦"一般也采用这种织法。

（四）图案与织法

布匹可织成多色多样，但织成什么样式的色彩则取决于三要素。一是棉线染色，二是牵经线时安置好线筒位置，三是根据需要不断变换梭子里不同色的纬线。随着纺织原料的多样化，人们为了改善布匹的品质，大多采用混纺。苗族织品根据原料的不同可以分为丝织品、丝棉混纺、棉麻混纺、麻织品、棉织品等。根据布匹颜色可以分为织青、织白、织麻，织青是指织出的布为深蓝色，织白是指白色的布，织麻则是指织出的布匹为杂色，远看呈麻灰色。依花纹不同可以分为四类，即平纹布、土花布、花纹布和锦。

平纹坯布（Ndod ghueub） 指经纬交织的织品，通常称为坯布，是过去湘黔边苗区使用最广泛的、所有织娘都会织造的一种织品。这种布用腰机、踏板织机都可以完成，是织造布匹中最基本的一种织法。

土花布（Ndod benx） 织法与平纹布相同，只是在牵经线前先将纱线染色，牵经线时依据所要花色穿综和穿筘，并依据花色投梭走出纬色，其特点是先染线后织花。经验丰富的苗家织娘大多会织10种以上不同花式的花纹布，有的还会在织布的过程中不断推陈出新，从市场上买来彩色的丝线或毛线，配上棉线，再用不同的牵经方法，织出花色繁复的布。松桃一带的苗家土花布花纹种类繁多，用途各异。豆豆花布主要用于制衣裤；格子花包括粗格、细格、正方格，粗细格花布主要用于制衣裤，正方格布则多用作制头帕的里帕；蟹脚花布、簸席花布用于制衣裤；条纹布有黑白条纹和彩色条纹之分，黑白条纹布用作制头帕，彩色条纹布则用作制背带。土花布花色不一，在市场上价格也有差异，一条用作制背带的长4米多、宽0.5米左右的彩色条纹花布在松桃各乡镇集市上的价格为一米50元左右，其他花布一般一米45元。

▲ 松桃大湾织娘龙兰江自织土花布

花纹布（Ndeib cod gongb） 通过踏蹑提综等方法显花的织品。苗族织锦有通经断纬法和通经通纬法两种，前者运用较为广泛。凤凰一带的苗族在织锦时一般以细棉纱或丝纱为经，以粗棉、毛或丝纱为纬，多为通经断纬法。织出的锦有菱形、几何纹、字纹、团花等，称为粗锦，一般用作被面，很少用于服装制作。

▲ 花纹布

五、织锦

织锦是湘黔边苗族介于织布和织花带之间的一种工艺。苗族织锦是中国少数民族著名的织锦艺术之一。清康熙年间《红苗归流图》"挑丝纺织图"记载："苗妇亦知纺织之事。抽茧、采草木、取汁、染色，机织成锦。文皆龙凤、方胜、花卉，联四幅为卧具，长仅覆膝。又绩苎为巾帨，亦绣其两端，颇为适用。纺棉苎为布以供衣裳。其机甚矮，坐地而织。""贸易蚕种图"记载苗族妇女赶集贸易时所着之"裳用苗锦为之"。织锦作为松桃、凤凰苗族妇女在纺织方面独具风格的艺术，经世代相传，流传至今，仍保有浓郁的民族气息和艺术风格。

（一）织锦工艺

织锦与普通织布不同，织锦的经纬线全是彩色花线，构图较为复杂精美，有时全凭织女构思而成。织锦与织花带的不同主要在于宽度与厚度，织锦幅面比花带宽，但厚度比花带薄；织锦的织架与织布机也略有不同。织锦手工细致，速度缓慢，费工日久，才能织成五彩斑斓的锦面。

湘黔边苗族织锦分为彩锦与素锦。彩锦一般以本色细棉纱或丝纱为经，以彩色粗棉、毛或丝纱为纬，多用通经断纬法，织出的锦有菱形、几何纹、字纹、团花等；素锦是以细彩丝线为经纬，按通经通纬法进行织造，仅有经线和纬线两种颜色，常用于手帕、头帕等。

苗族织锦是以棉、纱、丝线等编织而成的手工织物，其制作工艺

▲ 松桃苗族自治县中等职业学校陈列馆收藏的花纹布苗族织锦

和使用器具相对织布而言比较简单，方法一般有编织、挑织和机织三种。挑织主要用于宽锦，编织和机织主要用于织造苗族服饰中的装饰物，比如方巾、腰带、绑腿、背带等。

编织（Hanb xid nbanb）是用手替代挑板和综线并进行交错经线的纺织方法，这一方法操作简单、方便携带，是苗族女性较为普遍使用的织锦方式，锦带宽幅不大，多采用编织的方法。编织时，将经线牵好，上筘，再将一端系于固定物上，另一端系

于腰间，用脚绷撑经线手提综线，即可开始编织。一般而言，苗族织锦通过反面织线的方式，交替使用黑、白、红、绿等颜色使得正面的图案较为立体和色彩丰富。

挑织（Ndod xid nbanb） 主要用于织宽锦，一般要经过牵经、上筘、引综线、挑花、穿纬、拉筘、提综线、再穿纬等工序完成一组。先将牵好的经线上筘，引综线放入织布机中，根据织锦花纹的需要，用一块宽约 1.7 厘米、长约 0.3 厘米的光滑竹片将经线逐一挑通，之后投梭引纬，拉筘拍纬，再用综线上下交错经线，以织成纬线，如此循环。

机织（Ndod xid bongx） 是使用织布机进行的编织方式，工序相对较多，可织的幅宽更大。与使用两综线的机织织布相比，机织织锦至少需要 5 综线进行编织，每一综线都需要连接踏板。每个织锦机器一般有 4 个踏板，苗族妇女需要每次踩动 2 个踏板，并通过不同的踩法编织出不同图案的织锦。

（二）色彩与图案

苗锦多采用绚丽的色彩，包括红、绿、蓝、黄、紫、橙、白、黑等，尤其偏爱桃红、玫瑰红等艳丽的色彩。织锦的配色大胆强烈且独具特色，常见对比色搭配，如红与绿、橙与蓝、黄与紫、黑与白等；有的以某一色彩为基色，配以 3~4 种色彩组成套色，如以白色为基色，配以黑色，套织蓝、绿、橙色；有的以 2~3 种色彩作为基色，配以 3~4 种色彩组成套色，如以黑白、藏蓝作为基色，套用桃红、绿、紫、橙色等色彩，明快鲜亮，对比强烈却又不失和谐统一，使苗锦在众多织锦艺术中独具特色。

苗锦的图案多取材人们的生活，大量运用动物、植物、人物及民族习俗进行锦面的图案创作，如龙纹、鸟纹、蝴蝶纹、鱼纹、枫树等。织锦图形与其织造工艺密不可分。由于手工的挑经数纱工艺，织锦图形不利于曲线写实形象的表现，更适合抽象几何形体的表达，织娘们用她们无尽的想象力和创造力，对饰物进行提炼、概括、变形、夸张，形成了独特而优美的民族纹样。苗锦图案采用几何体的装饰纹样，并以二方连续、四方连续或中心对称等形式组合而成，独具匠心。

苗族人民生活的村寨环境幽美，山清水秀，繁花似锦。苗族绣娘用她们灵巧的双手采撷身边的风物，绣出美丽的图案，表达美好的心境和对美好生活的愿望。

第三章　湘黔边苗族服饰之染色

历史上的湘黔边苗族服饰素有"好五色衣"的传统。清代改土归流前，湘黔边苗族服饰以红、黑、青色为主。《后汉书·南蛮西南夷列传》中就有今湘黔边苗族先民五溪蛮"好五色衣裳"的记载。唐代大诗人杜甫也有"五溪衣裳共云天"的著名诗句。康熙年间绘制的《红苗归流图》中的苗人盛装上的领缘、襟袖皆饰以"斑烂"。改土归流后，色彩则为之一变，以青、蓝为主。如道光《凤凰厅志》所记"苗人……短衣跣足，以红布搭包系腰，著青蓝布衫，衣边裤脚，间有刺绣彩花"。随着湘黔边苗族与其他兄弟民族交往交流日趋频繁，服饰文化的交融日深，服饰色彩以靛蓝为主，辅以鹅黄、柳绿、桃红等色。这些颜色的染料主要取材于植物、矿物以及动物。

▲ 民国时期的松桃苗族扎染被面　摄于贵州民族博物馆

中国少数民族特需商品传统生产工艺和技术保护工程

42　第十二期工程——西南地区少数民族服饰（第一部分）：湘黔边苗族服饰

一、染料与制作

湘黔边苗区染料大多源自天然色素。早在秦汉时期，即有苗族先民五溪蛮从植物中提取染料进行染色的记载，如《后汉书·南蛮西南夷列传》所记五溪蛮"织绩木皮、染以草实，好五色衣"，即为利用植物染料的明证。在湘黔边苗族，染匠们皆擅长制作植物染料，从石榴皮中提取黄褐色，从银杏叶中提取杏黄色，从五倍子中提取黑灰色，再按比例进行混合，从而调制成各种深浅不一的颜色。

改土归流后，湘黔边苗族服饰色彩以靛蓝为主，使用的染色剂主要为蓝靛和靛青。蓝靛从植物板蓝中提取，再按比例混合黄栀子和苏木，即制成在湘黔边苗族蜡染中广泛使用的蓝靛。

▲ 染色原料——板蓝

（一）蓝靛制作 ·························

蓝靛的制作原料为板蓝，板蓝是爵床科马蓝属植物，多年生一次性结实，茎直立或基部外倾。稍木质化，高约 1 米，通常成对分枝，幼嫩部分和花序均被锈色鳞片状毛，叶柔软，纸质，呈椭圆形或卵形。

制作染料蓝靛时，一般用板蓝的叶和根。制作流程需要经过采摘、下坛、捞渣、洗灰、搅拌、沉淀、出靛等工序。

首先清洗制靛专用的大池子，也称靛池、靛坛，大池子深约 1.8 米，直径约 2 米。用清水将靛池清洗干净，再将采摘的叶片放入池内，用清水注满靛池，浸泡三天三夜（冬天需多浸一两天）。经过浸泡后，池里的蓝叶蓝靛色素全部分解到水里，待池里的蓝叶变软、水变成蓝色,发出蓝靛清香味,再将大池子里浸泡出蓝汁的叶片残渣用捞网捞出。这时把备好的、干而细的熟石灰以下坛叶片重量 100：15 的比例洗入靛池。洗灰后稍搅动一下,这时会产生大量如豆腐脑状靛蓝物质,停 3~5 分钟后开始搅拌。搅拌蓝靛时,要用专用木耙头自上而下均匀"翻打"池子里的蓝靛汁,直至池子里浮起大量的紫色泡沫,翻打约 200 下即可。静置 24 小时或稍长时间后,再进行水靛分离,将靛池子内上层的废水放出。靛池上下设两个放水口,上出水口主要排放废水,下出水口用于排放蓝靛。

蓝靛的制作过程

（二）靛青制作

靛青是从蓼蓝中提取的。蓼蓝为蓼科多年生草本植物，茎、叶均为红色，花为黄色或紫色，花中含有大量的染料——尿蓝母，并含有微量的氧气及蓝色素。蓼蓝容易种植，产量较高，每年的六七月份和九十月份可以收获 1 次。蓼蓝的颜料提炼，首先要把鲜蓼蓝草置于缸内或桶内加常温水浸泡，水位以刚刚覆盖蓼蓝草为准，浸渍时间依季节温度而定，经过密封浸泡和发酵后，茎叶会分泌一种黄棕色液体，此时捞出草叶渣滓，加入适量石灰搅拌，石灰和染液经充分化学反应后，桶内之水逐渐清澈，石灰中的钙离子和染液中的靛蓝素结合生成沉淀，滤去水中残留的泥浆状沉淀即可。

▲ 蓼蓝

二、扎染

扎染，古称绞缬染，民间俗称扎花布，至今两三百年历史，是在纺织印染基础上发展起来的一种手工印染工艺。扎染作为一门古老的防染技术，以其独特的手工技术和精湛的技艺受到广大劳动人民的喜爱，并随着时代的变迁和人们审美观念的转变而不断地发展变化着。在苗族独特的地域背景及文化社会环境下，湘黔边的苗族扎染以其独特的工艺和艺术魅力吸引着众多的爱好者。扎染布有纯棉布和棉麻混纺布之分，其花纹图案主要采用板蓝根等天然植物染料染色而成，色泽鲜艳，呈花状或蓝底白花，风格独特。扎染工艺品在追求高度艺术欣赏价值的同时又不失其实用性。

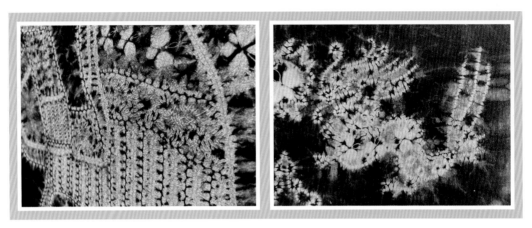

▲ 扎染的点线纹样与扎染的龙纹

（一）扎染材料与工具

材料（Deb dongb） 扎染材料主要分为布料与染料。扎染一般以棉白布或棉麻混纺白布为原料，染料来自以蓼蓝、板蓝、艾蒿等天然植物制作的蓝靛溶液，主要是板蓝。

工具（Deb liot） 染缸、染棒、晒架、石碾等是扎染的主要工具，此外在扎制过程中，还需针、线、绳等辅助工具。

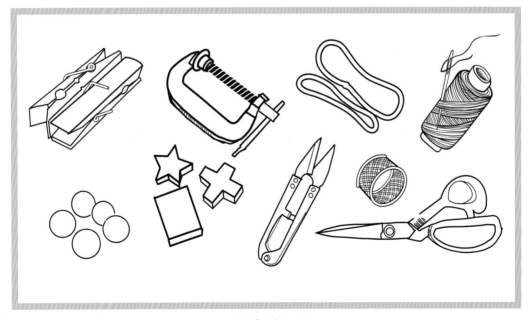

▲ 扎染常用部分工具

（二）扎染流程

扎染的主要流程有画稿、绞扎、浸泡、染布、晾晒、拆线、漂洗、碾布8个步骤。

1.画稿（Sheit benx）

扎染首先要求在织物上画出草稿，然后用不同针法顺着草稿扎制。画稿是扎染过程中的第一步，需先用铅笔画制草稿，再选择具有较好水溶性的颜料画刷形成图案。草稿是否符合工艺要求直接影响到扎染产品的质量与档次。因此，扎染生产中必须重视草稿的结构及所选用的图案。

2.绞扎（Jix gieut benx）

将白棉布用针扎穿线来进行扎花，主要有针线缝扎法、绳结捆扎法、捆缝抓结合法等。

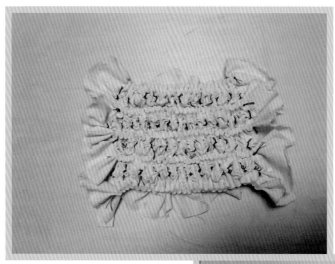

▲ 绞扎好的布料

针线缝扎法（Jiub rul nhol） 所谓针线缝扎法就是指用针和线根据图案需要缝缀，然后放入染液中染色，待干，将线拆去，紧扎的地方不上色，呈现白色花纹。这种方法能扎染出比较细腻的图案，其技术关键在于用针线缝缀。缝缀得好，染出的图形则清晰明了，否则会在入染时断线，前功尽弃，若缝缀的线没有拉紧，阻止不了染液浸透，花纹会出现晕，既不清晰，也不美观。因此，布、针、线三者间有一定的讲究，布厚线则粗，布薄线则细，同时还需要根据图案的特点考虑针线缝缀的松或紧。针线缝扎法又分扎花与扎线两项工艺。其中最常见的一种扎花俗称"狗脚花"（六瓣，呈尖形），此外还有菊花（八瓣，呈尖形）、蝴蝶花（六瓣，呈圆形）、双蝴蝶花（圆八瓣，呈双花蕊）、海棠花（十瓣，呈尖形）等十余种，扎法各有讲究。扎线也有绞扎和包扎等不同方法，绞扎因布的折法和针的绞法不同，能产生线的粗、细、强、弱效果，如粗蜈蚣线和单蜈蚣线等；包扎则在布中夹一根稻草，入染后能产生灰线条效果。

绳结捆扎法（Grud　zhanx ceax nhol） 指用绳线把染织物有规则或任意折叠，然后用麻线捆紧，因越往后捆布越多，形成塔尖状，故而又称"塔捆"。捆扎完成，将染织物放入染缸浸染，使被捆扎部位不被染液入染，晾干，然后解开线绳，即得蓝白相间的晕纹过渡图案。由于用绳捆扎有松有紧，染料入染便有深有浅，最后会呈现多变化的、不规则的、具有抽象感的冰裂纹图案，这种方法适合扎成段的布料。

捆缝抓结合法（Zhanx rud jix giud ceax nhol） 扎染的方法千变万化，不同的方法能产生不同的效果。捆缝抓结合法就是充分利用了扎染防染的各种技巧，将针缝、绳捆、手抓等各种技法综合并用、有机结合的一种新的扎染法。如凤凰县沱江镇刘大炮在捆扎方面摸索出了新的方法，其中有一种叫抓扎，即用双手抓着白布入染，即兴发挥，操作自如，有时能获得意想不到的效果。

3. 浸泡（Jis ndeib）

因为着色对于布料要求较高，所以首先需要将白棉布上的浆洗出。为此，通常要将完成绞扎的布料放至冷水池中浸泡。

4. 染布（Nhol ndeib）

将绞扎好的布料先用清水浸泡一下，再放入染缸里，或浸泡冷染，或加温热染，经一定时间后捞出晾干，然后再将布料放入染缸浸染，如此反复浸染，每浸一次色深一层。刚进入染缸中的织物呈现绿色，经过一定时间后，织物开始从绿色向蓝色转变，当绿色完全被氧化成蓝色时，再浸入染缸中反复进行相同的染制工艺，直到色彩稳定成蓝色为止。因为缝了线的部分染料浸染不到，自然形成了美丽的花纹。

▲ 不同扎染手法的效果呈现

5. 晾晒（Shod ndeib）

将浸染结束的布置于户外朝阳晾晒架上，晾晒过程中要注意晾晒方位及区域，使其较好地受到阳光照射，从而加快晾晒时间。

6. 拆线（Heib ghob zeix）

晒干的布料由经验丰富的人仔细拆线，以保证布料的完整以及染色的质量。拆线不宜过快，需具有良好的耐心。

7. 漂洗（Ncot ndeib）

将布料放入冷水池中冲洗，并用木棒将布搅一搅，使它能较好地冲洗掉表面残留物，通常仅需两次清水冲洗即可完成此工序。

8. 碾布（Liob ndeib）

为了让面料效果能够更好地展现出来，压布时将染布摆放到比较平整的桌子上，进行多次压布，凹凸的布料经过压布之后会变得平整、光滑。

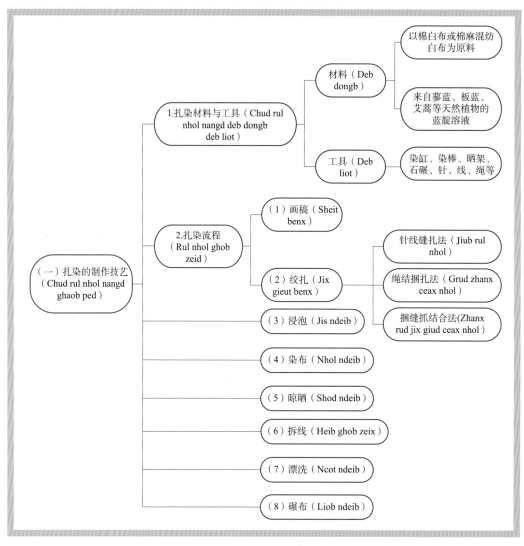

▲ 扎染流程

三、蜡染

蜡染是中国少数民族民间一种古老而传统的纺织印染手工艺，古名蜡缬，它和绞缬（扎染）、夹缬（镂空印花）一起被誉为中国古代三大印花技艺。它以色彩斑斓、工艺精湛、风格独特而著称，被誉为"东方之花"，具有深厚的民族文化内涵和鲜明的民族特色。蜡刀是蜡染的独特工具，其将蜂蜡的防染特性与天然织物、蓝靛染液相互配合制作成一幅幅美丽的作品，这种蜡染作品往往是蓝底白花或白底蓝花，白色部分是染前画蜡、染后退蜡形成。现在蜡染在传承传统技艺的基础上也不断加入新元素，使其历久弥新、与时俱进，颇受年轻人的喜爱。

▲ 蜡染飞天

（一）湘黔边苗族蜡染的图案类型

凤凰苗族的蜡染与其他地区相比，有很多共通之处，也有其独到的地方。蜡染艺人受各地文化的滋养与感染，在创作作品时的构思与抒发的感情都有区别。凤凰地区的蜡染是祖先与大自然和谐相处的结晶，具有独特的造型、色彩、图案等特点，成为当地人们生活中不可缺少的图腾和装饰画。而在色彩方面，凤凰传统蜡染在色彩运用上注重点、线、面的有机结合，并具有一定的规律性及丰富的层次。装饰性强的蜡染图案内容主要取材于劳作的妇女，形式夸张，内容丰富。

凤凰苗族的蜡染风格独特、纹样繁多、与时俱进。凤凰一带的传统蜡染图案主要是荷花和莲花，而现代蜡染图案则主要展示凤凰本地的民风、民俗，总体比较朴素。另外，色彩运用上大胆创新，将传统民族纹样融入现代设计之中，形成一种独特的风格。凤凰苗族蜡染注重时尚与实用性，构图上多采用传统纹样与现代元素相结合。

▲ 王曜作品：彩色佛像、服装上的蜡染纹样

在色彩方面，由于受到汉文化影响，色彩开始呈现多元化趋势，如国画中的红、黄、绿等颜色以及彩色蜡染中的黑色和白色，都呈现在蜡染作品上，如彩色佛像作品。凤凰蜡染概括起来主要分为风景类、花鸟类、人文类和民俗类四大方面，这些作品的内容特点比较突出，表现手法也多种多样。

1. 风景类蜡染画（Jinb fab fongd jint）

凤凰风景蜡染画以凤凰本地主要特征为基础，集中表现为带有凤凰建筑特征的吊脚楼、桥梁、城门和苗寨景观等，它一般采用写实和写意两种表现手法。特点之一是可以把蜡线画得像发丝一样细，从大到小、从近到远。而透过这种细微的变化，我们可以看到苗族人民在生活中所体现出来的智慧与勤劳；同时也使得画面充满着浓郁的生活气息，展现了一个真实的湘黔边世界。"实蜡"与"虚蜡"在画面构图上都很讲究，但又各有侧重，与以留白为主、写意为主的国画手法相近；凤凰的熊承早在2018年创作出了一件名为《苗寨小角》的蜡染作品，并得到了好评。蜡染作品《老大门》《家门口一角》《凤凰神韵》等都是以凤凰为主题创作的，其构图简洁明快，线条流畅自然，色彩丰富多变，表现手法独特新颖。凤凰在中国传统文化中有着重要地位，而蜡染画则是通过描绘凤凰来反映建筑原貌及历史变迁，表达人们对家乡的热爱与乡情。

▲ 风景类蜡染画

苗族蜡染艺术传承人、国家级非物质文化遗产项目代表性传人王曜老师讲述了自己的故事。他原籍安顺，是凤凰蜡染和凤凰风景让他留在了这里，他表示凤凰这地方景色太美了，文化底蕴也很厚重，一旦踏上这方水土，浮躁的心灵都会平复下来，让人流连忘返、灵感无限，这里美得就像一幅画。王曜先生对蜡染这一古老技法的钟爱与对凤凰人文自然环境之赞赏，使他常年沉浸其中，对凤凰蜡染开展浸入式研究和创作，除了对"佛"创作比较痴迷之外，还创作过不少凤凰风景之作，如《古城一角》《老街》等。一方水土养育一方人，也只有如画般的凤凰才能走出如沈从文和黄永玉等大师级的人物。

2. 花鸟类蜡染画（Jinb fab dab gheab dab nus nhangs benx）

花鸟类蜡染画内容丰富多样，既有比较传统的蝴蝶和花鸟纹样，也有比较现代的绘画技法，其元素包括水仙花、蝴蝶、梅花、凤凰和龙等，表现形式或写实，或写意，或二者结合，如《荷花》《牡丹》《菊花》等作品。这些作品都是作者在结合生活体验之后，经过反复思考、精心准备而完成的。但无论哪种形式，都有自己独特的内容表现。写意与写实相结合是王曜先生禅意创作的一大特色。以线、面为表现对象，将一株写实荷花和一只飞舞的蝴蝶表现得活灵活现，内容简单，却又主次分明，陪衬着背景，将禅意意境体现得淋漓尽致。王老师介绍道：但愿我的作品能够给人以恬淡平和之感，能够体会人性中的真、善、美。我想这大概就是所谓的出淤泥而不染吧，用谐音"和"字，寓意和气生财；蝴蝶是一个"多"字，寓意多福、多财、多子。画面中，用了很多的留白空间，给人一种空寂之感，使整个画面显得空灵而不空洞。让观者在这种感觉中去体会那份来自心灵上的宁静和对大自然的热爱之情。此外，他还指出蝴蝶在苗族中具有象征祖先、暗示我们永远不可以忘记祖先的重要意义。

熊承早先生的蜡染花鸟画遒劲有力、色彩对比分明，有很强的视觉冲击。有的作品线条刚劲有力，色彩鲜亮明快，如《始悟名花是水仙》；有的作品造型夸张，色彩绚丽，构图饱满，很好地体现了作者对花卉的喜爱和追求；有的作品线条细腻，形象生动，富有感染力。熊先生说，他

▲ 莲主题蜡染

在创作中常常想起黄永玉教授说过的话："静如止水，动如脱兔。"画画是为了抒发心底深处的某种情感，比如画水仙的时候，看着水仙花就会让你觉得它很团结，很有力量。那种白色花开得格外艳丽，让人觉得很纯粹，这也是我们每一个人应该拥有的素质，因此在创作时，创作者会格外兴奋，容易以粗犷的笔法努力去展现这种力量感。尤其在画莲时，时而追求沉稳，时而追求粗犷，表现出其婀娜多姿之态。

3. 人文类蜡染画（Jinb fab dab mlex）

凤凰人文类蜡染画的特色是展现凤凰当地苗族人民生产与劳作的日常生活，涉及耕地、丰收、织布、吹唢呐、编花带等多个方面，以蜡染画直接地展示了凤凰人民生活的各个方面。这类凤凰蜡染以生活场景为主要素材，运用了各种纹样与场景相结合，将苗族人民的勤劳智慧与美丽心灵展现得淋漓尽致。如劳作时，前面是耕牛的辛勤劳作，后面是人们的汗水。如织布时，展现的是布料的来源，及当时劳动人民男耕女织、自给自足的情景。这些蜡染作品的特点是构图得当、人物造型动感夸张、形象鲜明。正如熊承早先生所说，很多传统技术正在失传，如吹唢呐、编花带等，每当看到这些日常生活场景，就想用蜡染记录下来，透过蜡染作品来铭记这些传统技艺。

4. 民俗类蜡染画（Jinb fab ghuat jiex qib）

凤凰县以苗族居多，每逢节日民俗活动丰富多彩。民俗类题材的蜡染作品反映了人们在举行节庆活动时的情景及人们的服饰纹样。这些作品构图丰满、内容充实，传达出了浓郁的节日氛围。

凤凰苗族蜡染艺术具有悠久的历史，在漫长的发展过程中形成了自己独特而又富有民族风格的民族文化。凤凰舞狮是一个独具特色的民俗活动，很多蜡染作品中也体现出了这一点。每到春节，最开心的事莫过于到沱江边上看人们在船上舞狮了。舞狮不仅需要勇气，更需要技术，体现了凤凰苗族人民勇于挑战、敢闯敢干的精神。打年粑是凤凰人过年的一个习俗，通常由一个家族聚集到某个地方，欢聚一堂共同打年粑，青年人体力较好，会轮流舂米，女性则负责将舂过的糯米揉成饼状摆放到簸箕中，这一其乐融融、温情满满的画面都被凤凰蜡染记录了下来。此外，还有婚嫁、丧葬等题材的蜡染，尤其是婚嫁的蜡染画，让人从中感受到了浓浓的喜庆氛围，有身临其境之感。

5. 其他类蜡染画（Jinb fab doul nangd ghob gians）

近年来，在众多蜡染艺人的努力下，凤凰蜡染在不断地革新与发展。作品越来越多，风格更加多样。凤凰蜡染除了以上几个较为明确的分类之外，蜡染艺人们也在努力进行不同风格的创作，不断丰富凤凰蜡染内涵、思想。有的展示生活物件，有的展示传统人物，有的展示苗族传说，有的展示日月崇拜，有的展示飞禽走兽等。凤凰蜡染作为一种民间工艺美术形式，其独特的艺术风格也受到了广泛关注。作品呈现的多样性，体现了艺人们在蜡染艺术上的不断探索与追求，更体现了他们与日常生活的情感共鸣。

▲ 蜡染在服装上的创作

（二）蜡染材料与工具

1. 材料（Deb dongb deb liot）

（1）面料（Deib）

▲ 蜡染布料

面料基本为传统织物，如棉麻丝织品。蜡染服饰品中常用的是斜纹棉布，因为斜纹面料手感柔软、色泽鲜艳。但在实际生产过程中，为了获得更好的视觉效果，常采用平纹或白棉布。不管是斜纹还是平纹，它们在面料上还有粗细之分，这就要求制作者要按产品需求来挑选。随着市面上蜡染制品品种的不断丰富，除了"工业棉布"外，近年来各类真丝质地织物逐渐被蜡染制作者们所喜爱，它们质地柔细，轻而透明者可制成围巾，不透光而富有光泽者可制成衣服，与棉麻织物相比，真丝织物更易染。

（2）防染材料（Jix qad nhol nangd deb dongb）

防染材料是传统蜡染技艺中的"蜡"，有"蜂蜡"与"石蜡"两种。"蜂蜡"是由当地群众割取蜂糖后的蜂巢熬煮而成的。"蜂蜡"和"石蜡"是有区别的，"蜂蜡"是指天然存在的物质，而"石蜡"则是经过加工处理后形成的物质，因"蜂蜡"的成本高、产量低，后被"石蜡"逐步替代。现在有些蜡染艺人为了丰富图案内容和提高档次，会混合使用"蜂蜡"和"石蜡"。

▲ 蜂蜡

（3）染料

传统常用染色剂为蓝色，原料为蓝靛，也就是植物板蓝，植物板蓝是凤凰蜡染的首选染料，偶尔也会将黄色栀子烘干处理提取黄色染料或用水煮苏木提取红色染料。这些染料都存在不同程度的缺陷：其一，颜色不够鲜艳；其二，容易褪色；其三，染色工艺复杂。因此，人们对天然纤维染色一直十分关注，并进行了大量研究和改进工作。在湘黔边苗区，历经无数代染匠的不断探索与革新，天然染料颜色从单一到复杂、多变、丰富、多种……其中以黄色最为常见，其次为黑色、白色、绿色、蓝色等。

2. 工具（Deb dongb）

湘黔边苗族蜡染工具主要分为两类，一类为金属类绘蜡工具，包括蜡刀、蜡壶等。艺人用这些工具进行绘制蜡染作品时，首先要把图案画好，其次用蜡画出各种图形（包括线条），最后再将它们阳面（即留白处）涂上蜡，即完成一幅完整的蜡画。另一类为非金属类绘蜡工具，如蜡染艺人经常使用的毛笔、花枝俏、水粉笔、狼毫笔以及一些专门自制的新颖工具。此外，还包括瓷碗、水盆、大针、骨针、谷草、染缸等工具。

（1）金属工具（Deb dongb soub deb dongb hlaot）

传统绘蜡工具包括蜡刀、蜡壶等，这些工具都是用铜质刀头与木质或者竹质把手制成的。这些工具的大小及规格都有各自的特点，且价格昂贵。为了解决这一问题，蜡染艺人们一般都会自己动手制作蜡刀，经试用取得良好效果。

▲ 蜡刀

（2）非金属工具（Bix，blad ndaot blad hlod）

在坚持蜡刀更新的今天，一些人已对绘蜡工具另觅新途。由于蜡熔为液体，那么毛笔、水粉笔和枝条在绘蜡上也能派上大用场，这些笔体虽遇高温易卷曲，但只要用得好，即可避免浪费。在用笔时，笔头在蜡锅内停留的时间不宜太长；蘸蜡的时候不要把笔触到锅底温度过高的地方；画完后，笔必须放平，或者像挂毛笔那样，笔尖向下悬空挂着。

▲ 画蜡工具

（三）蜡染工艺流程

蜡染在国内分布较广，湘黔边苗族地区的蜡染独具特色，其制作流程一般包括熔蜡、绘画稿、绘蜡、染色、退蜡、漂洗、晾晒等步骤。

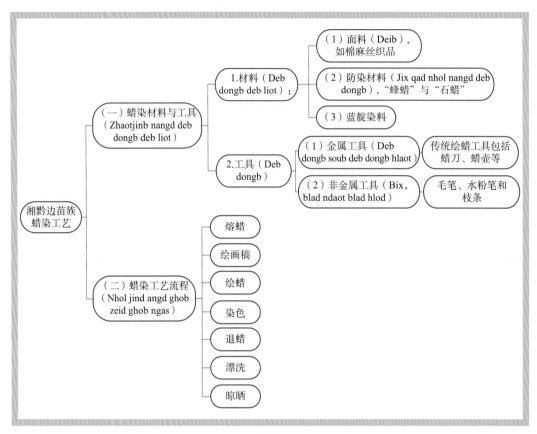

▲ 蜡染流程

1. 绘蜡前的准备（Jid dangb sheit jinb）

（1）熔蜡（Jid yinx jinb）

熔蜡是绘蜡的基础（Yinx rut jinb ceax sheit rut benx）。刚开始，凤凰、松桃苗族人民在熔蜡时，一般是将盛有蜂蜡的铁制器皿或砂锅放在火炉上加热，随着温度升高，蜂蜡会逐渐熔化，火炉内的高温炭火会形成一个近似恒温的环境，可以确保蜡温。在绘蜡之前，要时刻保持蜂蜡处于液体状态，从而确保绘蜡时能将蜂蜡更好地

▲ 熔蜡炉

浸入染布之中，从而达到防染效果。20世纪90年代开始，采用电锅加热熔蜡，只需把蜡熔成液体，就可以在布上画蜡了。

蜡温是绘蜡的关键（Jinb gieb jinb zanl jit sheit jid daot rut）。以往凤凰、松桃的蜡染艺人，会将控制好蜡温作为准备阶段的关键步骤，这一步骤更多的是靠人们的经验积累。如果蜂蜡温度太高，一方面会损坏染布的结构，另一方面也会造成蜡流量太快和渗透力过强，使得绘蜡时很难掌握方向和走势。若蜡温太低，则蜡的渗透能力差，不能渗入布中，会影响防染效果。因此，控制好蜡温尤为重要。鉴别蜡温是否合适有两种方法，即观察和尝试。观察是掌握蜡温最基本的方式，即观察蜡熔化后形成的液体状态和颜色。当蜂蜡全部变为液体，说明已经达到了熔化的基本温度。当看到蜡的颜色微微变黄并伴有微量青烟产生时，就达到了艺人们想要的效果，可以开始在布上绘蜡。如果发现青烟太多，并伴随着浓浓的气味，说明蜡温偏高，就需要取出部分炭火或垫高熔蜡器皿来降温。尝试待蜂蜡熔化为液体后，先用蜡刀蘸上蜡液在布上试着创作，若蜡温适宜，则蜡液浸染到布的正反面上的痕迹大小相同；若蜡液只存在于布的正面，背面的痕迹很浅或没有，说明蜡温不够；若蜡液在布的正反面浸染过多，呈液滴状，说明蜡温过高。当然，如果采用现代的电锅加热，则温度就很容易控制了。

（2）绘画稿（Sheit ghob jit benx）

苗族传统蜡染艺人一般直接用指甲当笔来做绘画稿，有的艺人也会使用硬度偏软的铅笔先在布上描出花纹，然后再沿着痕迹画蜡。由于蜡熔化要花一段时间，他们常常先把熔蜡这一步骤放到绘画稿之前。当艺人们构思和绘画稿完成之后，蜡熔化的温度刚好合适，这样便可以根据绘画稿绘蜡。

2.绘蜡（Sheit jinb）

绘蜡是一个技术性很强的步骤，不仅要注意蜡温是否适宜，还要掌握绘蜡过程中的技术要领。一般来说，需要根据之前画好的绘画稿按部就班地上蜡即可，但是

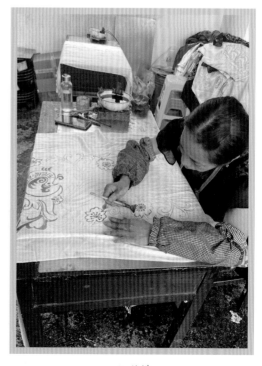

▲ 绘蜡

实际绘蜡时会面临一些新问题，比如线条是否如预想的完美，或上蜡时有新的构想需要增加和补充。如何做好绘蜡这一步骤，往往需要蜡染艺人多年的练习与经验积累。一般来说绘蜡技艺的要领包括以下三个方面：

其一，"伺机而动、出手要轻、衔接得当"，其含义为绘蜡时总会遇到无从下手的情况，心中应该无所顾忌，看准图案的线条走向选择一个起点伺机而动，绘蜡时轻拿轻放。要求出手的动作要轻盈，勾勒的线条之间要相得益彰，自然衔接，浑然一体。

其二，"把握方向、线条流畅、或顺或逆"，其含义为绘蜡时需要把握蜡刀的运行方向，即蜡刀在使用过程中要倾斜使用尖头部分，不可笔直运刀。无论是弧形蜡刀，还是平头蜡刀，不注意适当倾斜的话，都会使蜡顺刀口过量流出而影响线条的粗细和美观。绘蜡的线条方向一般是顺时针或逆时针，往自己身体方向靠拢，屏气凝神让线条更加流畅。

其三，"平稳心态、顺势而为、将错就错"，其含义为绘蜡时的心态要平稳，高度自信，相信自己的一笔一画都具有独一无二的美。在绘蜡时，如果出现错误或者有新的构思需要修改某一部分的图案时，要将错就错地绘下去，顺势而为的创作往往别出心裁，经常收获意想不到的奇效。

3. 染色（Nhol）

（1）织物泡水（Jis deib）

在蜡染作品绘蜡后、上色前这一阶段，艺人们会先将织物在水中泡一段时间，再捞起来悬挂于衣架上，直到不再滴水。这样做的目的是确保待染面料在染色时颜色更加均匀，有更好的染色效果。

（2）浸染（Nhol ndeib）

将经过浸泡的面料浸入染缸之中，艺人们会根据需要选择全部或部分浸入，一般都要经过多次浸染才能达到理想的效果。颜色较深的部分，则必须多次浸染。需要留白或者颜色较浅的地方，则只染一次

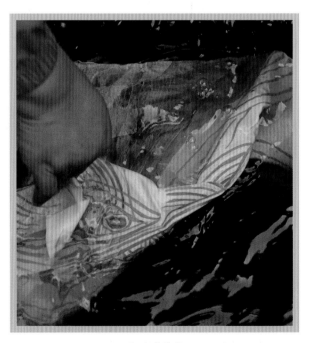

▲ 织物泡水

▲ 浸染

或不染，这样便可以体现出层次感。上色的好坏受到多种因素的影响，如染色次数、气温高低、空气湿度、面料特点、染缸浓度等。一般来说，染色次数少则颜色较浅，反之则深；气温高可以少染，而气温低则需要多次染色才能达到效果；若织物较薄则染色一两次即可，较厚的则需要染色七八次之多；等等。总之，这些方法都需要长期的实践与总结，从而摸索出一些好的经验。蜡染艺人们都说这个步骤很难具体描述，往往需要长期的"言传身教"才可领会其中的奥妙。

（3）氧化（Jix kiead ndeib）

氧化是把织物从染缸中拿出悬挂于衣架上使其与空气中的氧气充分接触而达到上色的效果。在染色过程中，由于受温度、pH 值、染料种类等因素影响，往往会出现各种不同程度的颜色变化，当织物出染缸后在空气中颜色由绿色转变为靛蓝色时，表示氧化过程结束。氧化次数视染布次数多少而定，一次氧化时间一般为 15 分钟左右。染色次数越多、氧化次数越多，则固色程度越高。氧化的次数根据需要而定，并不是氧化次数越多越好。

▲ 氧化

4. 退蜡（Haot jinb）

退蜡是使蜡与织物分离，是蜡染制作后期重要步骤。退蜡原理就是利用熔点较低的蜡在高温中熔化且不影响织物的质量，一般先用沸水将染好的面料进行浸泡，接着再用开水煮沸 3~5 分钟，这时固态蜡就会缓慢熔化，由固体缓慢转变为液态与布料分离，最后把织物从锅里取出即可达到分离退蜡的效果。随着科学技术的发展，部分艺人喜欢利用电热化学的原理来对织物上的蜡块进行溶解和去除。但是凤凰的蜡染艺人常用的还是沸水退蜡法，因为其操作简单且成本很低。

5. 漂洗与晾晒（Ncaot deib nhangs shod ndeib）

这是蜡染的最后一个步骤，即把完成退蜡后的织物放在水中多次清洗，把少部分的残留物完全清洗干净，然后晾晒至水分全部蒸发即可。晾晒时需要注意天气与温度，一般来说不要在阳光下暴晒，而应选择一个温度适宜且通风处晾干。

▲ 漂洗、晾晒将蜡染绘在服装上

四、蓝印花布

蓝印花布是一种传统的镂空版白浆防染印花布，即通过在布面上铺上桐油版，经过刮浆、染色等步骤而得到的花布，又称靛蓝花布，俗称药斑布或浇花布。其图案纹样独特，色彩鲜艳，具有浓郁的民族特色和鲜明的地方风格，在国际上享有较高声誉。这种镂空版白浆防染印花的工艺印染品在湘黔边苗区已有一千多年的历史，其染料和蜡染的一样，都是以板蓝等植物染料为主。湘黔边苗族的蓝印花布原料一般选用棉、麻材料的织物，桐油纸经过刻版、抛光后，再用石灰、黄豆粉和水按照一定比例搅拌调匀，经过刻版、刮浆、翻版、染色、晾晒等多道工序加工而成。

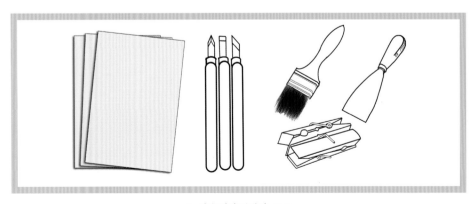

▲ 蓝印花布的染色工具

湘黔边苗族蓝印花布透气吸汗，色泽耐脏，适合农事劳动强度较大的家庭使用。因透气性好、颜色朴素、耐洗性强，不仅制作成本低，而且极具审美价值，广泛用于制作服饰、鞋帽、铺盖、门帘、窗帘、桌布等，是湘黔边苗族劳动人民日常生活中很常见的生活装饰品。随着社会经济的发展和人民群众物质生活水平的不断提升，蓝印花布也在与时俱进，其品质和花纹也在不断提升，并融入了很多现代元素，至今依然是湘黔边苗族的常用装饰品。

▲ 湘黔边苗族印花

▲ 蓝印花布作品

蓝印花布的制作包括以下几个步骤：

（一）备料 ⋯⋯⋯⋯⋯⋯⋯⋯⋯⋯⋯⋯⋯⋯⋯⋯⋯⋯⋯⋯⋯⋯⋯⋯⋯⋯⋯⋯⋯

蓝印花布的制作需要布料、桐油纸、灰药、板蓝等原材料，染色工艺与蜡染近似。布料一般选用棉、麻织品，早期的蓝印花布制作都是采用传统手工纺织的布料，虽然粗糙，但印染效果很好，实用性强。桐油纸版一般是用多层纸相互叠加，然后刷上桐油，少则七八层，多则十几层。桐油纸版的厚度由使用的实际情况来定，一般来说，越厚的版可使用的次数越多。灰药是黄豆粉、石灰和水按照一定比例混合调制后黏稠物的俗称，此物一般都是由制作艺人自己调制，各成分的混合比例也不固定，都是蓝印花布艺人靠多年的制作经验来配制。刷浆时将灰药附着于布面上，可起到防染的效果。蓝印花布的染料就是植物染料蓝靛，从蓼蓝的植物汁液中提取而成。

▲ 制好版的桐油纸

（二）工艺分类

蓝印花布通常可以分为蓝底白花与白底蓝花两种。蓝底白花是指在蓝色底上印出白色花纹图案，即花纹部分刷上灰药防染形成白花，其他部分全部染成蓝色；白底蓝花恰好相反，除了花纹部分染成蓝色，其他部分全部刷上灰药进行防染。

（三）制作流程

蓝印花布的制作流程分为四个步骤：制版、刷浆与翻版、染色、退浆与漂洗。蓝印花布的制作是一个精细的流程，在这个过程中只要有某一个步骤做得不好，则后面的成品就会受到影响。所以在制版、刷浆、翻版、染色、退浆、漂洗等过程中都要细心，这样才能做出一块完美的蓝印花布。当然了，以前的蓝印花布主要讲究实用性，很多作品一般都比较粗糙。

1. 制版（Chud bant）

制版流程分为：裱版、描图、打版、上光油，上油后放阴凉处风干。在制版的过程中，需要先固定之前做好的桐油纸版，然后在上面描出设计好的图案，并用打孔工具在上面打孔，再完成打版的每一个细节。完成打版之后需要上光油磨平，使其变得平整，最后放在阴凉处自然风干，等其成型之后便可以投入使用。

2. 刷浆与翻版（Sax jangd nhangs jix bed bant）

将制作好的桐油纸版压在织布的上面并固定好，确保制作过程中不移动，然后将提前制作好的灰药刷在桐油纸版上，确保版上的每一个孔都能被刷上混合的灰药。让这些灰药附着在布面上一段时间，然后轻轻地把版翻过来。在翻版的过程中要特别注意，不能影响到之前的花纹。翻版的步骤很关键，如果翻版不当，则会影响到灰药的防染效果，最终的作品会受到影响。

翻版之后，把附着灰药的织布用夹子固定好（不能折叠），拿到一个阴凉处自然风干。一般情况下，过15天左右便可开始染色。如果条件允许，在烘干房晾晒一晚便可以烘干。

3. 染色（Nhol ndeib）

将烘干之后的织布浸泡到染缸中进行染色，浸染的次数取决于当时的气温、湿度、颜色深浅等。一般来说，染的次数越多，颜色越深，若想颜色浅一些，则染的次数少一些便可。

4. 退浆与漂洗（Ghuax xid nhangd ncot ndeib）

染色结束之后，需将其晒干，再用毛刷等工具轻轻地把灰药全部刷掉，这个过程叫退浆。退浆完成后，需将织物放在清水中进行多次漂洗，再将其拿到衣架上进行晾晒，晒干即表示成品完成。

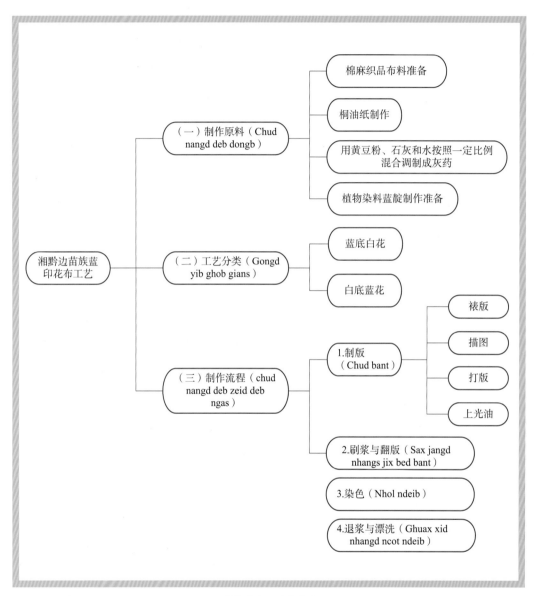

▲ 蓝印花布工艺制作流程

（四）湘黔边苗族蓝印花布的价值挖掘 ......

蓝印花布虽然历史悠久，但是与社会大众的审美有一定脱节。湘黔边苗族印花布需汲取现代服饰创新发展之精髓才能摆脱困境。为更好地传承和弘扬传统技艺，我们须分析湘黔边苗族蓝印花布目前存在的问题和不足，要从可持续发展的角度去挖掘其价值。

1. 加强湘黔边苗族蓝印花布的品牌塑造与技艺传承

对传承人进行采访，发现其中存在矛盾之处。一方面是对手艺的热爱，另一方面又面临着市场冲击。要想提升消费者对于蓝印花布的认同感，树立湘黔边苗族蓝印花布的良好形象，就应该加强宣传，使更多的人认识湘黔边苗族的蓝印花布，同时利用其集聚优势以及品牌向心力吸引更多的优秀手工技艺者参与到湘黔边苗族蓝印花布的制作中去，共同推动湘黔边苗族蓝印花布产业的发展。要想将这种文化保护与传承落到实处，就应该建立一个完整的产业体系，包括政策扶持、资金支持和人才培训等方面。政府应当出台相关法律、法规来规范行业竞争秩序，并提供必要的物质保障。与此同时，摈弃传统传承方式——师傅带徒弟，建立职业学校专门教授湘黔边苗族蓝印花布制作工艺，手工技艺者之间互相学习，形成老中青三代传承之力，打造湘黔边苗族蓝印花布工艺传承链条，使工艺在良性的传承中发展下去。

2. 加强湘黔边苗族蓝印花布的产品研发

湘黔边苗族蓝印花布目前存在的主要问题并不是品牌识别度不高、技艺传承断层等，而是现有设计太过粗陋、缺乏市场竞争力。传统印染元素在发展过程中也存在一些问题和不足，如何对传统元素进行再创新是一个值得研究的课题。湘黔边苗族蓝印花布企业应加大产品研发力度，提高湘黔边苗族蓝印花布在市场中的份额。随着经济全球化进程的加快以及人们生活水平的提高，人们对于精神文化方面的追求越来越高。在这种背景下，设计师结合现代人的审美需求，创造出具有时代感的图案样式，湘黔边苗族蓝印花布开始出现了新的变化和发展趋势。

▲ 扎染制作的童装

▲ 蓝印花布装饰画

第四章 湘黔边苗族服饰之刺绣

刺绣，又称"针绣""绣花"。它通过以针引线将各种纹样绣入绣布中，被广泛地运用到各种服饰工艺中，使服装锦上添花，极大地提升了服装的观赏性与艺术性。苗族刺绣是苗族人记载历史和表达感情的主要媒介，也被称为苗族的"无字史书"。苗族刺绣的呈现内容涵盖了民族信仰、历史迁徙、图腾崇拜、人类与自然界的和谐共处，以及对于自由平等和美好生活的追求等，档次极高。艺术大师刘海粟曾经赞誉："苗女刺绣巧夺天工，湘绣、苏绣比之难以免俗。"湘黔边苗族服饰有着浓郁的民族特色、浓厚的生活气息，作为典型的苗绣工艺品具有独特的风格和丰富的文化内涵，是我国民族民间工艺美术宝库中的一颗璀璨明珠。苗绣于 2006 年 5 月被国务院批准为首批国家级非物质文化遗产。

湘黔边苗族刺绣主要绣在袖口、衣襟、云肩、裤脚、围裙、头巾、背裙、童帽、鞋面等处，以松桃、凤凰最具特色。其制作工艺精湛，纹样古朴典雅、造型稚拙粗犷、色彩对比强烈，具有浓

△ 湘黔边苗族典型刺绣

厚的地域文化和民族文化特色，既实用又美观，充分展现了苗族妇女的聪明才智，是苗族女性丰富内心情感的艺术表达。

一、工艺流程

（一）刺绣工具及材料 ···

1. 刺绣工具

苗族各支系的刺绣成品，内容丰富多彩，形式多种多样，技艺、工艺、图案、风格、用线、用料不尽相同，但所需刺绣工具都很简单，大多雷同。主要工具有花绷子（Nbenx bongd）、绣花针（Jiub benx）、剪刀（Ghob njib）、蜡笔（Bix lax）、顶针（Dit jiub）、针夹（Jiub giax）和笔（Bix）。

花绷子　用来平展绷紧绣布的工具。通常是用木材、竹子和金属做成。一般有大、中、小三种，大绷并不多见，以中绷、小绷最为多用。从外形看，有长

▲ 长方形花绷子

方形与圆形两种。长方形大花绷子通常是由竹料加工而成，横二竖四，绷长约100厘米，高约45厘米，适于多人同时刺绣，适宜绣背裙、帐檐、被单等大的绣品。圆形小花绷子用料亦以竹子为主，绷圈直径10~30厘米不等，适于单人刺绣，适宜绣衣襟、衣袖和裤脚的花边。圆形平底花绷子主要由内、外两圈制成，或竹制，或木制，或金属制。一般分为双层式和单层式，双层式比较多见。刺绣时先把绣布夹于内、外圈中间，然后拉紧绣面。湘黔边苗族地区的妇女在绣制时亦可不用花绷子，将绣布反面架好后用纸张或者质地比较坚硬的布料贴紧，用以固定绣布，同样可达到绷紧效果。

绣花针　绣花针品类繁多，针长用"号"来区别，型号用数字序号来编排，1号针最粗，针号愈大，绣针愈细。在刺绣过程中，要注意选择适宜的针号，掌握好绣花时间，并根据不同部位采用不同的针号，才能达到理想的效果。选针是刺绣前的准备工作，是非常重要的一环。苗家姑娘的绣花针最好是针身均匀圆润，针尖锐利，针尾

钝圆，针眼平圆，因为这样有利于送针、抽针及穿线。绣布厚的多采用粗而长的小号针，绣布薄的多采用细而短的大号针。

剪刀　是苗族妇女家家户户不可缺少的一种日常用具。在刺绣中尖翘弯口的小剪刀是最好用的，剪绣布、剪线头最便捷。

蜡笔　用于绘制刺绣纹样和书写文字。用蜡笔蘸水作画即可有效地保障画纸的干净卫生。

顶针　由凹凸不平状的金属片卷曲成戒指形状，以铜制居多，一般戴于中指第二骨节，以辅助刺绣中推针。顶针有大有小，应根据刺绣者手指粗细和针号来选择顶针尺寸。

针夹　用于辅助取针和抽线。在刺绣过程中如果针尖太小、个别部位绣线较大、绣制密集不容易取到针尖，则可以用针夹夹着针尖取下。

笔　是画绣稿的工具。可以画绣花底样，也可以直接画在布上。毛笔、铅笔、水性笔和荧光笔等均可，绣花底色要与笔画出的颜色形成较大色差，如黑色水性笔多用在白色绣花底面上，荧光笔一般用在黑色绣花底面上。

2. 刺绣材料

苗族刺绣的材料分为主料和辅料，主料主要包括纸张（Ghob jangd deud）、绣布（Nbad benx nangd ndeib）、绣线（Zeix benx）等；辅料主要包括花本、绣谱、拉绷绳、遮绷布等。

纸张　作刺绣图案画样、剪样之用。以前，苗绣中刺绣先在纸张上画样，之后根据画样剪裁底样，然后在布上贴样，最后才是刺绣。为便于底样粘贴在布上，利于针线穿透，剪样用的纸一般比较轻薄柔软有韧性。画完图样之后，可将一张图样作为母本，将多张纸层叠在一起，剪裁出多张同形图样。

绣布　是刺绣所用的面料。湘黔边苗族刺绣多以家织麻布、棉布和绸布为主，缎是绣布中的上品，新中国成立以后广泛采用化纤布。苗绣所用绣布色彩种类繁多，以黑色为多，还有粉红、浅蓝色等。根据刺绣需要选择合适质地和颜色的绣布，由于质地不同，绣出的图案，用针及针法均有差异，如帐檐、门檐、门帘多选用棉布与麻布；服饰类刺绣多选用轻柔的绢与棉布。绣花与插花多选用细薄丝绸或化纤布，挑花与串花多选用经纹比较粗、纬纹比较清晰的家织棉布和麻布。

绣线　刺绣用的线，绣于面料之上。绣线的选择与使用直接影响到刺绣的最终效果。湘黔边苗绣中所用绣线种类繁多，材质各异，主要有丝线、棉麻线、金属线等。丝线在服饰上较为常用，棉麻线则多用于粗麻布或棉布，金、银、锡、铜等金属线多用于点缀。

（1）丝线（Sod zhoux）

丝线为苗绣的主要用线，由蚕丝搓纺而成。丝线颜色鲜艳、光泽性好、韧度高、不易破碎起毛。其用途很广，可用于制作服饰和装饰品，也可以用作刺绣工艺的辅助材料，还可用来制作各种工艺品。丝线大多是从市场直接采购而来，色彩艳丽，有红色系、蓝色系、黄色系、紫色系、绿色系等，每一个色系都有深深浅浅的各种色彩。

（2）棉麻线（Sod nos）

棉麻线是湘黔边苗绣常用的线，棉线由棉花纤维搓纺而成，棉线、麻线都比丝线粗，棉麻线比较柔软，但是光泽度差，色彩远不如丝线品种丰富，多用在绣底大而粗的绣面上，如帐檐、被单、门檐，在衣服上很少用。

（3）金属线（Zeix ngongx zeib nggieb）

有金线、银线、锡线和铜线等种类，是装饰性很强的线条，在这些金属线中，金银线最常用。传统金银线分为扁形与圆形两种，多用金银锻打成片，再切成细长条，采用包卷等方法制成，绣制出来的绣品看起来富丽堂皇，通常只有富贵之家用于装饰服饰。由于传统的由纯金银材质制作的金属线较硬，价格较贵，且在缝制过程中容易磨损变形而影响美观，纹理易碎，不宜用繁杂针法，因此在服饰上未大面积使用。随着时代发展，金属线的种类越来越丰富，现在使用的金银线已经有了合成材料和替代品，已非纯金、纯银制成，价格便宜，色彩更丰富，使用越来越广泛。

（二）刺绣工艺流程 ⋯⋯⋯⋯⋯⋯⋯⋯⋯⋯⋯⋯⋯⋯⋯⋯⋯⋯⋯⋯⋯⋯

湘黔边苗族刺绣的工艺流程大致可分为准备、刺绣、收存三个阶段。

1. 准备

（1）选图画样或贴花

绣娘首先根据需要的图案纹样选好花样，她们选择图案纹样时都很用心，所选纹样具有一定的祝福寓意。很多绣娘都会收藏各种花样花本，既有老绣片上流传下来的，也有书籍上剪裁下来的，绣娘们一起刺绣时还会互相品鉴或借用。选好花样后，有绘画能力或手艺纯熟的绣娘，直接用画石、铅笔或毛笔在绣布上进行绘制，省去了剪纸贴花的步骤，但如今能直接绘制花样的已不多见。以往，一些手艺精巧的绣娘往往会在老花样的基础上进行创造性修改，或者根据自己的生活经验及想象，直接在绣布上进行即时创作。不会绘画的苗族妇女在绣布上选定好位置，用复写纸将画样复写上去，或者先在需要绣花的地方做上记号，上好绷架，再将花样绣模直接粘贴于预定的位置上。

（2）选料

为了完成一件好的刺绣作品，材料的挑选很重要，包括布料、线料等的挑选。布料选用是否合理直接影响到作品的整体效果；线料则是绣品制作过程中最关键也是最难控制的部分之一。好的绣件必须有好的面料做基础。布料、线料质地不一，使用方法不同，选用的绣布、绣线也不一样。布料的选择较为简单，绣布的长度和宽度要大于花样；材质方面，绣被面、帐檐的时候多选棉麻，绣围裙、背裙、花边等服饰类则多用面料柔和的丝绸或棉布。刺绣主要由线条来体现，选线、配线至关重要，也更为复杂，要综合考量材质、粗细、颜色的选择与搭配等因素。苗绣使用的丝线品种多，色彩不一，需根据花样内容、尺寸、位置及装饰对象等因素来进行配色设计和选择绣线。质地方面，丝线较细且有光泽，适用于各种针法，金银线则较硬较脆，不能用于复杂的针法。刺绣在色彩方面有素绣与彩绣之分，素绣是指采用同一种色彩绣制，多为黑、青、蓝等暗色。彩绣颜色丰富，可以根据深浅对比进行自由搭配。绣线的搭配具有很强的主观性，绣娘的想象力和审美力有高低之分，选料、配色的水平也显示出手艺高低。一般来说，高水平的绣娘在挑选绣线时，会把绣线逐股理齐，并在成股绣线中间用白色丝线系上疏松活结以避免松脱，然后置于绣架边缘处，也可把准备好的线头按顺序单独夹入书页内，这样既利于保管，也便于取用。

（3）上绷架

上绷架（Jib jout giab zit）就是按刺绣纹样尺寸及造型，把绣面放在绣绷或绣架上，方便绣娘穿针引线。这个步骤对后期刺绣非常关键，一定要平齐平整、不松垮、不起皱，如果绷架不到位、绣面不绷直拉平，绣制出来的花样也会松垮不成形。一般来说，绣品小者以使用圆形绷为主，大者以使用方形绷为主。在圆形绷上绷布分三步进行：第一步，先把圆形绷圈外面的螺丝钉拧好，把绷圈里面的圈横向摆放；第二步，把画好绣稿后的绣布平放在里绷上面，把外面的绷压在里面，让里面和外面的两条绷吻合在一起拧螺丝钉就可以了；第三步，查看绣绷上的绣布是否平整，如不够平可以适当把绷圈外面的布料拉紧即可，然后用螺丝固定。

方形绷架上绷时比较复杂，先在绣面上、下位置各缝两块棉布，缝好后把绣面置于绷架上，未缝棉布侧面嵌绷轴槽中，紧塞住间隙即可旋转绷轴并适当调节绣面尺寸，然后把插销单独插在绷架上两侧轴孔中，并用绷钉把绣面固定，再在绣地^①上左

---

① 绣地，刺绣专用名词，即置于绷架上的刺绣面料。——编者注

右两边，以针引线刺布，围绕绷架均匀捆缝一圈。

2. 刺绣（Bad benx ghob zeid）

准备阶段结束后，就进入正式的刺绣阶段，绣娘用穿好线的绣针开始在绣布上起针、落针，直至完成整幅绣品。绣针从上而下穿过绣布为落针，自下而上穿过绣布则为起针，一起一落，绣线便在绣布上形成各式图案。刺绣时，花绷大小不一，绣娘的姿势也会有所区别。在小花绷子上刺绣时，多为左手拿花绷，右手拿针，反复刺绣。用大花绷子刺绣时，无须用手托住，一只手放在绣布上面，一只手放在绣布下面，上下配合，飞针走线，形同指尖舞蹈。刺绣时绣娘须专心致志，气定神闲，快慢结合，用力轻重相宜，另外绣线不宜过长，否则容易打结扯断，影响绣花速度和效果。

3. 收存（Nbad janx benx）

下绷（Jix laot bongd） 是指绣品绣制完成之后，需从花绷子上撤下。下绷要先剪去拉绷绳使之疏松，然后拆绷边竹、取绷钉、拆绷闩、取绣面，再取绣在绣布边的缝线，最后取绣布片完成下绷。注意在下绷过程中会容易产生一些疵点和折痕，如有纬纱松弛、断纬等，可及时处理。

绞边缝合（Rul ghot biand） 为确保绣品能够完整地保存下来，由花绷上下来的绣品需绞边缝合。若是单幅绣品，则需把绣片的正面向反面折1~2厘米，并用针线绞边以包住布面上的线头为标准，以防止线头被抽掉或脱线。若是双幅绣品，则需在绣片间夹入衬布（如尼龙布），再用缝纫线绞边固定。

二、技法与针法

（一）三类图样

苗绣的制作技艺高超，在一代代绣娘的指缝中不断传承和革新，逐步形成今天所见的复杂多样的技法和样式。它主要包括针法和图案两个部分。针法分为刺绣针法和装饰针法两大类；图案则可细分为人物图案和山水花鸟图案两大类别。基本技法可归纳为随手绣、剪贴绣和绘绣三大类。

"随手绣"是苗族妇女既不用剪纸底样，又不用笔事先画好绣稿的一种刺绣方法，随手刺绣，花样繁多，多由技艺精湛的老艺人刺绣而成，她们刺绣的经验十分丰富，往往无须底稿，仅凭记忆与经验就能刺绣成功。绣稿就是腹稿，装于艺人们心中、脑中，随心而绣，随意而为，自然天成，无拘无束，往往有佳作产生。

"剪贴绣"也叫剪纸绣，它是先用纸片剪出需要刺绣的纹样图案作为刺绣底稿，再粘贴于绣布之上，然后按照图案特点与主观审美搭配色彩并运针。剪贴画是民间美术中最具特色的一种艺术形式，它既能体现中国传统文化精神，又具有鲜明的现代色彩特征，深受人们喜爱。剪贴绣与其他绘画样式相比，有其独特之处，同样的底稿由于配色、针法等方面的差异，也会绣出风格各异的绣品。

"绘绣"是先用单色笔将图案绘于固定在绣架上的绣布，然后由彩色丝线绣制而成。绘绣大多由绘画技艺娴熟的绣娘亲自绘制，或请来专门画师绘制，然后由绣娘绣制而成。

（二）针法举隅

苗绣是我国民间传统工艺美术中的一朵奇葩，因其悠久的历史和辉煌的成就，在中国刺绣史上有着重要地位，它以独特的风格和魅力吸引着国内外众多人士的目光。苗绣绣品兼有平均细腻之顺滑感和凸起粗麻之厚重感，它的精湛工艺主要在于针法之多，大体有数十种，花样不一，艺术效果不一，需选择各种针法，或刺或挑，或经或纬，或垫贴绣，或缠或织或捆或打，手法之多样，令人叫绝。沈从文先生在《塔户剪纸花样》中就这样形容："（苗族刺绣）写生时，折枝和配色都要有所规定，瓣线也要经过各种程序，针也要分门别类，绣法更要千变万化。有善底稿犹未济事，心也要经过善针。"苗族刺绣针法光针脚的绣针就有刺绣、插针、锁针、缠针、织针、钉针、洒针、点针、挑针、串针等，在绣针上还有平刺绣、锁针、绒针、缠针、错针、圈针、瓦片针、辫子针、数纱针、打籽针、织针和网针等数十种。

1. 平绣（binx jub）

平绣是湘黔边苗绣中最古老、最基本的刺绣针法，是线与线之间平行排列的一种针法，比较容易掌握，初学刺绣者大多从平绣入手。平绣无须数纱等繁杂工序，只需单针、单线，按照花样以平针走线。平绣运针要点：第一，沿着纹样主线条起针落针，在一端起针，另一端落针，针脚以并列顺序排列，将绣线布满图案轮廓；第二，先从主线条任一侧起针或落针，然后逐步越到另一侧主线条；第三，根据不同需要，将主线与副线分开来进行设计；第四，多种针法结合使用；第五，针数可选择单根或多根。平绣刺绣线条均匀分布，布局规整流畅，花纹轮廓鲜明，颜色协调别致，刺绣表面光滑圆润。平绣的针脚跨度需要根据图案的大小进行调整，对于面积较大的图案，通常需要按照纹路分成多个刺绣区域进行分块刺绣，以免图案产生"蓬松"或"钩刮"现象，影响绣品质量。例如，绣龙凤、麒麟等大型动物的身躯鳞片时，需分片进行刺绣。

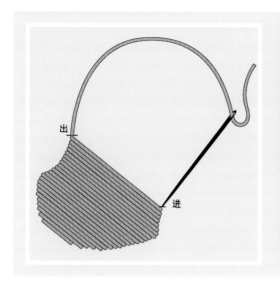

平绣

2. 锁绣（Jix giout jiub）

锁绣，湘黔边苗绣中一种比较古老的刺绣针法。针法分为单针和双针两种。在图案开始点起针时，把线兜圆，开始点下针为"闭口锁"，开始点旁落针为"开口锁"。在线圈的中缘起针时，立即把第一圈拉紧，将针落入圈内，以此类推，产生锁链状绣迹。其图案形象生动，富有动感，具有很高的艺术价值和欣赏价值，被称作苗族服饰上最具特色的一种工艺手法。它与其他苗绣一样都属于手工技艺范畴。锁绣针法常用于轮廓造型。

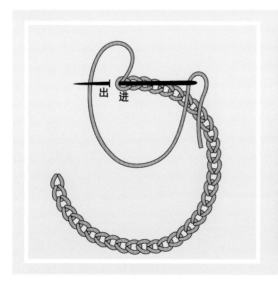

锁绣

3. 衔绣（Jix gheb jub）

衔绣是湘黔边松桃比较古老的刺绣针法之一，该针法集常见套针、镶针、齐针及插针等多种针法为一体，通常用于大范围的刺绣图案上，它可连接不同色彩或者色彩深浅，起到过渡、糅合、纹路识别等功能，使绣品表现出柔和、自然、真实的完美状态。

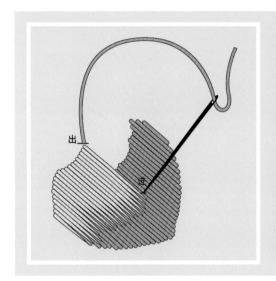 

▲ 衔绣

4. 鱼骨绣（Panx jiub）

鱼骨绣多用于表现叶子的叶脉和花的经络，起到加固与装饰的作用，针法从外观看很像平绣，但比平绣更多了一些刺绣技巧，比平绣的速度更快、更科学，更能体现绣娘的聪明才智，配以锁绣镶边一起出现，简单大方中平添了些许趣味，更具节奏和美感。

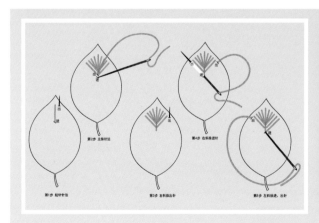 

▲ 鱼骨绣

5. 龙骨绣（Benx nggud）

龙骨绣多与平绣同时出现，是加固平绣针法的一种绣法。由于平绣在绣的时候速度较快且易学，所以运用广泛，但缺点就是容易被其他锋利的物品钩坏和容易磨损，聪明的绣娘们就发明了不计其数的固定针法，其中就有龙骨绣。通过龙骨绣加固过的花鸟鱼虫不但层次丰富，而且织品更易清洗，所以龙骨绣被无数绣娘喜爱。

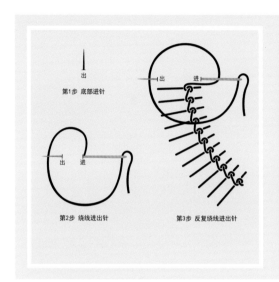 

▲ 龙骨绣

6. 织针绣（Benx ndod jiub）

织针绣也是加固平绣针法的一种绣法。和织布一样的原理，经线用平绣，纬线用

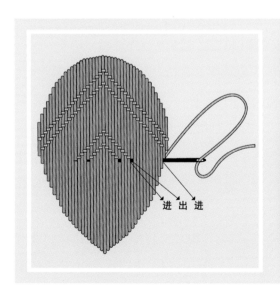 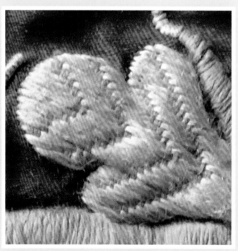

▲ 织针绣

针牵引。为了兼顾美观和实用，绣娘们会根据自己的喜好进行挑绣，不同的距离会绣出不同的新符号或图案，平添了层次与美感。

7. 切绣（Jid det jub）

切绣作为松桃苗绣中一种特殊的刺绣针法具有盘绣中斜盘运行针法和数纱绣中挑针运行针法的特点，但此针法与上述针法有着微妙的差异。松桃苗绣中常见的几种切绣法，应从构图布局、色彩运用等方面进行分析与研究。切绣的特点是勾画出线条的轮廓及花瓣、叶片皱褶，通过深浅相间的色彩搭配，使绣品形象更加逼真。

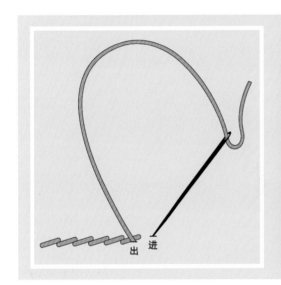

▲ 切绣

8. 数纱绣（Sheut xinb sod，benx giab）

数纱绣又称挑绣，是指在本色土布的经线与纬线之间按照事先构思好的花纹，挑动布面的经线或纬线绣制，与十字绣相似，均用斜线相交成"十"字。区别是十字绣首先在布上画出底稿图样，然后在图样中密密麻麻地绣上十字；数纱绣则完全靠绣娘们的想象力随意发挥。数纱绣针法主要分为十字针与回复针。十字针是根据绣布经纬线方向绣制，在经纬线上数纱线，用十字交叉走一针，用千百十字构成各种花纹。十字形的尺寸，视布的厚薄而定，细的挑五六根，粗的最多四根。而回复针是按照图案来转换刺绣方法的，比如"米"字或者"V"字的绣法。其特点从横向看，花样为多行单列式排列，从纵向看，花样为数行单列式排列，因此可以形成各种花型，如菱形、六边形等。用纵横斜行走针刺绣苗语叫"Benx ntongt"，是段绣，用十字或米字相交走针叫"Benx giab"，是挑绣。

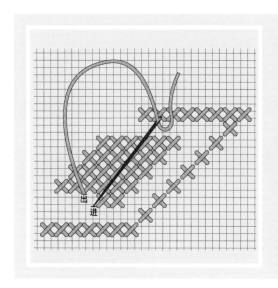

△ 数纱绣

9. 瓦片绣（Benx gal was）

瓦片绣是松桃苗绣中的常见针法，层面刺绣中，针与脚横跨范围较大，通常以竖面和斜面平铺绣之，与平绣的技法相似，只是加上图案、纹样后，色彩深度连续叠放，可以突出与瓦片相似的弧形效果。

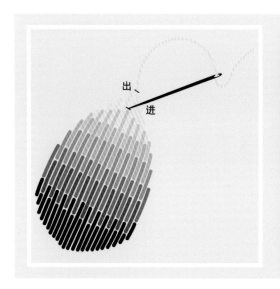

△ 瓦片绣

10. 破线绣（Benx peab geut）

破线绣首先是把绣线破成几股，再用穿针引线的方法绣出多种花纹，这样更显得巧夺天工，工艺精湛。多为小而精的绣品。破线绣以破线为重点，对线条的要求及处理都极其讲究。将一根平凡的丝线分成十股，真是个精细活。所以破线要有一定技巧。破线必须在没有张力的情况下进行，要注意不能把线头挑断或折断。如果线头断了，则不能继续绣。在破线之前，首先要检查一下手部的干燥情况，避免刮扯丝线而影响破线的进程。要先用一只手将线条缓慢旋转，用另一只手将线条缓慢撑开并寻找分丝点，然后用小拇指指甲盖将分丝点轻轻分离至两侧，以这种方式反复操作。破线绣不用绣绷绣架而直接用手托着绣面，绣针亦较普通针细密，取针时需要把握用力程度。刺绣时按从左到右的顺序依次进行，花纹中间先起后落，针线上、中、下出入，绣线排列严密。因已破损的细线经常牵拉易起毛，故刺绣时需经常用皂角浆涂抹绣线，使绣线光滑明亮。如果绣线有细小断丝的话，就不能继续操作了，否则会把线头拉断，造成破线困难。一般情况下，破线后不要立即缝合，要经过一段时间才可缝纫好。可以说，破线绣将苗族刺绣过程中的繁复体现得淋漓尽致，因为破线绣制作过程极其繁杂，较为耗时，一件精致的破线绣衣服，要经过四五年的制作，因此破线绣多应用于婚嫁、庆典、盛宴等大型场合需要的衣服上。

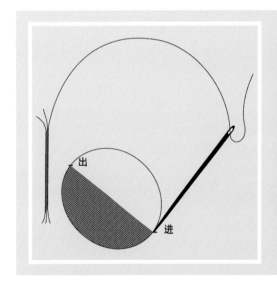

▲ 破线绣

11. 打籽绣（Benx bid jub）

打籽绣属于比较特别的刺绣技法之一，与缠绣相似，在民间通常称为"打疙瘩"。"籽"与"子"同音，既反映了打籽绣针法造型，又具有多子多福之意。打籽绣采用一针一点针法，有绕线和钉扣之分，可采用两针完成，一针作为钉扣之手，一针作为绕线之用，手法同缠绣；亦可只使用一针，有绕线、打扣之别。打籽绣针法分为两种：一是绕结法，二是拉根法。绕结法是指在绣布上剪下若干丝线，并把这些线编结成一串串珠子。刺绣时捻制绣线，绣针从绣布前插后挑，针尾于针前露出，绣线绕针前数圈挽结后，再拉针，将线绷紧，就形成丰满的圆籽。拉针时必须在结形成后才可松手，否则形成的籽便不能贴合绣布。绕圈的多少决定了籽的大小，需要的籽越大，绕的圈越多。然后插入绣布，再挑出再缠绕，如此反复，布面便形成一个个"籽"，籽的排列分布又形成不同的图案纹样，用打籽绣针法绣出来的绣品呈现强烈的颗粒感和立体感，极具装饰性，常用来装饰花蕊、果实等图案，非常经久耐磨。

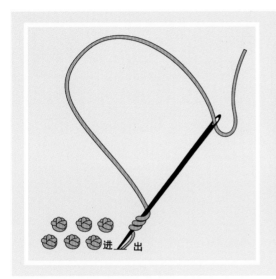

△ 打籽绣

12. 盘金绣（Panx ghob gind）

盘金绣就是将金线、银线、铜线或铅丝作为刺绣图案的骨干部位，比如花枝和树干，挑选需要颜色的绣线与金属线缠绕在一起，再进行分节和固定。

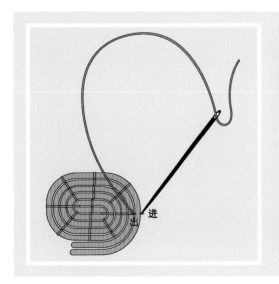

△ 盘金绣

13. 堆绣（Ceib jub）

堆绣又称"叠绣"，多用于制作盛装的花边和领花。通常有两种不同的绣法：一种是用编织好的花边盘在需要点缀的位置，再用针线将堆叠的花朵或叶片图案连起来；另一种则是用层层叠加的方法，使绣面纹路隆起，呈现立体效果。堆绣因配色、堆叠和排列方式的不同，会呈现不同的视觉效果。

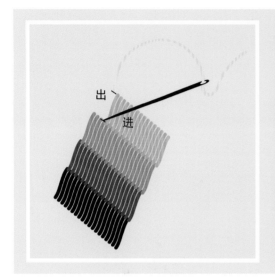

▲ 堆绣

14. 钉针绣（Benx dinb jiub）

钉针绣是加固针法的一种，多使用在大面积的图案和长针平绣之上，比如叶片、花朵、羽毛，用钉针绣既美观，又牢固。钉针绣有两个流程：先用长针压平绣，再用短针压长针。

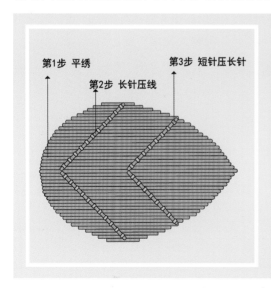

▲ 钉针绣

苗族刺绣针法多样，概括起来主要有平绣与凸绣两种。平绣，又叫刺绣法；凸绣就是凸绣工艺，是刺绣技法中最有代表性的一种手法，也称贴花法和堆花法。平绣以绣线照贴于绣布或剪纸丝花纹施针绘线而成，绣出的花纹较平面稍高、针脚规整、花纹光润。凸绣就是在绣布上铺上若干层剪纸再依图案绣制，绣制的图案明显突出，有一种高浮雕的效果。

针法与苗绣绣品的品质紧密相关，一幅精美的苗绣，离不开严谨而多变的针法。苗绣在刺绣过程中，根据不同的图案需要选择不同的针脚和针法。比如大面积的图案一般用平针，需要显出深浅色调的用插针，强调立体感的则用捆针。苗绣制作工艺丰富而复杂，其针法、技法的变化和运用也有一定的复杂性，因此绣娘们在刺绣时，不会只用一种针法，往往会综合运用多种技法和针法，再配合拈花、贴花、补花和堆花等手法，在绣娘们起针落针之间，细密有度、造型多变、精美绝伦的图案跃然于绣布之上。劳动创造美，对于绣娘们来讲，每一针每一线都要全心投入，眼神随针起落而游弋，心思不可有任何杂念，心手相通间方见苗绣之精魂。

三、题材纹样

湘黔边苗族服饰上的刺绣纹样与苗族所处的生活环境、历史文化、宗教信仰等多种因素关系紧密，辉映着苗族人的原始崇拜、风俗习惯、生命意识和民族情感。它生动形象地记载着该民族所走过的历史，是苗族人智慧、信仰和感情的载体，也是苗族人审美意识的集中反映。每个图案都有独特的象征寓意和文化特征。沈从文曾说："苗绣设计创作既不必受底稿严格拘束，可在一定部位上发挥，年轻人想象力旺盛，又手巧心细，胆大好强，自然容易出奇制胜，花样翻新，产生出健康美丽的作品。"苗绣图案设计源于自然、源于生活，灵活随心，往往不受桎梏，常常推陈出新。

苗族服饰中的刺绣纹样多用在帽子、肩部、衣领、袖口、衣襟、围裙、裤脚、鞋袜等部位，色调多用粉红、翠蓝、浅绿、紫色等，较为素雅美观。湘黔边一带保存下来的传统苗绣纹样题材选取依附于苗族的历史文化、自然崇拜和生命感悟等，有关于动物、植物、自然物、几何图形、文字、图腾信仰等，主题与内涵阐述得恰到好处，思想及情感表达得淋漓尽致，表现出苗族人民对自然万物及神灵的崇拜，对远古历史的追忆，以及对美好生活的向往。

随着湘黔边苗族人民生活的变迁、多元文化的冲击，刺绣的纹样图案也在不同程度发生着变化，不再局限于传统题材的图案，而是与现今文化生活相结合，在传统题材上进行调整改进，使其成为更接近现代审美的产物，例如鸽子花、金丝猴、鼓舞、滚龙等。

（一）纹样题材 ···

1.图腾题材类

苗族有着悠久的历史和巨大的支系，各个支系经过漫长的发展，逐步形成了各种装饰艺术，并以某种动物或者植物为图腾崇拜，狗、凤、蝶蛾、龙、麒麟等成为各氏族的图腾象征。这种原始宗教信仰与图腾崇拜观延续至今，在湘黔边的一些深山苗寨里，图腾崇拜保留至今。而传统苗族服饰中的刺绣纹样，正是苗族图腾崇拜的物化体现，纹样题材的内容和风格深深地受到图腾崇拜的影响。苗族绣娘们将图腾拟人化、夸张化和神化，化为服饰上的各种纹样，彰显本民族独特的归属感。在湘黔边苗族人心中，穿戴上具有图腾纹饰的服装能驱邪避灾，可以得到神灵庇佑，尤其是儿童类服饰，如常在童帽、童鞋、背带等上刺绣各种瑞兽纹样。盘瓠崇拜、苗龙崇拜、蝴蝶崇拜在湘黔边极为盛行，服饰中的图腾题材纹样比较典型的有狗纹、龙纹、蝴蝶纹等。

神犬纹（Benx dab ghuoud）以盘瓠传说和崇拜为表征的湘西苗族在历史的进程中形成了一系列的"盘瓠文化"现象，图腾崇拜的标志为先祖"神犬"，在服饰刺绣纹样中以"神犬纹"即狗纹来表现。在湘西一带，至今还保留着"男戴狗纹帕""女着狗纹花"的穿戴习俗。

苗龙纹（Benx dab rongx）苗龙是湘黔边苗族人民的图腾，他们认为龙是本族的祖先，至今依然还有"接龙"的习俗。湘黔边苗绣龙图案常配以凤，鱼和龙门图案，以龙凤呈祥、二龙戏珠和双龙夺宝为主题，绣品上的苗龙形体变化万千，有的上下起伏，有的昂首游行，有的则摆首回转；还有双头龙、人头龙、蝴蝶龙、鱼龙等，表现手法不拘一格、自由奔放，让人不得不赞叹苗族绣娘丰富的想象力

▲ 龙凤纹样

和创造力。

蝴蝶纹（Benx bad bous） 蝴蝶这一装饰性纹样极为普遍地存在于苗族刺绣之中，因为蝴蝶作为图腾受到了苗族人民祖祖辈辈的推崇并流传甚广，这一方面来源于人类起源的神话传说——"蝴蝶妈妈"，蝴蝶和苗族先民之间因具有十分特殊的亲缘关系而受到了苗族人的推崇；另一方面是蝴蝶纹样这一氏族图腾在民间被视为吉祥如意的美好事物，

△ 蝴蝶纹样

寓意性强。苗绣的蝴蝶纹往往被当作图案主体放在绣品中央，然后将其他图案围绕在周围，起装饰主体之效。苗族服饰中蝴蝶纹样形态各异，意蕴多样。"蝶"谐音苗语"对"，代表长寿。而"蝶恋花"是纯美之爱，蝴蝶和花瓶都有"富贵平安"之意。由于蝴蝶图案本身所具备的独特艺术魅力和审美情趣，使得蝴蝶成为苗族人民生活中不可或缺的一部分。同时，它又是苗族传统文化的重要组成部分。另外，蝴蝶繁殖能力极强，绣上这种图案亦是生育繁殖之盼望。

△ 蝴蝶刺绣纹样

鸟纹（Benx gheab benx nus） 是苗族绣品上一种十分重要的图案，古人把苗族服饰称为"卉服鸟章"，以鸟类羽毛为饰，或以鸟类为图案绣制在服饰上，可起到某种装饰性的效果，说明鸟类图案在苗族刺绣上占有举足轻重的位置。

"鸟雀万千，第一姬宇鸟也；姬宇共有九，圣洁无比。"姬宇鸟这种"神鸟"由苗族人"母亲树"枫树树梢变出，并协助"蝴蝶妈妈"孵出其卵，从而拥有人类及一切，因此苗族人对鸟类怀有强烈的敬畏之情，鸟类成为他们敬奉的图腾纹样。"鸡鸣三省听，狗叫天下闻"这句古话就很好地说明了鸡与狗之间的密切关系。苗族人民自

古以来便把鸡视为吉祥、幸福、富贵、平安、美满的象征。湘西地区仍沿旧俗，大年初一的早晨，全家人会用耳朵来分辨鸟声，以判断来年的农作物和家畜繁荣与否。由此可见，鸟这一苗族图腾崇拜之物在苗家人心目中占有很重要的位置，湘黔边苗族刺绣中鸟纹纹样处处可见，形制更姿态不一，或栖居花枝上，或翱翔空中，或伫立花间等。随着社会的发展和种族文化的融合，图腾崇拜和宗教信仰也表现出具有时代特点的多元化特征。苗族各支系之间不断交往，刺绣的纹样题材也慢慢相互渗透和影响。

▲ 鸟纹纹样

2. 植物题材类

艺术来源于生活而高于生活。植物类纹样在苗族刺绣中运用极为广泛，多取材于现实生活中的自然物象，与苗族人民的生活环境密切相关。苗族女性热爱自然，善于发现自然万物之美，她们在长期的劳作与生活中，用双眼去捕捉自然界各种植物的特征，通过灵性感悟和想象夸张，以简练写实的手法，把它们绣在衣、裤、披肩、围裙、鞋、鞋垫等衣饰上，朴实浪漫又自由灵动，表现出对大自然的热爱之情。植物类题材主要有牡丹、桃花、荷花、梅花、兰花、竹子、菊花、羊角花、石榴、桃子、莲蓬、水草等。植物纹样往往和其他种类的图案结合在一起，包含着某种意蕴，如牡丹和凤凰构成"凤穿牡丹"，象征着美丽的爱情和婚姻；牡丹和桃花构成富贵荣华，寄托着富贵荣华之意。

3. 动物题材类

昆虫类图案大多以现实生活中的动物形象为题材，它们的图案和苗族人民的生活息息相关，大多在自然界里随处可见，苗家姑娘们信手拈来，以兽类、禽类、鸟类和虫鱼类为主，常见的有鹿、老虎、狮子、山猪、鹤、喜鹊、鸟、锦鸡、猫头鹰、鸳鸯、蜘蛛、虾、鱼等，真可谓琳琅满目，无所不包。

▲ 昆虫纹样

　　苗绣出自女性之手，装饰对象也以女性为主，所表现的题材则多反映繁衍种族、祈求子嗣的主题思想，而很多动物昆虫身上暗含着苗族妇女的生殖崇拜，比如鸟、鱼、龙、蛙、鸡等，还有鱼与鸟、鱼与龙、龙与鸟、麒麟送子、娃娃戏鱼等复合型图案，也是苗族人民生殖崇拜的展现。尤其是鱼纹样，它是苗族绣娘们用来表现生殖崇拜的最常见的对象。鱼崇拜在很多古老的民族中都有，它常常被早期人类视为女阴形象，加上鱼腹多子，繁殖能力极强，成为苗族女性生殖崇拜的一种载体。

▲ 麒麟送子纹样

4.文字及抽象几何图形题材类

文字题材以单字与组合文字为主，大多由具有吉祥寓意的字或词句组成。其表达有主次之分，以"回"形纹饰、"十"字纹饰、"之"字纹饰为主，以"福"字纹饰、"寿"字纹饰为辅；以"喜"字纹饰、"王"字纹样为主，以"卍"字纹饰为辅，兼以福禄寿喜、花好月圆等吉语。在文字纹样中，多是父母对孩童的殷切希望，子女对长辈的诚挚祝福，通过汉字简单又直接地表达美好意愿。湘黔边苗绣中有单独的"福"字纹，并与其他文字、植物相互组合而成，寄寓求福之意，多出现于背裙之上。"寿"字纹常被绣制于童帽中，多表达绣者希望子孙后代福寿绵长之意。"喜"字纹主要出现在婚嫁服饰上，也常见于背裙，是祝愿新婚的吉祥语。"王"字纹主要出现于童帽之上，用于驱邪避灾，庇佑儿童平平安安成长。"卍"字纹多出现于童帽、背裙之上，寄托了万事如意的美好祝愿。

几何纹样就是用点、线、面这些基本要素对动植物加以抽象、夸张、变形或重建，产生出造型古拙、极具抽象美感的几何纹饰——回纹、斜纹、方格纹和菱形纹。几何纹饰以绣片为单位有二方连续式、四方连续式两种构图形式。其中，四方形布局具有独特的艺术魅力，被广泛应用于服饰图案设计之中。二方连续式与四方连续式这两种类型的纹样都属于几何图形。二方连续式图案是指由一种或多种单位图案，沿两平行线间带状形平面，有规则地沿上、下、左、右4个方向连续反复排列组合而成，它与五线谱中音符的布局相似。四方连续式纹样，即单位纹样在上、下、左、右4个方向上同时重复不断循环排列而形成的图案。二方连续式与四方连续式图案，呈现较强的整体感、韵律感与节奏感，也被广泛应用于苗族刺绣之中。

几何纹也可表示特定意义、记载历史，如苗语称"弥埋""浪务"等图案，它象征苗族先民越过高山大河沿途迁徙的史实，凝聚着苗族人对江河故土的深厚感情。几何纹中的"弥埋"几何纹起源于古代苗疆地区的农耕文化。其中"弥埋"花纹由无数个马图案组成，代表着河水，又由无数个花塔及一条折线式线条连接而成，寓意着苗族祖先从崇山峻岭中走出来；"浪务"纹样为两条折线状白色横带，象征着密林。这些形象生动地叙述了苗族古址及迁徙经过。"弥埋""浪务"纹样结构严密巧妙，形式简洁鲜明，将苗族厚重的历史记忆抽象化定格于各种服饰中，以陶冶后人，继承本民族文化历史。

（二）纹样构成形式 ················

湘黔边苗绣图案组成形态丰富多彩，差异较大，不同的地域环境，纹样构成不同，写实和写意，对称和均衡，节奏与韵律，统一与变化，各种构成法则为苗绣增添了形式美与神秘感。纹样构成符号有圆形符号、线形符号、叶形符号、螺纹符号、齿状符号、格形符号，概括起来主要有抽象化构成、复合化构成和随意性构成三种形式。

1.纹样构成符号

圆形符号（Fux hob max beib） 由圆点与圆弧组成。圆点符号在湘西苗族服饰刺绣中应用广泛，如花蕊、花枝、蝶翼等。在工艺方面，圆点多采用平绣工艺，纹路流畅平直，错落有致。在装饰纹样方面则有各种几何形状和不规则图形以及其他特殊图案。这些都与中国传统文化有着千丝万缕的联系，体现了苗族人民独特的审美情趣。圆点具有独特的视觉特征，点在凝固视线上有明显区别于其他物体的特点，也给人带来不同的视觉感观；单圆形是具有深邃感或方向感的形状，如"点的点化""点的面理化"等。点的形状有多种，有圆弧、半圆形、月牙形等。如"太阳升起的地方就是家"，这一个点就象征着太阳升起来了，人就要回家去了。半圆形上的圆点代表着美丽的花朵，花瓣则表示翅膀。半圆弧符号一般呈环形分布在花朵上，每一片花瓣都可以用3~4个半圆弧来表现，如蝴蝶的翅膀等，具有很强的视觉效果。月牙形则是由两条或两头呈弧形弯曲的棱组成，中间有一个光滑的"月牙"，它可以根据表现对象的不同而变化成规则与不规则相结合的形式。在湘西苗寨，圆点以不同形式出现在各种图案纹样中。如蝴蝶翅膀、鱼鳞纹、凤尾竹叶……这些都是苗家人最喜爱的纹饰之一。圆点也可以用作标志，常用于花草、雀鸟尾翼及其他细节装饰。

▲ 双龙戏珠纹样

线形符号（Fux hob ghob hleat） 线是点动的痕迹，是苗绣中很有特点的一种造型语言，多用它来表现叶片、茎干及物象等轮廓。线作为一种视觉元素被广泛运用于各种艺术领域之中。它以其独特的形式表达着民族文化的精神内涵，承载着民族历史发展过程中丰富的审美情趣。苗绣中线与物象之间的关系也很重要，它能使画面产生不同的视觉效果。线条是一种带有感情的造型，苗绣线条或以典雅和弹力十足表现动感，或以纤弱精致为格调，或以粗犷深沉为纹理。线恰恰给人带来了对于物象最直观的感受，从而成为苗绣最富有生命活力的象征。

叶形符号（Fux hob ghob miaox） 为两端细、中间阔的树叶状，多用于表现苗绣中的叶、花瓣和鸟类尾翼造型。由于它形象生动，富有情趣和韵律，因而在苗绣艺术中有独特的审美价值和实用价值。同时，也为现代服装设计提供了一种新的造型语言和设计思路。湘西苗族服饰文化历史悠久。花鸟、叶茎在湘西苗族服饰刺绣纹样上普遍存在，它们适形丰满圆润，美丽、滋润、富有弹性，具有生命感。

螺纹符号（Fux hob gheub） 多用来修饰蝴蝶、凤鸟的翅膀及尾翼，也可用来展示动物的须发等。螺纹的形状呈旋涡状，给人以强烈的视觉冲击；螺纹符号经常与花瓣结合在一起。另外，由于螺纹本身具有一种独特的艺术魅力，因此也可作为装饰纹样应用于其他图案之中。例如中国传统绘画中的牡丹、油画作品中的水彩画、油画技法中的肌理效果等。像苗绣里的蝴蝶，通过螺纹展示须发并修饰蝶身后，平添几分灵气，翩翩似真。

齿状符号（Fux hob ghob xand） 是湘西苗族服饰刺绣中因刺绣技法而产生的一种符号，非常普遍，它以发射状扩散，多用以显示动物棱角、鳞片之类。湘西苗绣中的锯齿状符号有很多种类，其主要特点在于在物象结构上变化丰富。它不仅丰富了传统图案的表现手法，而且具有很高的审美价值。湘西苗绣中使用的锯形物可分为两类：一是直线形（即直纹），二是弧线形（即斜纹）。将花瓣或鸟身与绣线相结合，使绣线呈放射状分布，形成各种形状的小锯齿符号；锯齿状符号无论从物象，还是从表现技法上看，其视觉效果均不相同，如以顽强的发射锯齿表现植物的叶片茎部；以精细柔和的小锯齿表现凤鸟的尾翼，堪称千姿百态，意韵勃发。

格形符号（Fux hob ghob tangt） 从字面上看它的外形就像网格，即网格纹。湘西苗族服饰上的刺绣纹样经纬相间、质感鲜明、以色为辨。如在装饰花瓶和石榴时，用不同颜色来表现其内部结构及几何图形；石榴是人们喜爱的植物之一，人们对石榴的喜爱主要体现在它的果实上，寓意多子多孙。网格纹是湘西苗区苗族妇女特有的一种装饰图案，它起源于远古时期苗族先民们对大自然的崇拜和图腾崇拜。这种纹样在苗族传统文化中占有重要地位。网格纹符号是根据所绣物象的形式进行绣制的，它首先是一色地把格纹经脉呈现于网格上，网格内以平绣手法运用多色绣线进行刺绣，将绣线排列成长短一致的样子，产生凹凸对比、阴阳对比、色彩对比的艺术感。

2.纹样构成形式

（1）抽象化构成

苗族刺绣纹样常以高度概括、夸张变形、取舍简化的方式来表现自然景物与历史故事，也就是用或大或小、或长或短、或粗或细、或曲或直的线条，及块面变化将具象的动植物、山水湖泊抽象出来，抒发苗族人民对自然万物、民族历史、社会生活、宗教信仰的认识，蕴含着深刻的原始造型意识、民族象征意义与古老文化内涵。这些纹样不仅具有很高的审美价值，而且

▲ 代表江河的"弥埋"纹样

▲ 代表江河的"浪务"纹样

还能体现出一定的民俗功能。其艺术特色主要是以形传神、以形言志、寓意深刻。例如苗族服饰上充满强烈历史意识的江河故土纹样"弥埋"与"浪务"，彩色条纹代表江河，裙基纹是苗家故居的标志，点套纹是灌渠的标志，重叠纹是群山的标志，是苗族祖先迁徙时穿越江河时采用线条标记于服装某一部位，最终归纳发展成抽象的点、线、面结合的纹样，并作为民族符号代代相传。此类纹样广泛应用在凤凰、松桃、花垣等地服装的袖口、裤脚。

与以上抽象化纹样相似的纹样也有不少，如圆点纹、三角纹、月亮纹、鸟纹、蛙纹、火焰纹、云雷纹、涡妥纹、回形纹、蕨纹等。这些母体纹样看似造型简单，经过一定的排列组合，高度概括为几何纹样，极具形式感、韵律感和节奏感，为苗族服饰增添了古朴而神秘的艺术气质。如今，这些纹样已成为苗族人民约定俗成的程式化符号，刺绣在苗家姑娘的盛装上，代代相传。

（2）复合化构成

世界万事万物相互联系、相互渗透。苗族人民相信万物有灵，植物与动物、人与动植物、自然与社会等都可以互联互通，于是就走进了苗族的刺绣世界。苗绣纹样的复合化组成则是利用"互渗性"原则，把各种有某种内在规律或者有某种关联的动物

或者植物等意象，经过联想、幻想、套用、嫁接、置换等手段，使它们彼此吻合、互相联系、互相串联、互相交融，形成一个新的有象征、隐喻意义的意象。在苗族服饰刺绣造型中，有许多纹样都运用这种方法构造。如在鸟的头上绣桃子，在鸟的身上绣花朵；有鱼头龙身、鸟头龙身、龟龙抢宝的神秘组合；将蝴蝶组成花、把小鱼变成娃娃……这些具有互渗性、夸张性的复合式纹样，既展现了苗族人民神话传说故事、远古崇拜思想等内容，又具有十分鲜明的象征性，体现了苗族所具有的深层精神理想。苗族刺绣的复合化构成主要有"图形共用"（Jid gieat ad nqad benx）和"适形套形"（Njiud nex nangd）两种方式。

图形共用　作为复合化组成的表现方式，该组成法通过形与形之间的互借来创造新的造型形象，在苗族传统美术中有着丰富的表现方法。这些图形共有三种形式：一是从抽象到具象；二是从单一向多元发展；三是从平面向立体转化。他们或出于装饰、表现和象征之需，并结合自己民族的历史起源、神话传说、宗教信仰、社会生活和民族审美习惯，或出于对称均衡之考究，创作了有如一个头两个身躯或两个头一个身子，有如一个侧面两只眼睛、两张嘴巴，"人面鸟喙而有翼"，或人首蝶身、人首鱼身、人首蛇身、龙身人首、人首龙身、龙头鱼尾等作品，尤其是龙纹的变化，令人大开眼界，有蜈蚣龙、猪龙、蚕龙、牛龙等，神秘莫测，令人称奇。

适形套形　是苗族刺绣最常用的表现形式，该表现方法首先勾画出一定的图像，再根据形式美的原则或者表达意志的需要在此图像的框架内搭配上另一个图像，使整体造型具象清晰、形态真实，同时多种物象合成，富有神秘的梦幻效果。它以动物为主体，通过人的身体部位、花、草、树、鸟、鱼、虫、果等植物以及动物的形象，运用反常化构成手法创造出具有超现实艺术效果的作品。苗族人民善于运用想象创作来达到预期的艺术效果。苗族服饰上的一些纹样就是通过适形套形来完成其装饰作用的，如鱼纹、鸡爪纹、孔雀纹等都属于这类作品。鱼纹是鱼身上最重要的花纹之一。我们经常会发现苗绣上有的鸟的身体是花或者果实，而翅膀却是蝴蝶。一尾鱼，鱼的头部是鱼的眼睛，尾部则是一条小鱼。一只鸡，其头为公鸡，身、尾为母鸡。两只鸭，其头上各有一鸡冠。一头猪，它的脚、身、尾、耳都用花卉图案构成，正中为单独的花朵，整体上看也是一头猪。花瓶框架中的石榴籽象征着生命繁衍，有的以翅膀和花瓣为主体进行组合，形成丰富的形式美感。这种适形套形构成方式使平面图案在多维空间中产生视觉上的震撼，创造了超现实魔幻意境，似乎没有任何关联的物象被放置在一幅图画中，矛盾而协调，给人以无尽的回味和思索。

（3）随意性构成

随意性构成（Yeab jid banx jianx nangd）在我国民间美术造型中经常被使用，苗族刺绣图案随意性尤为突出。它是指人们对客观事物进行观察、记录和想象时，不受外界条件限制而随意地进行物象再现，从而达到反映客观世界真实性的目的，是一种带有一定主观性的再创造，这种主观性是人们对现实生活中的客观事物的一种主观感受。随意性构成不仅能体现出民族文化心理和审美意识，同时还具有丰富的社会内涵与艺术价值。它为现代设计提供了新的思路和灵感来源，开拓了传统民间艺术形式创新发展之路。随意性组成的图案匠心独运，既是意外之喜，也在情理之中。

怎么做到既能随心所欲，又能实现美观的目的？看苗族刺绣怎么做的：一棵植物上生长着牡丹、兰花和菊花等各种花，各种季节的花同时盛开，娃娃坐在荷花之上，人骑着龙腾云驾雾而来，野猪只有三条腿，乌龟则长着凤凰般的尾巴。这样的造型数不胜数，充满浪漫主义色彩。苗族刺绣具有浓郁的民族风格和地方特色，它不仅有独特的审美情趣，还反映着民族历史文化。苗族刺绣题材广泛、内容丰富、形式多样、色彩斑斓。不一样的空间，不一样的时间，不一样的地点，天与人之间、水与陆之间的一切事物，都能成为苗族刺绣者的创作题材，都能被描绘成一幅图画。现实生活中那些似乎不合乎情理的东西，经过刺绣创作者们巧妙的塑造，呈现纯朴自然、天真烂漫的风貌。

苗族刺绣创作建立在情感心理意象之上，其所表达的话语具有主观真实性，寻求情感意义的真实，而非关注意象的真实，这一随心所欲、张弛有度的浪漫主义创作方法真正实现了"天地我中有你，万物我中有你"，将其提升至哲学和美学层面的真实自由艺术境界。

3.纹样配色方式

湘黔边苗族服饰刺绣的配色极具地方色彩，整体风格浓烈浪漫，大胆而不失协调，多变而不缭乱，艳丽而不俗套；运用起来没有高低贵贱之分，只因地域、场合、性别、年龄不同而使用不同色彩。

（1）颜色丰富

常用色系有红、青、蓝、黄、绿、紫、棕等，各色系颜色按深浅明暗又可分几十种几百种，例如红色系的大红、深红、朱红、粉红、橘红、桃红、玫红、橙红、猩红等，青色系的蛋青色、玄青、灰青、菜青等，蓝色系的湖蓝、翠蓝、浅蓝、宝蓝、水蓝、碧蓝等，黄色系的赫黄、橙黄、杏黄、鹅黄等。

（2）对比强烈

强烈反差形成的刺绣作品华丽，反映了一种古朴、真挚、质朴的感情。湘黔边苗族女性大多选用欢快、喜庆和温馨的基调，如大红、橙红、橘黄和柠檬黄等艳丽颜色的大范围运用，以及对比色绿色、紫色和蓝色的调配，颜色夸张多变而且反差大，不仅突出装饰效果，而且给人以温馨欢悦、喜庆吉祥和热情奔放之感，构成湘黔边苗族服饰刺绣特有的艺术风格。红色和绿色是苗族服饰刺绣中最常用的颜色，也是最常见的颜色，在各种花卉植物上都有大量的运用，其中以大幅绣品最为普遍，如妇女们的围裙、背裙、帐檐等，使用的图案都是主花纹样的一种。从服装款式上看，有上衣和下裤之分；从用色上来看，主要以红、橙、黄为主，其次为白、绿、黑、蓝。色彩对比配置多以胸前花、衣袖花、裤脚花、加花披肩等为用色代表部位。

（3）火红热烈

凤凰、松桃苗族服饰上都有红、黄、蓝、白等颜色，其中以红、黄两色最为常见，其次为蓝、白、绿、黑等颜色，且多为女性所用。在苗族文化语境下，红色具有吉祥如意的寓意，也是对未婚姑娘的祝福。苗族对红色有着独特的理解：红色是喜庆活动的标志，大红花寓意吉祥幸福，贴红双喜临门，在春节期间，人们将这种色彩理念运用到了苗族服饰刺绣之中；它与其他基本色相搭配，更适合于男童的服饰。苗绣图案色彩鲜艳绚丽，纹样简洁明快，构图饱满，具有浓郁的民族特色。苗族人把红色作为一种吉祥颜色来看待，并将其运用到日常生活之中。当然，苗绣并不缺乏清雅优美之作，设色清淡、色调偏于冷峻，这些多为中老年妇女刺绣所喜，常用在中老年妇女衣服上。

（4）自然和谐

苗族刺绣在色彩搭配上非常注重同生活环境相和谐，以适应日常生活。在湘黔边地的凤凰县、松桃县，刺绣的色彩丰富，但最常见的是以自然色彩为主调，如黑色、湖蓝色等，也有用其他颜色作底色来装饰的，如彩虹式。另外还有一种较为普遍的设色方法是用白色来衬托出苗家人对吉祥的向往和对幸福生活的追求。此外，还可根据不同对象使用不同色阶。这样的设色方法可以做到色多而不杂，艳而不妖，自然协调而落落大方。

第五章　湘黔边苗族服饰之缝制

　　湘黔边苗族妇女心灵手巧，过去的苗族女性大多会自己缝制衣裤。过去苗族男子选择女友，其中一个标准，就是看会不会针线活。苗族的针线活主要是指女孩会做鞋垫，会刺绣；而会制作帽子和剪裁衣服是更高的要求。服饰的缝制是技术活，需要智慧，需要审美水平。从材料准备、制作工具开始，再进入选样、量身、画样，之后开始剪裁，最后就是缝制，本章讲的就是这个环节。

▲ 清代松桃苗族女装　贵州民族博物馆藏

一、上衣缝制

（一）苗族女装类型

湘黔边苗族女装主要有以下三种类型：

1. 花保式

主要分布在保靖县的水田河镇、葫芦镇和吕洞山镇的夯沙村，花垣麻栗场和吉首矮寨等一带。妇女穿圆领大襟右衽衣，短小贴身，习于卷袖，以露出白色挑花袖套为美。上衣无盘肩花纹，衣襟纹饰多，追求大红大紫，艳丽夺目，少留空白。佩戴绣有龙、凤、花草、虫鱼等纹饰的围裙，戴黑、白布帕或丝帕盘绕于头。头帕层层环绕呈螺旋状，额前绕成平面，脑后似梯田形，末挽一道，平整于额眉。下着宽脚裤，裤下方有两道滚边，一道花纹，两道水纹或花带，穿花鞋。

2. 凤松式

凤松式，也称云肩式，主要流行于湖南省的凤凰、麻阳、花垣等县及贵州省的松桃县。特点是上衣长且肥，有盘肩花及两道滚边，前襟纹饰较少，色彩淡雅秀气。富人之家也有吊脚花，或称吊底花，少则一层，多则三层滚边花。戴绣花胸围兜或银片胸围兜，下穿绣花裤、绣花鞋。佩戴银肩及云肩。头缠花格帕或丝帕，层层环绕呈圆筒形，以高大为美。

3. 吉泸（丹青）式

吉泸式服饰流行于古丈河蓬、吉首丹青和泸溪等县市。妇女穿海蓝色立领大襟窄袖短衣，无纹饰。戴挑花胸围兜。男女均围白帕，绣青色花蝴蝶，素雅美观，独具风韵。

三种类型都属于中国式平面一片裁剪，右衽偏门襟，领口紧围着脖子，腰大而长，底摆开衩，袖大而短，门襟或肩部及袖口常用各式绣花装饰；下身着裤，便于平时劳作，裤边以刺绣装饰；节假日和喜庆日着百褶裙，裙长及膝盖，也可以覆盖脚面，常以蜡染、刺绣、织锦、挑花作装饰，再配以银头饰、银披肩、银项圈、银挂饰等。

（二）苗族女装上衣结构特点

整个湘黔边传统苗族服饰的结构、裁剪、制版方式大同小异，仅有门襟胸口花边的位置或图案纹样的不同；袖口花边和裤口花边的位置也是一致的，仅有宽窄的区别。下面主要以流行于凤凰、麻阳、花垣等县及贵州省的松桃县的凤松式为例，来说明湘黔边苗族女子传统服饰的结构。

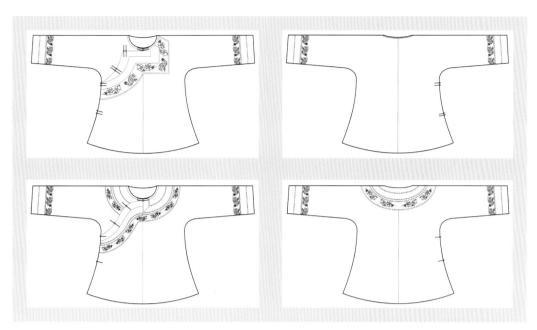

▲ 湘黔边苗族上衣款式结构图

　　凤松式女上衣右衽宽松，衣身一般长70厘米左右，以罩臀并落于臀下为标准，能满足成年女性的着装要求。采用右衽平面结构，可平置于桌面上，外廓呈左右对称状，内搭前后不同的结构。后衣胸部和腹部有开衩，肩部开两个大口袋。前、后衣身由左至右依次分为前衣身和后衣身两部分。后衣身为左、中、右对称构造，于背中缝被切断，被切断主要是受过去门幅狭窄纺织工艺的限制，现在一般不再进行切断。前衣身为左、中、右三边非对称结构，衣左的闭合与右的开合不同，一般为右大襟、左小襟。苗族的女上衣经常在小襟上缝钱袋以便于财物的保管。

　　苗族的女上衣无领，沿领圈用斜纱衣料包缝制加工而成，所以在衣领处会有一定的高（矮）度。有的人将这类领称矮圆包领，这一结构设计美观而实用。沿矮圆包领和右衽偏襟形制周边有圆形肩部（云肩）和偏襟饰花、嵌条、镶边等。由于其外表与云肩效果相同，故又被称为云肩式上装，偏襟饰边一般不绣花只镶嵌条，领肩处有少量饰花，而嵌条镶边却很多，

▲ 凤松式苗族女装

两侧开衩至腰部，衣袖为连身结构，袖带宽饰边，与领肩、云肩饰边宽度相同。合体矮圆包领加上两两一字领口盘扣，既能固定上装，又不会让它掉出，其他两两一字领口盘扣也能满足下装开闭功能，既能固定住它，又能保证下装在活动过程中不掉出，这样就保证了下装的形状、形态都能达到云肩式上衣的设计要求。

（三）苗族女装裁剪准备

苗族女装无论是生活装还是盛装，其缝制工艺和流程基本相同，明显的差别在于生活装的面料以土布为主，刺绣和装饰工艺会相对简单一些，而盛装除了使用土布外还会使用真丝、绸缎等较为昂贵的面料，在刺绣上所花的时间也会相对较长，装饰工艺也更加复杂。

1. 面料准备

苗族服饰所用面料均采用传统手工机织而成，布匹幅宽没有固定，依织布机、织布者和用途来定，幅宽通常在40~90厘米。头帕、搭肩多用40~50厘米幅宽，衣服、裤子、裙子多使用60~90厘米幅宽，也有按需求定制的幅宽。

2. 辅料准备

（1）绣片

绣片是苗族服饰里浓墨重彩的一笔，也是整个服装缝制工艺里面耗时最长、最出彩的环节。苗族妇女在缝制服装前必须根据需要准备好衣胸绣片、衣领绣片、袖口绣片、衣摆绣片、裤口等部位的绣片，生活装所用的绣片制作大概需要1个月，而盛装的绣片制作则耗时更长。

（2）花边

苗族传统服饰所使用的花边有花带、兰绢、金超和蓝色加条，现代服饰的花边更加丰富多彩。兰绢、金超和蓝色加条多用在领部、袖口和裤口，而兰绢只使用在袖口和裤口。

（3）花带

花带是苗族服装必不可少的一个重要组成部分。打花带需要长时间的准备，有特制的工具，它很像一个有趣的凳子，由靠背、凳面和凳脚组成，为了稳定，所有材料都做得非常厚实，还用一块宽于凳面的厚木板把四个凳脚钉起来，不用的时候放在屋里和其他家具对比既协调又独特。弯钩绕线器，像极了一把菜刀，为了加大竹制绕线器的重力，使其稳定、下垂，苗族有的普通人家的妇女用小布包些沙子挂在绕线器把手尾部，有的用米包，有钱的苗族人家用铜钱、用瓦片磨成爱心状挂在把手尾部。

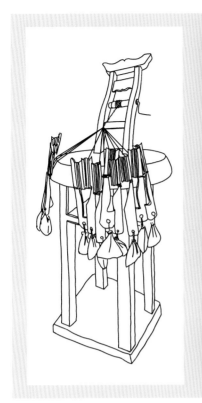

▲ 弯钩绕线器

花带样式有 13 线式、10 线式和 9 线式。

13 线式　顾名思义就是用 13 根线编织而成，它由 4 根黑线（代表权力、苗族神秘文化、对前辈的怀念等意义）、4 根蓝线（四季发财、山水相连之意）和 5 根绿色丝线组成。打花带的原理和织布的原理是一样的，5 根绿色丝线为经线，其他 8 根则是纬线。手法有单手打法和双手打法两种；单手打法是单只手隔一线编一线，双手打法是双手隔两线编两线，反复来回直到经线编完为止。

10 线式　由 4 根紫线、4 根绿线、2 根白线组成。布线时两根绿线放两边，两根白线放中间，白线和绿线之间各放两根紫线。编织方法是隔一根线两边挑线外翻，到中间汇合处两线绕后返回即可。

9 线式　由 4 根蓝线、4 根绿线和 1 根黑线组成。布线方式是左边 4 根蓝线，右边 4 根绿线，将黑线放中间。打法是左右手四指各握一把线刀，大拇指翘起钩住第二把线刀翻过自己的整个拳头，左右各隔一根线编一根（即第四根），中间汇合处在左右互叠的同时把中间的黑线上下挑编一次，重复上述操作直到编完线即可。

▲ 13线式　　　　　　　　　　　　　　▲ 9线式

3. 工具准备

苗族同其他少数民族一样，都是心灵手巧的民族，使用一针一线就能够创造出灿烂夺目的苗族服饰。主要工具有剪刀、熨铁、火盆、针线、画粉等。

▲ 工具准备：针线、剪刀、熨铁

4. 材料准备

土布、领子绣片、胸部绣片、袖口绣片、花带（金超）、糯糊、盘扣等。

▲ 苗族上衣材料

▲ 材料准备：各种花带、家织布

（四）女上衣裁剪

裁缝会在缝制之前根据不同的形体进行初步的测量，测量的部位为衣长、袖长、袖宽、胸围。上衣的衣长基本过臀；袖长受到传统手工机织土布幅宽的限制，土布幅宽一般为60厘米、50厘米或42厘米左右，前两者适合做衣服，最窄的只适合做头帕。衣身的松紧度由胸围和臀围决定，臀围一般会比胸围宽4～6厘米。

苗族妇女的服装缝制以宽松和方便为原则，使用的裁剪方法均为平面裁剪。现代服装裁剪一般分后一片、前两片；苗族服装则是左一片、右两片。

1. 右片

将土布沿经线对折，后长前短，后片长度一般是72厘米，前片长度一般为25厘米左右，苗族裁缝好节约，尽量做到物尽其用，所以衣服的袖长加肩宽和颈宽即是布料的幅宽。长宽定好后定袖宽、找腰线、挖袖笼（窝）；苗族上衣的衣摆开衩特别讲究，为了达到成衣穿在身上走路时像鸡翅膀带风的感觉（鸡张翼状），制版时会反复推敲衣摆的线条走势；老裁缝一般都会根据经验准确画出衣摆能飞起来的角度。右片制版完毕后需沿线迹裁剪。

2. 左片

将土布沿经线对折，衣长前后均为72厘米，将裁剪好的右片叠在左片上方，沿右片裁边剪出左片即可。

3. 叠门

一般有直角式和圆角式两种，叠门长为前片长减去领深，领深一般为一个巴掌的宽度，叠门宽与左右片同宽。叠门（胸襟）的制版非常讲究，既要服帖又要美观。

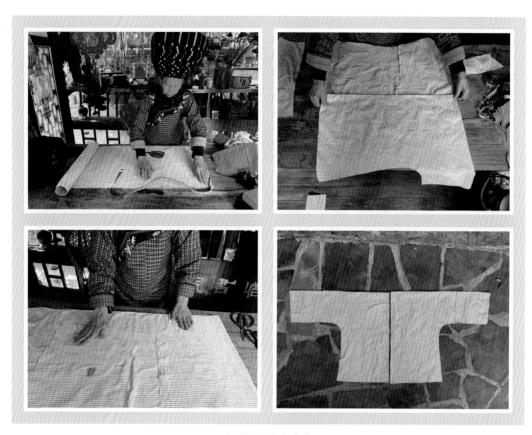

▲ 苗族女上衣裁剪

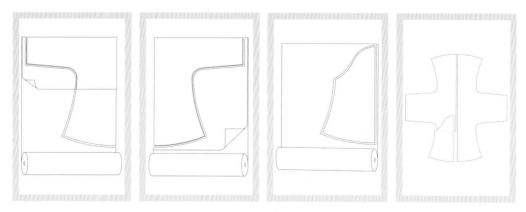

▲ 苗族上衣裁片画样

（五）女上衣缝制

苗族服装缝制工艺基本上按照裁剪、熨烫、粘贴、缝合制作流程完成，即按中缝缝合—剪领子—贴蓝色加条—缝金超（苗语，花边）—缝绣片—腰线缝合—滚边—钉盘扣的流程缝制而成。

▲ 叠门制作步骤

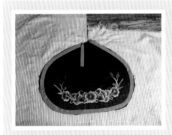

▲ 领口制作步骤

▲ 前后领子缝合

▲ 小条花边（金超）缝合

先将裁剪好的左右片完全打开，沿中缝重叠，来回缝，从前领窝缝至后衣片衣摆处即可。苗族女装的领、肩、胸、袖口几个部位是最出彩的，也是工艺最复杂的部位，这些部位均用黑色土布和在黑布上绣花缝制而成，先裁剪领子，传统苗服均为无领，领、肩、胸由三块黑布和三根蓝色加条、两根小条花边（金超）组成。

先将黑布沿 45 度角对折，剪出领子（领子一般都会事先打好纸版），再沿着领子剪第二张黑色布片，第三张即用之前就绣好的胸部绣片。顺序是：

第一步，将左右片中缝缝合，平铺于台面；

第二步，将袖口装饰之兰绢、金超、蓝色加条、绣片等花边依次手工缝合；

第三步，将领口装饰之兰绢、金超、蓝色加条、绣片等花边依次手工缝合；

第四步，将衣身前后缝合；

第五步，将领口、袖口滚边，钉盘扣。

▲ 缝制流程

二、裤装缝制

▲ 女裤   ▲ 男裤

湘黔边苗族女装的下装主要包含裤和裙两大类。

古代湘黔边苗族的裤装以裙装为主。明清时期，铜仁较早实行"改土归流"，中原文化与铜仁苗族文化交流渗透，苗族服饰产生了变化。裤装就是典型的改变，清朝中期，宽松型九分直筒裤就开始流行了。

（一）苗族裤装结构特点

宽松式苗族女裤，长及脚踝，适合走山地，采用左右对称结构，前、后片结构无区分，前、后外侧缝相连不分割。裤装结构简单，制作容易，仅需口耳相传、耳濡目染即可流传，深受苗族人民喜爱。为避免过于简约，苗族女裤在裤脚部位增加了绣花和镶嵌等工艺处理，既能表达苗族女性的心灵手巧，又可丰富裤子的款式造型。

腰头采用其他撞色面料进行拼缝，面料一般采用柔软的棉布，多以花纹或者条格的棉布为主，可单层也可双层，其特点是：①吸湿性好，不易变形和起皱；②透气性强，穿着舒适凉爽；③颜色鲜艳，图案新颖活泼，立体感强，具有良好的吸湿功能和系腰作用。腰宽高度一般在4厘米左右。

裤身结构采用无绳结构，通常外侧缝处做8厘米左右的褶，如果收褶后的尺寸尚不能完全满足腰围尺寸，则在腰部系绳进行抽细褶处理，以满足腰部需求，如此则更加符合人体工程学要求。

这种裤型松紧度适中，适应不同体型的女性穿着。腰上系着绳带，可以保证苗族妇女在家务劳动或者野外劳作时行动自由，不易脱落。腰带为布袋绳索之类，随处可得，简单易系，更换便利，对于偏僻的山区较之拉链和纽扣更为方便。这种裤型透气性能好、舒适性良好、保暖性优异，深受苗族民众喜爱。

（二）苗族裤装缝制 ···

苗族裤装的材料与苗族上衣的用料基本一样，不同之处体现在裁剪上。

1. 量身

对人体各部位进行测量。女裤需要测量的主要是身高、裤长、臀围、腰围、上裆以及脚口。在实际生活中，由于服装款式、风格以及穿着习惯差异，结合女性身体的个体比例关系，其数据有很大差异性。裤长可根据高度来计算得出，在设计时，要结合穿衣者所处环境、鞋袜搭配等酌情增减；臀围可根据实测净臀围加上放松量得出；脚口可根据实测或根据臀围大小推算脚口大小，因为脚口与臀围大小要呼应、协调；裤腰若改进成装腰结构也需要实测腰围大小，可根据净臀围加上 1~2 厘米放松量得出。

2. 裁剪方法

苗族裤装结构简单，没有前后片之分，裁剪时将面料依据织边对折画出前片结构即可。

▲ 苗族裤装款式

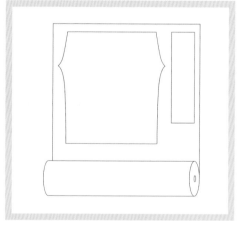

▲ 苗族裤装裁剪

3. 苗族裤装缝制方法

缝制的流程：将平面裁剪的裁片左右两片平铺于台面；裤口装饰之兰绢、金超、蓝色加条、绣片等花边依次需手工缝合，手法和顺序与上衣袖口的缝制步骤相似；前后片中缝、裤筒、腰间均需手工缝合。

三、女裙缝制

湘黔边苗族女裙以百褶裙为主。百褶裙因苗族分布地区不同而各有特色，与黔东南苗族百褶裙不同的是褶皱的数量与长短、宽窄不一。黔东南百褶裙的褶皱有100个，褶宽一般在1.5~2厘米，而湘黔边苗族的百褶裙比黔东南的更长、更宽，一般褶宽6厘米左右，为24片大小相等、长短统一的裙片；每条裙片要包筋、陷筋，再合成一整块；根据裙的长短，从裙下摆滚边、陷筋、压条，再定位绣花片，镶锦边；手工压成百褶；合成整

▲ 清代改土归流前苗族百褶裙　凤凰县山江苗族博物馆藏

体，最后上腰。盛装女裙正面配三条飘带，由内外双层土布缝合而成，外层绣花。

四、围兜胸兜缝制

（一）围兜种类

湘黔边苗族围兜分为胸兜和围兜两种。胸兜穿在上衣外，几乎覆盖了上衣前片除肩、袖以外的大部分面积，是苗族服饰必不可少的组成部分，它集美观与实用为一体，既可保持上衣清洁，又完美展现了苗族妇女精湛的女红手艺。

胸兜以湘黔边凤松式苗族女装胸兜最为典型，该型胸兜与湘西型凤松式苗族女装上衣开襟部位结构相同，常用绣花和银饰进行装饰。

胸兜为半身结构，后片用绳带系绑，长度、宽松度与湘西型凤松式苗族女装上衣等同，佩戴后的胸兜与上衣的大小、形态结构相吻合，与上衣的结构、造型融为一体。

苗服胸兜为左右对称平面结构，呈上圆下平、上小下大、上窄下宽的梨形形态。胸兜中间不断开，有内外两层，外层面料以黑色为主（或深色），主打黑色灯芯绒，可以为银饰的装饰起到很好的衬底作用；内层采用贴边和内衬里两种材料，贴边面料与衣身相同，内衬里一般采用与外层面料颜色相近的棉布，质地要次于外层面料。

胸兜圆弧中间（着装后该部位处于胸部正中位置）有大面积刺绣，刺绣居中以大朵画饰为主，周围依照年龄、用途等装饰不同的花鸟图样。

胸兜镶边处用银片装饰，正中银饰为三角形造型，个头最大，反面有钩，可挂于上衣衣领中的母盘扣上，用于固定；在左右沿边有方形银片各5片，挨方形银片处左右共有11片略小于方形银片的银饰，该银饰呈梅花状；腋下处左右各有圆形状扣环1个，扣环略小于正中三角形银饰，但大于方形银饰；在胸花下方，有蝴蝶状小银片挂于胸花下方边缘，在蝴蝶状银片上还挂有小铃铛各两个；苗服女胸兜银饰均为压模工艺，银饰大小相同、图形一致。

围兜呈长方形，比上衣下摆略短，长36厘米，宽68厘米，它只具备保护、装饰衣摆的功能。不难看出，围兜是生活装的标配，胸兜则是盛装的标配。

（二）胸兜缝制流程

1. 材料

胸兜由土布和装饰绣片、花带、花边、银饰等物品构成。

2. 测量

各部位测量时可以参照湘西型凤松式苗族女装上衣的测量方法，主要测量胸兜长、胸围和腰围。

3. 裁剪

将面料沿织边对折，再在面料上画出围兜主体和包边的造型。

4.缝制

先将绣片重叠在正上方，用不同的手法将布片与绣片连接，再完成包边，最后缝上花带。

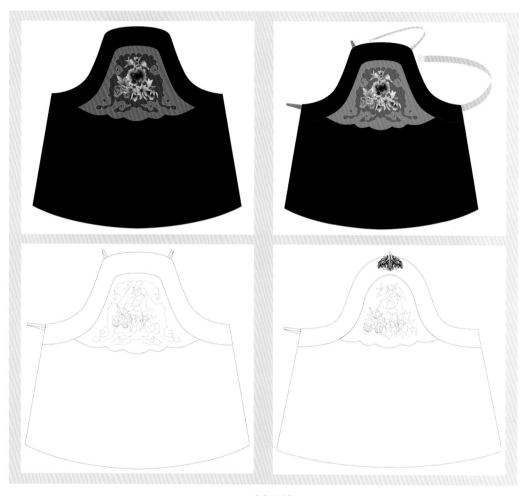

▲ 胸兜纸样

（三）围兜缝制流程 ···

围兜有内外两层，里层不做任何装饰，外层由刺绣、花边、银饰、流苏组成。

先将准备好的绣片用各种手法与面料缝合，再加银饰、流苏和花带，最后与里布缝合即可。

五、湘黔边苗族衣裙穿戴说明

苗族女装及裙装的穿戴程序。第一步：先穿裙子。将百褶裙围着腰绕一圈；湘黔边苗族的百褶裙的"百"其实是虚数,并非有百褶,一般24褶,但也可根据自己的喜好定褶数的多少。先压左片,再压右片,封口接口在前面,最后系紧飘带;现在的百褶裙是直筒,接口处已经用拉链连接,穿上后系紧腰带即可。第二步:穿上衣。打开上衣,背向打开的上衣,右衽衣先穿左袖,左衽衣先穿右袖;穿左袖由右手辅助,穿右袖由左手辅助,之后系上盘扣。第三步:穿围兜或胸兜。胸兜用盘扣或银扣花系于胸前,下端绕背后一圈捆系;围兜围于腰间,用花带绕系。

▲ 穿戴完毕的湘黔边苗族女孩

第六章　湘黔边苗族服饰之盛装

　　湘黔边苗族民众主要居住在湖南省湘西的吉首、凤凰、花垣、保靖以及贵州的铜仁一带。"改土归流"之前，湘黔边苗族具有与汉人不同的完整的服饰体系。男女下装都着裙，服饰之间差别很小，服装的材质均为自织、自染的五彩斑斓布，上身穿青或蓝色绣花衣，下穿百褶裙，头蓄长发，包青色花帕，缠裹腿，佩戴各种银饰。湘黔边苗族服装形制风格，尤其是现在妇女的服装，其形制、装饰手法极其接近清代、民国时期汉族服装，较多地留有清代妇女服装之遗风。湘黔边苗族服饰类型与功能多样，有便装、盛装（如嫁衣、接龙服饰）、作战服（如特制挡箭马甲）等。

　　湘黔边苗族服饰有盛装与便装之别。盛装主要指在节日、婚庆、做客、接龙祭祀等喜庆场合穿戴的服饰。便装为日常生活中的穿着，制作较为简单，装饰较少。近年来应旅游市场之需，苗族盛装经常在各大舞台及旅游景区展演。

　　盛装与便装的款式基本相同，但盛装的装饰更复杂，图案纹样更繁多，颜色更鲜艳。盛装除了质地讲究、制作精细以外，特别讲究各部位的装饰。如衣袖、衣领、盘肩、衣襟、衣背、衣摆、裤脚等都要挑绣各种图案和纹样，有的还缀上银饰，显得非常华美。它不仅有独特的审美价值，同时还具有较高的文化内涵，因此，湘黔边苗族

▲ 苗族女性身着盛装

一直将盛装视为身份与地位的象征。按穿着场合和功能区分，湘黔边苗族盛装还分为结婚新娘所着之嫁衣、祭祀活动所着之衣服（接龙衣）两大类。

一、嫁衣

嫁衣（Minl xoub tead bloud） 湘黔边苗族妇女的盛装礼服，是苗族服装的精品力作。制作嫁衣是苗族妇女一生中的大事，除了选用最时尚、最贵重的布料做衣裤外，还有华丽的花带、头帕、披肩、围腰、绣花鞋，精美的围裙，贵重的银帽、凤冠、银链、项圈、手圈等银饰，耗资、费时都是一般服装的数倍甚至数十倍。

嫁衣的制作是银匠、绣花工和裁剪师傅共同劳动的结晶。嫁衣在少女出嫁数年前就开始做，首先是准备白银打制名目繁多、做工精细的银饰，同时请寨中有名的绣娘绣图样，出嫁前数月再择吉日良辰缝制。出嫁时，姑娘才第一次穿礼服，穿戴时一般请有经验的老年妇女协助指导，程序分为包头帕、戴披肩、穿衣裤、戴银饰、系围腰、穿绣花鞋六大部分。之后每逢重大节日和椎牛、接龙等祭祀活动，或陪伴女友出嫁时穿戴，平时则珍藏，百年之时作为寿衣。

湘黔边苗族女子穿着的服装色彩有三类：第一类为黑色或白色；第二类为青色或紫色；第三类为青蓝色或黄色，并喜欢用花鸟、植物、蝴蝶等图案加以点缀。嫁衣则以红色为主，纹样亦别具特色，常以寄托爱情的"蝶恋花"及其组合变体作为主要纹样绣在嫁衣上。这些纹样主要由蝴蝶、鸟与花草组合而成，最为常见的是"鸟和龙"变形组合、"鸟啄石榴"、"喜鹊飞梅"、"鸟蝶连理"、"凤穿牡丹"、"仙人骑凤"、"翔凤双喜"、"花草相恋"、"花和家禽连理"等组合图案，这些图案不仅可以展现苗族女子婀娜多姿的体态，而且可以烘托婚嫁喜庆欢乐的氛围，还寓意吉祥，借以表达人们对婚姻幸福、美满的美好愿望。如在"凤和龙"变形咬合图案中，龙象征着苗族男子阳刚的形象，而凤则象征着苗族新娘柔媚高贵的形象，湘黔边苗族女子嫁衣用精巧的艺术形式表达了新郎、新娘恩爱有加、白头偕老的心愿。

二、接龙衣

接龙衣（Eud reax rongx） 是湘黔边苗族"接龙"仪式活动中妇女身着的盛装。湘黔边苗族人民崇拜龙，视龙为吉祥之物、富贵之神。接龙，苗语称"然戎""让戎"

或"染戒"，流行于花垣、凤凰、吉首、古丈、保靖、松桃等县（市）的苗族聚居区，它是苗族人民将龙接至家中以求五谷丰登、六畜兴旺、无灾无难的祭祀仪式，是湘黔边苗族三大祭典之一。

"接龙"有家庭和村寨两种方式。前者一般在苗族人家新居落成时举行，将"龙神"迎入家中常驻，避灾祈福，以表达苗家人对黄河故土的眷恋和向往。后者以村寨为单位，在秋收时全村联合起来"接龙"，共祝五谷丰登、六畜兴旺。这两种形式区别在于规模大小不同，全套法事要做三天，仪式过程基本相同，即先祭龙，再接龙，最后安龙。

"接龙"活动相当隆重，而接龙衣帽的豪华程度则代表着家庭或村寨对于"接龙"仪式的重视程度。"接龙衣"是"接龙"仪式充当"龙女"的苗族女子所着之盛装，家庭式"接龙"的"龙女"（一般又称作"龙母"）由女主人充当；村寨式"接龙"的"龙女"要挑选一位才貌娴雅、品行良好的少女充当，另选几十名年轻漂亮的女孩为"侍女"。届时，"龙女"身着"接龙衣"，即头戴龙凤呈祥凤冠，穿着色彩斑斓的花衣及绣有百鸟朝凤的百褶裙，耳戴金龙环，脖子上套银颈圈和银链，右手擎花伞，左手握着白色手巾，在苗族祭师铜铃声及锣鼓点的伴奏下，前后律动，跳起接龙舞蹈，其状令人幻现接龙之感。

▲ 清苗族青缎绣花鸟兽纹无领右衽接龙衣　湘西州博物馆藏　唐宏吉摄

上图中青缎绣花鸟兽纹无领右衽接龙衣，系湘西州博物馆工作人员黄寿华在花垣县龙潭乡收购入馆，是清代湘西苗族接龙衣的典型代表。此衣绣工非常精美，在它的前襟袖口跟下摆，都绣有精美丰富的图案，既有凤穿牡丹、锦鸡石榴、猫捉老鼠、鲤鱼戏荷花，还有鹿、甲虫、螃蟹、蝴蝶等。文物专家张卫华评价此衣精工巧织，富丽雍容，构图美丽和谐，丰富自然的点缀穿插充满了生活情趣和生命活力。

除了"龙女"（或"龙母"）所穿戴的接龙衣外，"接龙"仪式主要参与人也有专门的接龙服。凤凰县中国苗族博物馆收藏有这样的接龙服，如下图所示：

▲ 接龙服　凤凰县中国苗族博物馆藏

此接龙服为对襟衣型，衣领、衣袖、衣身均绣有精致、对称的龙形图案，蕴含着湘黔边苗族人民对"龙神"的祈求。

"接龙"仪式中，苗族祭师在祭祀时也须穿戴接龙服，其形制与仪式主要参与人穿戴的接龙服有所不同。凤凰县中国苗族博物馆收藏一件苗族祭师接龙服，如图所示。

其衣为对襟短袖，胸前绣一对祥龙戏珠图案，衣下摆绣有象征蚩尤的牛角纹、寓意族源和迁徙的水波纹等图案，是湘西苗族人民祖先崇拜和龙图腾崇拜的生动表达。

▲ 苗族祭师接龙服　凤凰县中国苗族博物馆藏

接龙帽（Joux mob reax rongx）是湘黔边苗族家庭主持"接龙"仪式的主妇（龙母）或村寨"接龙"仪式的"龙女"所戴的银质头饰。接龙帽一般由1500克左右雪银制成。因为耗银多，非富有人家不能制，一寨、几寨才有一顶，需要时可相互借用。

据湘西州博物馆解说词介绍，该接龙帽通高58厘米，重1500克，以帽身作头盔形，帽身被凸起的银线隔成八瓣，顶饰帽

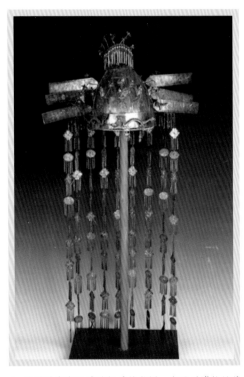

▲ 民国时期湘西苗族银质接龙帽　湘西州博物馆藏

花，树立一支雨伞状（俗称太平伞）的银花13朵，垂吊36根弹簧状的细银棒，左右两侧各有3片银片，上铸精美花纹。帽面中间饰有寿星八仙共9个，人物神态各异，帽前额有3朵银花，帽前额垂吊小银须，后垂9串长达60余厘米的银吊链作辫，银吊链上有虫、鱼、鸟、兽、莲蓬、花卉等，会发

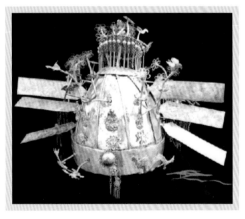

▲ 民国时期湘西苗族接龙帽　湘西州博物馆藏

出清脆悦耳的声音，帽檐铸有双龙戏珠。整个接龙帽造型神圣庄严，风格富丽堂皇，尽管制作于民国时期，如今依然是光亮如新，无不说明当时的手工业制作技术已经到达了相当高的水平，苗族银器的提纯工艺也到了炉火纯青的境界。

▲ 雀儿窠——当代女性接龙帽　赵林摄

三、盛装配饰

（一）银饰

苗族人民推崇"以富贵为美"，十分钟情银饰（Zat nngongx）。在苗族民间文化中，银饰不仅具有装饰价值，还能发挥驱鬼辟邪的作用，因此湘黔边苗族上至儿童、下至老人，都有戴银饰之习。受生存环境及文化信仰等因素影响，湘黔边苗族银饰不仅品种繁多，形制丰富，且造型独特，多为花鸟虫鱼及动物图案。

银饰在盛装中得以淋漓尽致地展示，按穿戴与装饰的部位，湘黔边苗族银饰大致可分为头饰、颈饰、配饰、首饰、衣饰 5 类。

▲ 松桃穿戴银饰的苗女盛装

▲ 满身银饰的苗女盛装

（二）头饰

银花大平帽（Max binx joud mob nngongx）

这是苗族姑娘春夏秋季末包头帕时戴于头上的装饰品，一般在集会喜庆之时使用。其构造由三大件组成：前后是将两块半圆形银皮合成圆形，中空用细丝螺旋构成圆顶形。三大部件可以拆开。帽顶焊有花、鸟、鱼、虾、龙、凤、蝴蝶等图样，并饰有湖绿和桃红丝线花束，如繁花绿叶铺满其冠，与银色辉映相称，既美观，又富有诗情画意。

▲ 银花大平帽　凤凰县山江苗族博物馆藏

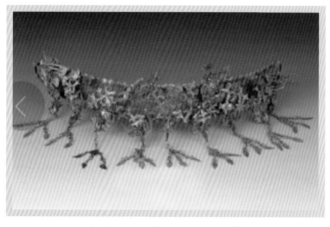

▲ 民国时期湘西苗族银凤冠　湘西州博物馆藏

银凤冠（Bianb nngongx）

这是未出嫁姑娘戴在前额的装饰品。湘西州博物馆藏有民国时期银凤冠一顶，构造为银皮一块，宽约 4 厘米，长约 37 厘米，重 180 克。上镂空有多枝方孔古钱、莲花纹、梅花点、梅花朵等。两头为对称的蝴蝶和一半圆圈。银皮上悬二龙抢宝、双凤对菊和多种花草。银皮下端缀 9 只展翅欲飞的凤凰，每只凤凰含吊一根银细链。凤冠戴在头上呈半弧形，将姑娘装扮得如凤凰般美丽妩媚。

▲ 民国时期湘西苗族银凤冠　湘西州博物馆藏

插头银花（Benx nngongx） 婚嫁、节庆、过年时才插戴。一般重40克，造型有关公大刀、菊花、梅花、桃子、棋盘花、蝴蝶、寿字等，上吊有湖绿桃红丝线花束。

插头银椿花（Benx bid yox） 是苗族妇女插在头帕上的银饰，花垣、雅酉等地的苗族妇女喜插戴，相邻的贵州松桃苗区也盛行。椿花

▲ 插头银花　凤凰县山江苗族博物馆藏

下端为插杆，中间为蝴蝶、白鹤、虾子、梅花、螃蟹等物样，缀有红绿丝线花束。逢年过节或赶集、做客时，苗族妇女喜欢将椿花插在头巾上。

▲ 松桃苗族插头银椿花

（三）颈饰

轮圈（Hot nghongd gind） 可单独佩戴，亦有加扁圈、盘圈佩戴的，是颈部主要银饰品。小的轮圈需银 300 克，大的重约 700 克。中段为弯弯扭扭的形状，两端做一公母套钩，钩柄上缠纹一二十道凸状银瓣，美观结实。

扁圈（Hot nghongd band） 这是项圈中的中层饰品，为数 5 匝，即由 5 根组成一套，外圈最大的一根重约 133 克，依次是 121 克、111 克、104 克、94 克。圈心呈筋脉状，有菊花纹饰，两端为公母套钩。花垣苗族妇女将扁圈戴在胸前，两头大而中间小，谓之"哈高"，即吊钩之意；凤凰苗族妇女将扁圈扣戴在颈后，刻花部位戴在胸前，两头小而中央大，其特点分外鲜明。

▲ 七层扁圈　卢瑞生摄

披肩（Peid giand） 又称云肩，是苗族妇女披在衣领上的银链饰物，类似流苏。披肩是苗族妇女盛装时不可缺少的银饰件。湘黔边苗族俗语云："戴了银凤冠，不着银披肩，打扮得再美也不好看；戴了银项圈，再戴银披肩，生得再丑也好看。"可见银披肩在苗族妇女的装饰中占有极其重要的地位。披肩需银1千克打制，一般以缎面做底，银饰缝缀其上，制作精细，为苗族银饰之精品。披肩胸前焊接7组或9组银串。每组银串多为两层，每层都是钻花镂空的薄银片，上层2串，下层5串，每串下端系银铃、小银片等。每块银片上分别制有龙、凤、狮子、牡丹等轮纹，象征吉祥如意、美满幸福。佩戴时，披肩能随肩、胸的高低、凸凹而紧贴于肩、胸。

▲ 湘西苗族云肩

（四）身前身后银饰

牙签（Yax qand） 装饰兼适用之物，挂于胸前右方，重约200克，长68厘米。牙签上安一个小银圈，便于套挂在胸扣上，中央为打制的虫鱼鸟兽及植物藤草，连缀其间，下端吊耳挖、牙签、马刀、叉、剑、针夹、铲等小银器物。

银针筒（Zhongx jub nngongx） 装饰兼适用之物，作装针之用。

围裙链子（Xid nbanb nngongx）　共有两种，一种是两端钩于裙上，链子的中央挂在颈上或项圈上；另一种是系围裙捆于腰上。围裙若用银链系，就可免用花带。

挂扣（Xid bid heud）　是用银质梅花编织而成的链子，故又名"梅花大链子"。其制作方法是先用银薄片编成少则数十、多则 200 余朵的小梅花，再将一朵朵梅花和小环连接成链子。佩戴时挂于扣上，悬于右襟。

（五）镯环

手镯（Ghad bus）　又称臂环。镯子种类多，按形状可分为 20 余种。有的能开合，有的整体连接，不能开合。重的可达 370 克，轻的 38 克。平时戴 1 只，节庆集会时则一手戴三四只不等，两手所戴需对称。手镯既是苗族女子的装饰品，又是男子的装饰品，具有吉祥如意的含义。

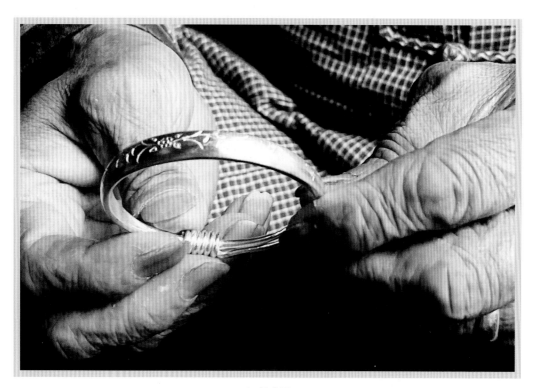

▲ 银手镯

戒指（Ghad ndad）　俗称指环。戒指种类多，其中最具民族特色，又充分体现银匠聪明才智的是"四连环梅花套戒指"。它如同现代的小魔方，由 4 个连环组成，每个连环上有"<"形状，平折成 90 度，每环交错套在一起，能分能合。分开后，不熟悉之人难以复原，故名"呆四连环戒指"。人们少则戴 1 副，多则戴 4 副，戴的部位必须在手指的中节上。

▲ 银戒指

　　耳环（Hod lob）　有龙头环、虾环、梅花吊须环、猪尿环、水虫环、荷花环、蝴蝶环、单丝环等多种造型，并在银环下缀虫鱼、花卉、叶片等银饰片与之相配。因耳环需银不多，苗乡妇女一般人人皆有，且在日常生活中也经常戴。

▲ 耳环

▲ 银质龙头耳环

四、节庆盛装

中华民族的文化底蕴极其深厚，且人们能歌善舞，服饰多彩；之所以多彩，是因为少数民族的存在，多民族文化使中华文化更加多元；而苗族的文化活动和服饰穿戴特点最为鲜明、最为丰富，可以说是中华民族大家庭里最出彩的民族之一，以湘黔边苗族最为典型。苗族人着传统盛装，一般是在节庆和婚礼时日。由于现在文化旅游活动甚多，在景区及大型文化活动仪式上，经常可以看到苗族人着盛装出现。湘黔边地区苗族人着传统盛装，除了上文描写的婚嫁和接龙仪式外，在几个重点节日也必着盛装，如赶年场、三月三、赶清明、赶秋节等。

赶年场：农历正月，湘西苗族人民最开心的就是赶年场，日期由各地自行约定。赶年场那天，男男女女，老老少少，身着节日盛装，互相邀约，成群结队去赶场。年场上，人流如潮，熙熙攘攘，异常热闹。人们不但可以进行物资交换，还可以参加或观看打秋千、舞狮子、玩龙灯、上刀梯等活动。青年男女也多利用这种机会，物色情侣，谈情说爱。歌郎歌娘更是大显身手，三五结伴，说古道今，引吭高歌，互相唱和，或盘根，或祝贺，或唱述传统故事，或即兴演唱新词。唱的人愈唱兴致愈高，听的人愈听精神愈振。即使大雪纷飞，天寒地冻，年场也会如期举行，其间必着盛装。

▲ 保靖水田河镇苗族阿婆赶年节

三月三：农历的三月初三，是湘西苗族的对歌节，又叫跳月节，主要是年轻人对歌的日子。

明代齐周华在《苗疆竹枝词》里有诗云："盘瓠蛮种自高辛，穴处巢居性率真。跳月不消烦月老，芦笙对对是仙姻。"这一天，苗族姑娘们换上节日盛装，小伙子则口衔木叶成群结队地来到歌场，在庆祝春耕播种的同时，还在人群中寻找心上人。当有苗族小伙邀请姑娘对歌时，如果姑娘没有接歌，男士则要主动退出，另找别的姑娘，如果姑娘接了歌，则说明姑娘对小伙情投意合，两人可以继续对唱山歌。

关于"三月三"的来历有几种说法。一种说法是：相传在古时，湘西苗寨边界有一片茂密的森林，土地非常肥沃，边界的苗族群众为了争夺这块土地，不断发生流血冲突，最终，他们还是觉醒了，认为都是苗家兄弟，何必自相残杀。于是各地头领开始谈判，达成了协议，并决定每年农历三月初三在泸溪县梁家潭苗寨的一块台地上举行歌会，庆祝苗族兄弟的大团结。因此，"三月三"是苗族先民付出了血的代价换来的节日。

另一种说法是：古时候，在湘黔边境的大山里，生活着两寨苗族人。一天，两个后生为争娶一个年轻漂亮的姑娘刀枪相拼，结下了仇怨。两个寨子的寨主原本是亲家，见对方兵强马壮，又都有些五亲六眷，便都不想开战。相持了几日，

▲ 松桃苗族三月三桃花坡山歌约会情景

敌意渐消。两寨人重归于好，在山上又唱又跳、杀猪宰羊地热闹了一天一夜，并相约第二年的这一天，一起到木叶寨前的山坡上欢聚。年年如此，相继成俗，便有了苗族节日"三月三"。

还有一种说法：认为三月三是由远古时期的三月街演变而来。古时，祝融为了交换物资，扩大男女交际，禁止族内通婚，创办了三月街。由于正值樱桃成熟的时节，因此又叫樱桃会。青年男女相聚在樱桃树下对歌，互赠樱桃，以表达自己的爱慕之情。

三月三，在湘黔边苗族地区，歌声不断，苗族同胞着盛装，把苗乡装点得更加绚烂。

赶清明：湘黔边苗族特有的大型歌节，又称"清明歌会"。苗族人民相约以清明这一天作为自己的场期，互相交换物资，同时会见亲友。这样，久而久之，便形成了今天的"清明歌会"。歌会期间，苗族青年男女遍着盛装，笑容满面，硬是把一个清冷的节日，变成了一个节庆日，这也是幸福生活的写照。

▲ 吉首苗族清明歌会场景

四月八：农历四月初八是苗族的祭祖节、英雄节、联欢节。每逢农历四月初八，湘西苗族群众都要聚集到预定的地点跳鼓舞、上刀梯、表演刀枪箭术、对山歌、钻火圈等，以表达对先烈的怀念之情和继承先烈遗志的决心。传说远古时期，苗族人每逢农历四月初八，都要举办盛大歌舞聚会，苗族男女你唱我和，相伴而舞。后来有一年，官家派人前来选美抢亲，拆散了对对恋人，糟蹋了许多良家美貌女子。第二年的"四月八"，苗家青年早有准备，在官家派人抢亲时，足智多谋的首领亚努率领男青年英勇抗击，杀死了官家兵丁，给来犯者以沉重的打击。但随后遭到官府的血腥镇压，最终寡不敌众，苗家勇士全部战死。后人为了纪念亚努等英雄，每逢农历四月初八，苗民们都要身穿节日盛装，从四面八方会聚到一起，举行盛大活动以祭祀在四月初八殉难的英雄。后来经过演变，四月初八成了苗族的传统喜庆节日。

▲ 松桃四月八节日对唱情景

六月六：苗族祭祀祖先的节日。每逢此日，苗民们便云集凤凰山下，吹唢呐、唱苗歌、跳鼓舞，以祭奠先烈，祈祷吉祥，祈祷幸福，祈祷未来和希望。相传古时有一位皇帝非常残暴，苗民生活在水深火热之中，人们非常痛恨皇帝，但又无能为力。有个苗族小伙子叫作天灵，为了杀死昏君，他天天苦练射箭本领。三年后，他终于将功夫练成，一箭可以射到京城皇帝的宝座上。为此，天灵做好了一切准备。一天晚上，为了养精蓄锐，他早早地就睡了，并嘱咐母亲在鸡叫头遍时叫醒他。谁知老母亲半夜起来后，准备给他做一顿好吃的，不经意间拍响簸箕，"啪啪啪"的声音引起鸡叫。天灵听见鸡叫后急忙起床，迅速爬上将军山（在贵州松桃、铜仁、湖南凤凰的交界处），拉弓对准京城方向就射。箭是射中了皇帝的宝座，但是皇帝还没有上朝。事后，朝廷追查这支箭的来历，按方向查到了湘黔边，结果，天灵因此被害，据说被害这天是六月初六。此后每年这一天，湘黔边苗族人都盛装出行，会聚在一起祭拜怀念他。

▲ 松桃大兴六月六苗族赶歌节上，苗族少女打起四面花鼓

赶秋：湘西苗族的大型喜庆节日之一。每年的立秋，苗族人民都要停止农活，身穿节日盛装，邀友结伴，兴高采烈地从四面八方涌向秋场，参加或观看各种文娱活动。传统的秋场有吉首县的矮寨场、花垣县的麻栗场、凤凰县的勾良山、泸溪县的潭溪和梁家潭等地。这一天，秋场上人群摩肩接踵，四周山坡人影晃动，花团锦簇，歌声袅袅，笑语盈盈，十分热闹。

▲ 松桃苗族女青年在赶秋节玩 8 人秋千

跳香会：流行于吉首、古丈、泸溪和沅陵一带，此会以跳舞为主，兼及其他游艺活动，苗族人民必着盛装。

▲ 吉首跳香会场景

湘黔边苗族人民在其他节日，如看龙场、樱桃会、七月七等，也会盛装出行。

看龙场：湘黔边一带苗族传统节日。每年从农历三月谷雨那天算起，头次逢辰日即为看龙日，习惯称"看头龙"；过十二天又轮到辰日，再看一次，称"看二龙"；挨次算去，看到三龙为止，每逢看龙日，男女老少均休息一天，踊跃参加看龙，若这天干农活，属犯忌。

樱桃会：苗山多樱桃树，每当春季樱桃成熟之时，苗族青年男女便相约在樱桃林中唱和山歌，进行社交活动。此种活动，苗语叫作"柳比娃"，汉语直译的意思是"摘樱桃"。在花垣县和保靖县的一些苗寨中最为盛行。

七月七：这是苗族的传统鼓会，以吉首、矮寨坡、古丈穿洞一带最为流行。每年的农历七月七日，苗族人民便穿戴一新，欢聚鼓场，击节敲鼓，翩翩起舞，纵情欢乐。

五、盛装穿戴说明

湘黔边苗族盛装主要在节日、赶集、婚庆、接龙等场合穿戴。由于配饰很多，式样复杂，其穿戴的环节较为烦琐，但流程是一致的。其中尤以新娘嫁衣的银饰最为繁复，穿戴起来比较麻烦，是湘黔边苗族盛装穿戴流程的典型。新娘嫁衣穿戴通常需要新娘的母亲和其他亲属共同帮忙，当新娘穿好新衣裤和绣花鞋，包裹好头帕之后，新娘的母亲和其他亲属小心翼翼地帮她把银饰依次戴上。首先戴上胸前的饰物，其次是手镯、戒指、耳环、项圈等，最后是头饰与银插花的搭配。

第七章　湘黔边苗族头帕

　　头帕，又称"苗帕"，是湘黔边苗族人民喜爱的日常着装之一，无论是年轻姑娘，还是老年男子，都会戴上色彩不一、样式各异的头帕。包头帕是一种苗族服饰，也是一门苗族传统艺术。头帕在苗族服饰中占有举足轻重的地位，兼具装饰性和实用性，起着保护和点缀头部的作用，既可以保暖御寒，又能突出仪表。

　　湘黔边苗族人民喜戴头帕有着重要的社会现实因素和心理因素。苗族非常重视一个人的头部，认为头是神圣不可侵犯的，湘黔边苗区至今还有"男儿头，女儿腰"之说，男子最忌讳被别人摸头部，同时男子决不轻易向别人低头。女子除了忌讳头部，还忌讳被别人摸腰部。民间有"姑娘样子好，花花头帕少不了""选郎没有巧，头帕要包好"的说法。

▲ 松桃苗族自治县盘信镇包头帕赶集的苗族妇女

一、源流

苗族历史悠久，因苗族同胞的频繁迁徙，再加上居住地域的零散，不同历史时期、不同社会背景形成了各具特色的文化。苗族头帕缠戴习惯的形成，有着深厚的历史渊源。自蚩尤九黎部落在上古时代败亡以来，苗族人民一直处在持续迁徙之中，直到现代。由于长期处于迁徙的状态，逐渐形成了将布匹或蚕丝缠裹于头上、将金银珠宝披挂在身上的习惯，将金银珠宝挂在身上是为了彰显身份和装饰，更重要的一点是便于苗族男女携带迁徙。随着社会变迁，布匹蚕丝慢慢演化成了头帕，而披挂在身上的金银则演变成了苗族银饰。

在苗族人民迁徙的过程中，由于有大量苗族人融入汉族地区，部分汉族人或其他民族人也效仿苗族缠戴头帕。中华人民共和国成立后实现了民族大团结，苗族人也渐渐改变了过去的装束，年轻人基本上都穿着现代服装，只有在节日盛典时才穿着苗装、包头帕。

◀ 松桃苗族自治县二月二鼓社节上戴头帕的苗族妇女

▶ 戴青头帕的花垣苗族女性

二、类型与形制

（一）头帕基本类型（Ndut xiud mes ghob gians）

湘黔边苗族头帕的类型和形制都很有特点，苗家妇女在头帕制作过程中融入了自己独特的审美理念与审美观点，同时也体现出苗族人对自然万物的敬畏之心。头帕的类型从纹样来看，主要有刺绣和蜡染两种；从材质来看，主要有丝帕、布帕两种；从形状与颜色来看，主要有高帕、低帕、平顶帕、红圈帕、花桶帕、青桶帕、黑台层帕、白人字帕、杆栏人字帕、螺蛳帕、蝴蝶帕等；从性别来说，男子头帕稍短，长3米多，妇女头帕颇长，一般为10米，最长可达16~24米。

（二）头帕形制（Ndut xiud mes ghob yangb）

湘黔边苗族头帕的形制具有明显的地域性。湘西苗族男子多偏好青黑色的头帕，头帕较长，需绕头五六道，裹呈"人"字形，其尺寸与斗笠相似，尖端裸露在外，悬帕吊耳。湘西苗乡的妇女多使用青色丝织皱帕，丝帕戴位对准前额，要求头发裹得不露痕迹，戴位平直不偏。湘西苗族妇女头帕的形制较为复杂多样。凤凰县境内的苗族妇女多加包短帕。头帕长约1米，头帕由额头连同耳朵包至脑后，若家庭条件优越可搭配凤冠予以装饰。花垣等县境内的苗族妇女多用黑色帕，如有家人去世则需要佩戴白帕。头帕叠放整齐，裹平，戴位横向并与额眉齐。吉首市的苗族女性头帕比其他地区更为繁杂，花帕在毗邻凤凰地区较为常见，而黑帕在毗邻花垣县地区较为常见。白色头帕多见于泸溪、古丈及吉首以东一带，帕的四个角，绣制青色花蝶以显示古朴秀丽之特色。黑色头帕主要分布在吉首市西北部及西南部山区。当地苗家男女青年结婚后都要戴头帕，以显示其家庭地位和身份。凤凰男子的头帕有青帕、花帕之分，帕的长度为3~10米不等，缠戴时多呈斜"十"字形，其状如斗笠。

头帕是松桃苗族人民生活中常见头饰，多用自织的青格子或青条花布制作而成。松桃苗族头帕的制作工艺较为简单，制作所需原料容易获取。头帕原料主要为青和青白相间的自织本地土布，需要将土布织成宽布条。松桃苗族男女普遍用青布头巾包头，不同年龄层的妇女包头所用布料和包裹方式各异。其中中年妇女尤其偏爱用黑色丝帕和青格子花布做头巾，在包头时会注意在额头留三指宽的发勒子，头帕内部用花格子布打底，外部用丝帕装饰。整个头帕约长10米，盘缠在头部，与衣着服饰相得益彰。花帕、丝帕交相重叠，缠绕在头上宛如秋菊盛开。

▲ 包头帕的松桃苗族新郎、新娘

三、纹样与功能

（一）头帕纹样（Nbenx xiud mes）

苗族服饰是一部"无字史书"，其中最突出的部分是苗族纹样。苗族同胞善于用智慧和勤劳来印刻本民族的特有符号，记录本民族的历史以及人文、自然景观。苗族同胞对生活的自然界怀着万物有灵、天人合一的朴素情感，珍惜和感恩大自然赋予的一切。大自然的花草虫鱼、飞禽走兽，是与人共生且和谐相处的。在远古时代，人与自然的亲密关系用特定的符号和纹样进行记录，展示着人类的精神追求和信仰。可以说，苗族服饰纹样是苗族先民宗教观念的映射。苗族支系繁多且分布较广，不同地域的苗服各有特色。随着时代的变迁与社会的发展，湘黔边苗族服饰文化也发生了巨大变革，其中服饰图案风格变化最为突出。湘黔边苗族服饰纹样类型多样，深受巴楚巫文化的影响，素材和内容更为丰富。

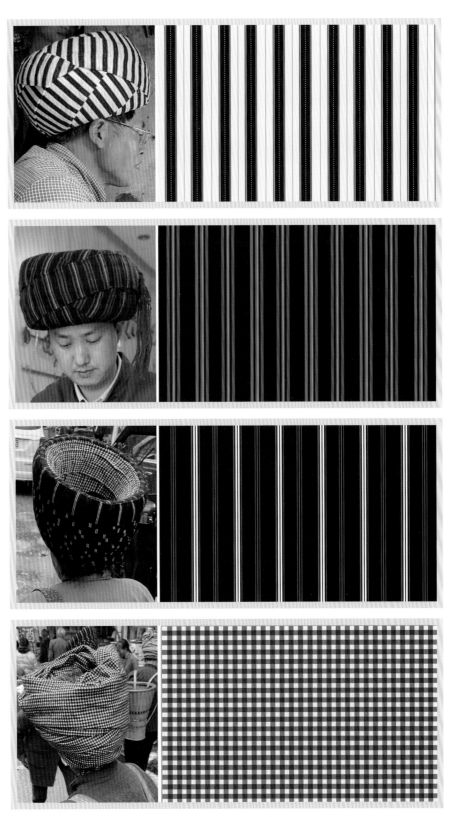

▲ 湘黔边苗族常见的头帕面料纹样细节 1

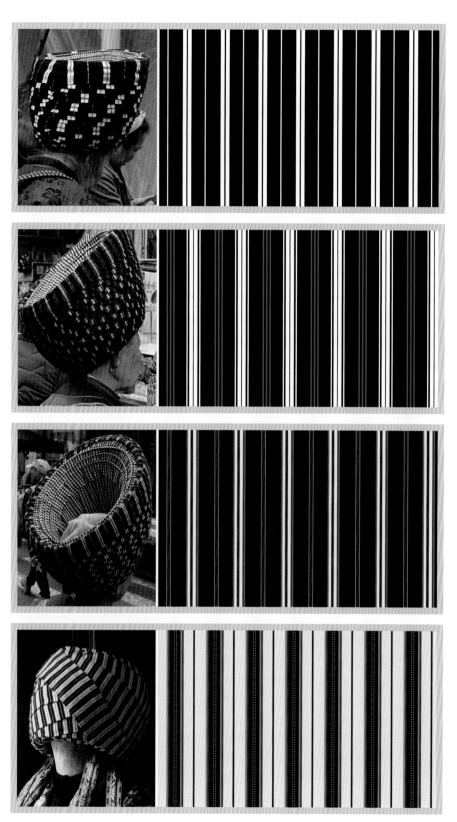

▲ 湘黔边苗族常见的头帕面料纹样细节 2

（二）头帕功能（Xiud mes nangd gongd nenx）

湘黔边苗族头帕具有多重功能，不仅具有装饰性，还具有实用价值。头帕不仅耐用，还能通过各种造型的帕式，达到增添美感、增加饰趣的效果。头帕在严冬的功效更佳，能保护头部，抵御寒风入侵，带来温暖。苗族女子习惯编发、鬓髻，用头帕包裹住发辫，达到定型的效果。苗族头帕在日常生活中还具有储物功能。苗族妇女习惯将日常携带的小物件，放置在高高的桶帕中。除此之外，在特定的环境下，帕子可作为工具。一是将帕子搓成"绳索"，在紧急时刻，如需要爬树攀岩时，可将帕子作"引绳"，发挥牵引的作用；二是帕子可以作为神器，即固定工具来捆绑东西。传说苗蛮集团从洞庭湖迁徙到湘西、花垣的时候，地势险要，在紧急时刻，头帕发挥了"引绳"作用，帮助祖先爬岩上山开辟新天地。如今小姑娘一满"童限"，其母将循循善诱，教授子女养蚕、抽丝、织布、绣花、做衣裳、戴头帕，并在此过程中注重引导植入优秀传统文化，让子女产生求知的欲望，生出探寻苗族历史奥秘的渴望。

苗族头帕的多元功能根植于苗族人民长期的生产与生活习惯中。苗族传统家庭以农为主，男性是主要劳动力，由于男性在田间劳作而无饮食时间，需要依靠苗族妇女送餐。于是每到吃饭时间，她们将做好的饭菜盛于碗内，再将碗放置头帕中，头顶装好饭菜去田间送餐。因此，兼具储物功能的头帕包扎方式得以留存至今。随着经济社会的发展，传统用头帕盛饭菜的方法已不常见，但头帕的储物功能至今还可在松桃赶集时段见到。

赶集这天，苗族老年人会将赶集所买的毛巾、线、纽扣、镜子等小物件放置头帕中，头帕成为其赶集时储物的小神器。对于苗族而言，头帕不仅是装饰物件，更是一种民族特色的体现。苗族偏好佩戴头帕是对人体重要部位的保护，也是对民族传统艺术的继承和发扬。

▲ 凤凰苗族传统头帕　凤凰县山江苗族博物馆藏

四、制作工艺

湘黔边苗族头帕的制作工艺较为简单，是用传统挑花工艺在自家织布上绣制而成，主要是织布和绣花两部分工艺，以前湘黔边的苗族姑娘几乎人人都会做。

▲ 湘西州博物馆里的苗族头帕

（一）织布

头帕制作所需原料容易获取，主要为青和青白相间的自织本地土布，需要将土布织成宽布条。在过去自给自足的小农经济中，苗族服饰所需布料大多是自家种的棉麻，晚期靠自己亲手纺纱、织布、染色、刺绣、织锦、缝制。苗族生活中突出的贡献是苗族人培植出麻，进而发明了用麻布制作服饰。如今在湘西苗族地区，当家族中有年长的父、母去世时，后人需要通过头戴白帕的方式以表孝心，同时也表示对逝去亲人的追悼。

▲ 松桃大湾板栗寨正在纺纱织布的苗族绣娘龙兰江

棉作为天然植物纤维，吸水性强，透气性和保暖性都非常好，且不容易被碱性破坏，有利于布料的洗涤、染色和印花，织出的布柔软舒适，颜色丰富。布匹可织成多色多样，织成什么样式色彩取决于三要素：一是棉线染色，二是牵经线时安置好线筒位置，三是根据需要不断变换织棱里不同颜色的纬线。随着纺织原料的多样化，人们为了改善布匹的品质，大多采用混纺。苗族织品根据原料的不同可以分为丝织品、丝棉混纺、棉麻混纺、麻织品、棉织品等。格子花包括粗格、细格、正方格，粗细格花布主要用于衣裤，而正方格布则多用作头帕的里帕。

（二）纹样制作

苗族头帕纹样多为祖上传承的花样，还有一些没有固定式样，苗家绣娘看到什么绣什么，想到什么绣什么。苗族头帕的纹样承载历史的变迁，不断吸收与融合各民族服饰纹样的符号，融会贯通多元化纹样类型和风格。

苗族服饰纹饰通过物化建构精神世界，并由此抒发苗族人民的情感与思想。从远古时期开始，苗族先民们就已经对自然界中的生物进行崇拜与祭祀了，并在此基础上形成了自己独特的宗教信仰体系——图腾信仰体系。这些文化现象都与图腾有着密切的联系。苗族信奉万物有灵，头帕中的龙纹是苗族人民宗教观念物化的体现。苗族龙纹包括鱼、牛、鸟、象、蛇、狮、猫、蚕、羊、泥鳅、蜈蚣、蚯蚓、穿山甲、螃蟹、花、树，还有各种组合龙。大自然中的动植物都画有龙形，龙化过程即神化过程。湘黔边苗族龙文化资源丰富，其苗龙的做法与其他地方不尽相同。在实际调研中，据丹青镇香花村九组张家美传承人阐述，丹青头帕一般以白布为底，原料以棉麻材质为主，以黑线绘制，以九连套、八角花、双龙抢宝、猫、蜘蛛、狗以及家里面的财物等为纹样，寓意对大自然的敬畏、崇拜以及对美好生活的向往。

除了将对大自然的敬畏以及图腾等内容作为纹饰，苗绣的纹样中还蕴含着苗族人民丰富的情感和美好愿景。苗族的一些头帕上装饰着银饰，银饰以银帽、插头银花、银椿花、银凤冠等样式为主。银饰帽又叫接龙帽，帽上塑有银制龙、虫、鱼、蝶、鸟、兽、花、草、树、木等动植物，其形制类似汉族凤冠。

五、包扎与穿戴说明

（一）头帕包扎造型

从头帕的材料和造型来看，头帕包扎主要有如下几个类型：

螺蛳帕　又称低帕，主要盛行于花垣吉卫、麻栗场，吉首矮寨、乾州、大兴以及古丈一带的苗族妇女。她们偏好用青黑色帕，头帕包扎讲究平整不偏斜，且头发需要严严实实地包裹在头帕内，不能让头发露在头帕外。当包头帕时，需要将一整张帕子对折成五六厘米宽，然后把头帕环绕在头部，环绕时要掌握力度和角度，确保头帕齐平额头且具有平整性，头帕在环绕时不用讲究对齐，环绕的第二圈需要比第一圈略高，之后一层一层环绕。整个成形的头帕从侧面看似螺蛳形，因而称之为"螺蛳帕"。

湘黔边腊尔山着螺蛳帕赶集的苗族妇女

湘黔边着螺蛳帕参加山歌比赛的苗族男性

花桶帕（Lieax ghob nqiead）　高帕、花帕主要盛行于凤凰腊尔山、三江一带。苗族妇女偏好包扎高帕、花帕。苗族妇女在包头时，头帕缠绕盘数极多，一般为十几圈，多者二十余圈，头帕缠绕在头上呈桶状层层环绕，主要以高为美，因高而奇，头帕盘好后形似水桶，从而被称为花桶帕。花桶帕中间是空心，具有储物功能，是苗族妇女随身携带的"小仓库"，特别是在赶集天，苗族女子可将买来的梳子、花线、镜子等梳妆用品以及干果、干粮等少量食物放置花桶帕中，其储物功能堪比背带和背包。如需突出美观性，可增添装饰物，髻上插银摇花，头帕外贴戴银凤冠和后褡披。

松桃盘信：戴花桶高帕的苗族女性

松桃大湾：戴花桶高帕的苗族女性

十字挑花绣帕（Lieax benx giab） 吉首丹青、古丈坪坝、泸溪梁家潭一带苗族妇女，包扎十字挑花绣帕的原料多为自制。在自家织的白棉布上，用十字挑花的精湛技艺，绣绘出青色花纹。苗族女子在包帕时，将青色纹样露置在外，极具美感。

▶ 吉首：戴十字挑花头帕的苗族妇女

▶ 戴吉泸式十字挑花头帕的苗族妇女背影

▲ 吉泸式十字挑花头帕展开纹样

（二）头帕包扎要求

湘黔边苗族人民身着便装时，不论男女都喜欢在头上包头帕，头帕佩戴时需要注意不偏不斜，将额头露出，不能把头发和耳朵包裹在头帕内。缠戴方法与造型分为三种基本形式：一是盘式，以布盘绕头上，这是最普通的形式；二是圆式，将头帕环绕成圆形；三是披式，以布盘绕脑后余布 1.3 米左右披在头上。

（三）男帕与女帕包扎

苗族男性和女性在头帕的包扎方式上具有明显的不同，相比之下，男性头帕的造型和包扎都更为简单。

▲ 戴头帕的苗族少女

▲ 戴头帕的苗族青年

▲ 松桃苗族自治县大兴镇集市上包头帕的苗族妇女

1. 男性头帕包扎

湘西苗族男子头帕包法简单，以青帕、白帕为主，男士头帕因简约无花纹，被称为素帕。男性头帕的缠戴方式主要为旋转包圈或扎成"人"字形，突出对称性特点。可依据苗族男子头帕是否垂吊耳边推测其年龄大小。年轻的苗族男子的头帕包扎呈"人"字形，形似斗笠，放置在头顶，头帕吊在耳边；老年苗族男子的头帕不在耳边、不垂吊。苗族男子少有包花帕者，但凤凰腊尔山台地一带苗族男子头帕为自织长花帕，头帕纹样为蓝底或黑底起白色线纹或格子纹。湘西苗族男子偏好青黑色头帕，层层包裹长达 3 米以上，有的头帕长达 10 米，盘绕头上至少 5 道。保靖县一带的男子主要缠青、白布帕，凤凰苗族男女均爱缠赭色花帕。

2. 女性头帕包扎

湘黔边苗族妇女扎头帕讲究较多，地域不同，包法各异。如乾城、绥宁、古丈、保靖等地，苗族女子不剪发，多以扎辫或挽髻为主，以包头帕方式抵御寒暑，女子普遍包头，以露发为耻。湘西花垣、吉首等地的苗族同胞偏好短青帕，其包法是将头与额齐平，头帕向后向上掀起。而湘西古丈的头帕通过缠绕，形成蛳塔形状，头帕的左右略成角。未婚苗族姑娘的头帕需露出发辫或以彩绳装饰，彰显青春与活力。坝坪、山枣、河蓬等地的苗族姑娘偏好以白布青纱为原料绣的花帕，泸溪一带的妇女偏好在白帕上绣四对青色的蝴蝶。随着苗汉交往频繁，不少苗族地区的青年男女受到现代文化的影响已不包头帕，但在苗族土著地区，土生土长的苗家人仍然延续包苗帕的传统。

3. 头帕包扎过程演示

湘黔边苗族头帕有多种，不同的支系包扎方式有所不同，这里以丹青六圈头帕包扎为例。

▲ 丹青苗族头帕前期包扎步骤演示

丹青苗族前几圈的头帕包扎步骤没什么区别，差别体现在最后一圈。

首先握住头帕合适位置对好额头，左手捏住头帕起始端放于后脑勺固定，右手拿住较长头帕从前向后绕，绕到额头处会将头帕翻转一下，再向后重复缠绕，前五圈包扎方式相同，最后一圈需根据性别进行不同方式的包扎。

▲ 最后一圈男帕包扎方式

在最后一圈，男性头帕在绕到额头处时，向上翻转露出额头，再将头帕向后绕，与额头处形成一个交叉"人"字形，并将头帕绕过额头将流苏藏于头帕内，据说这样如果遇到冲突，头帕不容易掉。

▲ 露出右侧头帕流苏的丹青苗族

与男士不同，在最后一圈，女性将头帕绕到额头处时会向下盖住额头，将头帕绕过太阳穴后再向后上缠绕，并将流苏掖在头帕后面，在一侧露出头帕流苏装饰。

▲ 最后一圈女帕包扎方式

松桃苗族女性缠戴的头帕分为内外两层，布料上的颜色和花色图案也较为简洁。内层是黑白格子打底，外层多为青色、黑色或黑青相间、黑白相间的格子图案。松桃的头帕缠戴两层，头帕需要卷层相叠地缠绕于头部，体现以高为美的特点。整个成形的头帕需缠布 6～10 米，缠绕的头帕高约 50 厘米，呈现大而高的倒钵形，层层分明。头帕佩戴于头部，中间呈现空心状，在佩戴时需要注意不偏不斜，将额头露出，不能把头发和耳朵包裹在头帕内。

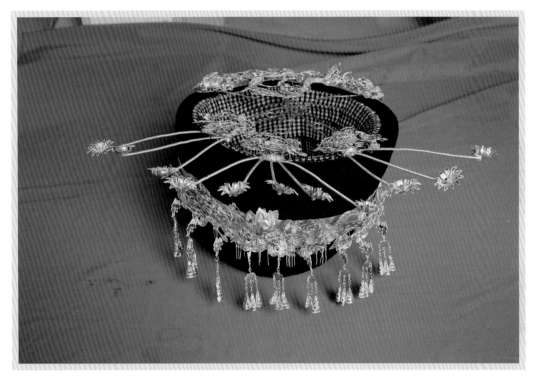

▲ 缀满银饰的松桃苗族头帕

第八章 湘黔边苗族围裙

湘黔边苗族妇女普遍有穿着围裙的习惯。苗族妇女喜穿围裙，不仅是因为美观，还因为围裙非常实用，无论是在日常生活中，还是在节庆盛典、婚嫁等重要社交活动中，围裙都有自己的一席之地。由此可见，围裙是苗族妇女传统服饰中非常重要的组成部分。根据《新华字典》和《现代汉语词典》解释，围裙是一种围在身前用以遮蔽衣服或身体的裙状物，工作时围在身前保护衣服或身体，也符合我们对围裙的一般定义和生活经验。湘西苗族围裙，特指在湘西地区，苗族妇女所使用的一种围裙。这种围裙上有丰富的绣花、挑花图案，这些图案往往与苗族人民的历史、信仰文化以及审美旨趣息息相关，既展示了苗族人民丰富的精神世界和文化内涵，也是苗族人民身份认同和文化认同的一大标志。

▲ 湘黔边苗族围裙

一、围裙类型

　　湘黔边目前流行三种主要的传统苗族服饰款式，这三种不同的苗族传统服饰款式，包含了不同的围裙款式，即花吉式扇形围裙、凤松式高围裙和吉泸（丹青）式挑花围裙，其中尤以花吉式围裙最为常见，其次是凤松式，而吉泸（丹青）式围裙则相对少见。

（一）花吉式围裙

　　花吉式围裙整体呈 T 字形，由于围裙下摆呈梯形或扇形，麻明进在其书中根据这种围裙的轮廓和样式，将其称为"扇形围裙"。这种围裙大体上由三部分组成，分别是两段用以固定住围裙的花带、一块较小的长方形布条和一大块用作围裙主体的缎布，部分长方形布条下方还有起装饰作用的流苏，流苏多为黄色，偶有粉色、绿色等其他颜色。长方形布条因为处在腰部的位置，加之其上还有丰富美丽的绣花图案，这些图案被称为腰花，所以这块布条被称为"腰花布"。腰花布两侧可以预留固定花带的吊扣耳孔，也可以直接将花带缝制上去，固定用的花带需要两条，方便使用者将围裙系在身上。在围裙的主体部分，左右下角分别有三角形的图案纹样，这些图案被称为"角花"，腰花和角花共同构成了围裙的绣品纹样的主体。这种形式的围裙的具体结构分布如下图所示。

▲ 扇形围裙

▲ "T" 字形围裙

　　花吉式围裙有固定的规格，上方腰花布固定为高约 3.3 厘米、宽约 61.7 厘米，下方主体部位高约 43.3 厘米，宽约 66.7 厘米。花带的尺寸不固定，需要围裙的使用者根据自己的实际情况决定其长度和大小。

　　围裙主体部分的底布多采用黑色，腰花布会采用蓝色或者绿色的布料，从而产生色彩上的对比，明确围裙的各部分分层。围裙四周都有锁针做成的装饰滚边，装饰上的纹样叫作狗牙齿、梅花锁、十字锁，这些纹样可以搭配使用，也可以单独使用，全凭绣娘的审美与喜好来定夺。围裙上的纹样常见的有牡丹、花瓶、凤凰、狮子、老虎、蝴蝶、小鱼小虾、房子、状元等，所采用的颜色都非常鲜艳、明亮，在美丽了衣裳的同时，也让苗族妇女更加靓丽。

（二）凤松式围裙

凤松式围裙样式接近汉族的肚兜，或者说是一种将围裙和肚兜上半部分相结合而形成的一种围裙，将苗族妇女的躯干的前半部分很好地包裹起来。围裙上半部分较为窄小，刺绣装饰也主要集中在胸前这一部分。围裙上半部分外围的弧形滚边必须要有三道，表示苗族迁徙过程中跨过的大河。其中最外围的滚边叫作小滚，被苗族人视为黄河，在小滚内部的滚边叫作大滚，

▲ 凤松式高腰围裙

被苗族人视为长江，最里边的滚边是一根狭窄的花带，表示苗族迁徙途中遇到的其他规模较小的河流。花带的花纹，没有固定样式，需由佩戴者根据围裙花纹整体美观与否以及自己的审美来确定。

围裙主体花纹的构成基本如下：两侧和上端绣有云状装饰图案，下端有 3 个大体呈圆形、心形的装饰性图案，被这些装饰性图案围绕着的，就是围裙的主图案。主图案的纹样一般都有花鸟虫鱼，也会有走兽，花以牡丹、莲花为主，动物以鸟多见。凤凰苗族妇女需要根据自己的社会身份、年龄以及审美观念选择合适美观的图案，并将其绣上去。围裙的尺寸并不固定，需要使用者根据自己的体形确定。

（三）吉泸（丹青）式围裙

吉泸（丹青）式围裙的构造非常简单，一块底布，上端和靠近腰腹的两侧都有可以将围裙固定在衣物上的吊扣，吊扣需要有配套的扣带将围裙固定在身上，就轮廓或者形式而言，这种围裙非常接近凤松式围裙，但不像凤松式那般轮廓圆滑，有非常多

的曲线，它的轮廓大致可以看成一个三角形和一个方形叠成的几何图案的组合，具体样式如右图所示。

在日常生活中，这种围裙的底布多为黑色的"家织布"，如今则多采用由现代工艺制成的缎布或是别的布匹，苗族妇女以前会用自己纺织而成的白色棉线在"家织布"上绣制精美的图案，现在多用从市场上购买的白色绣线。在苗族传统盛大节日或是婚嫁庆典等重要时刻，这种围裙的底布颜色会更加

▲ 吉泸（丹青）式挑花围裙

多彩，有蓝色、绿色，棉线的颜色也是如此，绿色、红色、紫色都是常见的颜色，使用者可以根据自己的喜好和审美来搭配底布和棉线的颜色。与凤松式围裙一样，这种围裙没有固定的尺寸，使用者需要根据身材大小进行裁剪。围裙边缘有十六七厘米的滚边。

这种苗族围裙主要采用数纱、挑花的刺绣手法，因而与其他两种围裙在绣花外观上差距较大，自成一派。由于绣娘需要在布匹的经纬线上，以数格子的方式进行绣制，因此围裙上的图案的轮廓线都是较为笔直、不太光滑的，这也使得整块围裙看起来更像是用织布机织出来的，而不是一针一线绣出来的，同时，这种独特的表现方式也给了围裙一种质朴别样的美感。围裙的纹样多取自当地苗族人民在日常生活中常见的花草虫鱼鸟兽，另有一些寓意吉祥的图案。图案和图案之间，以装饰性的线串联。常见的图案有蝎子花、大狗脚花、荷花、八角花、松球花、叶子花、白鹤、白鹭、凤凰、鱼、绣球等，另有类似于装饰性的流苏图案，当地人一般称这种图案为"牙签"。吉首市丹青镇、太平镇地区的苗族并不像湘西其他地区的苗族那般佩戴银饰，通常认为这是由于当地不产银的缘故。因此，对于这种围裙为何要采取"黑底白线"的形式，有一种说法是该地区的苗族将围裙上的白线看作银饰，从而达到一种模拟银饰佩戴的效果。就图案的精美程度而言，丹青、太平地区的苗族妇女通过挑花工艺绣制而成的图案纹样，丝毫不逊色于华美的银饰。

二、基本功用

一般而言，围裙最基础的作用就是保证使用者衣物清洁，围裙轻薄短小也方便人们清洁。当然，如果一件围裙上面缀满了美丽的花纹和鲜艳的绣线，它就不再只是一件实用的工具了，除了最基本的防污功能外，围裙在某种程度上还承担了装饰使用者衣物和身材的其他功能。另外，花纹本身也可以传递一些信息。不同地区、不同款式的围裙也有各自不同的作用。

花吉式苗族围裙除了有最基本的装饰、防污功能外，还有很多让人意想不到的用途。首先是储物。苗族妇女可以将围裙黑色主体部分的下摆向上翻，主体部分的最底端会被塞进围裙系在身子上的部分，从而让围裙成为一个临时的储物袋，苗族妇女可以往围裙里面放置需要随身携带的物件。其次是可以将其作为临时的遮阳帽。苗族妇女会对折围裙，将其作为一个临时性的帽子戴在头上，并用花带固定住这个帽子，从而起到防晒遮阳的作用。这种临时性的帽子后来演变成一个固定样式的特殊形态的帽子，被苗族妇女在日常生活当中使用。除此之外，苗族妇女还会将这种围裙当作背小孩的用具，围裙的主体会包裹住儿童的躯干，妇女会用花带来支撑、固定儿童。

凤松式围裙的结构决定了它的佩戴方式，也限制了它的一些用途，因此这种围裙所具备的功能较花吉式更加单一，它也起到了装饰、一定程度的防污作用，据笔者调查，起初凤松式围裙只起到遮羞的作用，而且一开始围裙上是没有任何花纹、刺绣的，等到围裙上出现刺绣后，围裙就起到装饰作用，防污功能就受到了一定影响，更重要的是，围裙也成了一名女子展示绣花手艺以及家境状况的工具了。

吉泸（丹青）式围裙除了最基本的装饰功能外，在日常生活中，主要起防污、维持衣物清洁的作用。在物质生产和成品服装工业化生产尚不发达的时候，苗族妇女会将其作为阻挡污物与日常穿着服装的屏障，以保证主要衣物的清洁。由于过去衣物是家庭的重要财产，通常情况下苗族妇女并没有太多可供换洗的衣物，加之比起频繁清洗衣物，清理围裙明显要方便实用很多，因此围裙成了苗族妇女在进行劳动生产、照顾婴幼儿等日常活动中的必需品。

三、制作工艺

要想做好一件围裙，针、线、布一样都不能少，然而，花吉式扇形围裙、凤松式高围裙、吉泸（丹青）式挑花围裙因为形制不一，各有特点，故制作的工艺流程也有差别。花吉式围裙和凤松式围裙都非常依赖针线刺绣，而吉泸（丹青）式挑花围裙的主要工艺则如其名，以挑花、数纱为主。即便同样都是用刺绣在围裙的方寸之间绣出苗族人的图腾与悠长的历史、美好的期望，花吉式围裙和凤松式围裙的工艺还是有所不同的。吉泸（丹青）式围裙基本上都由苗族妇女自己完成，凤松式围裙则需要妇女自己完成绣花工艺，围裙的裁剪、缝制以及花纹的设计，则不在她们的职责与能力范围内，花吉式围裙的绣制、裁剪和制作都需要妇女独自完成，但图案需要依靠苗画、剪纸等前期准备来确定，可以借助他人的帮助，也可以自己完成。

三者在工艺上相同的地方是底布的制作以及绣线的选择。在现代纺织工业发展之前，苗族妇女想要缝制围裙，都必须使用自己织成的布，即所谓的"家织布"，绣线也会选择由妇女自己织成的棉线，棉线的染料多为植物染料，矿物染料由于制作成本高而比较罕见。随着纺织工业的发展，苗族妇女开始使用现成的布匹作为围裙的底布，绣线改用市场上可以购买得到的、由化工染料染成的丝线。以凤松式围裙的底布用料为例，在中华人民共和国成立前以及 20 世纪四五十年代，围裙的底布以"家织布"为主。自 20 世纪 70 年代开始，妇女使用灯草绒作为底布，而如今，苗族妇女开始使用现代纺织工业成品的缎布、窗帘布等作为围裙的底料，使用"家织布"进行围裙制作、绣制的人已经屈指可数了。

在绣制花吉式围裙时，绣娘先在脑海里构思好需要绣制的图案，随后在已经准备好的底布上进行绣制。绣制这些图案，所要用到的基本针法包括绣针脚所需

▲ 正在绣制花吉式围裙的苗族妇女

的平针、横针、竖针、斜针等，而更为精美复杂且小巧的图案，则由一些装饰用的针法绣制出来，这些针法包括米字绣、三角绣、鸡爪绣、打籽绣、狗爪绣（捆纱绣）、单色网绣、十字绣等，从而能在鸟类的翅膀、花瓶等进行进一步装饰加工的图案上，实现更加丰富美观的画面效果。比如，可以在如凤凰这样的鸟类的翅膀或是躯干上预留空间，以鸡爪绣、捆纱绣等手法增加类似鸡爪或精密的圆球图案，使得凤凰更加灵动；而在花瓶图案上采用打籽绣的手法，在瓶身上实现像是聚集在一起的鱼子的效果，这样大大增加了画面的立体感。妇女需盛装打扮时，还会在腰花布上贴上数量不等的银片作为装饰。绣制完成后，妇女需要将不同的布片缝制在一起，从而形成完整的围裙。围裙外围的滚边以及滚边上的狗牙齿、梅花锁等装饰性花纹，也由妇女一人独自完成绣制。

这些围裙的纹样会带有渐变的效果，要达到这种渐变的效果，需要用到一种叫作"德本"的工艺。"德本"是苗语的音译，意思是"变暗"，此处指的是一种将围裙经过多次水洗、晾晒、捶打后，部分丝线的颜色会变淡，从而达到渐变效果的工艺。这种工艺要求妇女在绣制以前，就要考虑到渐变的过程，从而提前规划决定好绣线和刺绣手法。

▲ 在集市上售卖围裙配饰纹样的苗族老人

在绣制花吉式围裙之前，妇女会在集市上购买设计好的剪纸，再根据剪纸上的纹样在围裙上绣制图案。此时，剪纸的纹样不仅会提示绣花者需要刺绣的纹样，也会提示绣花者该在何处落下针脚。刺绣时，苗族妇女所能用到的最基本的手法就是平针，在绣花时，绣娘首先要在绣制的纹样中间进行定针，再往两边进行绣制，绣制进行得差不多后，还需要用黑色丝线去压花，这样做既可以引导观者的视觉，同时还能梳理出围裙图案的花样轮廓。凤松式围裙的绣品也有渐变效果，但凤松式围裙处理渐变的效果是不同于花吉式的。该地区的苗族妇女不会将围裙进行水洗，通常使用酒精来维持清洁，以防绣线褪色，因此花吉式围裙的渐变处理工艺在凤松式围裙上是不能使用的。为了达到渐变的效果，苗族妇女需要长短针交织，最终展现出一种平滑的渐变效果。绣制完成后，妇女需要将自己的绣品和制成围裙所需要的布料交给专门的裁缝去进行缝制，裁缝缝制完成后，一件围裙也绣制完成了。

吉泸（丹青）式围裙不需要在布匹上提前绘画，也不需要使用剪纸，需要绣者根据经验和实际需要，从现有的纹样模板中进行选择，然后采取挑花的手艺，在已经裁剪好的布匹的经纬之间，进行数纱作业。由于数纱在工艺上非常类似于织锦，因此最终成品也接近织锦的质感，这种独特的表现方式也给了围裙一种质朴别样的美感。

在完成围裙主要图案的绣制后，妇女为围裙制作十六七厘米的滚边，分别在腰部两侧和顶端一侧加上固定用的吊扣，一件围裙就做成了。

▲ 正在围裙上挑花的苗族少女

四、穿戴说明

虽然湘黔边苗族常年与其他少数民族、汉民族进行频繁互动，他们的文化也深受汉儒家文化影响，但是苗族服饰不具备划分社会等级、阶层的功能，人们一般通过衣服用料的优劣、银饰的多寡、花纹的精细程度以及构成纹样的绣线精细与否来判断一个人的家境是否富足。作为苗族传统服饰的重要组成部分，围裙具有划分族群内不同年龄段女子，以及区分未婚女性与已婚女性的功能，因此关于围裙的穿戴规则，多与妇女的年龄、婚姻状况有关。围裙也常常和花带、银饰一起搭配穿戴，其中花带可同时起装饰和固定围裙的作用，银饰多起到装饰和展现家族财力的作用。

▲ 着花吉式围裙的花垣苗族青年妇女

在穿戴花吉式围裙时，需要将两端的花带紧紧系在腰间，从而固定围裙。花带尺寸并不固定，需要使用者根据自己的实际情况来决定宽度、大小等。当地苗族妇女认为，花带要越宽越好，因为这样可以让他人觉得佩戴者非常威风。苗族妇女将腰带称为"龙缠身"，表示有男性追求，花带则被视为一条"龙"，其上一般编织有虫鱼花鸟的图案，少有走兽如狮子、老虎的图案，该地区的苗族人认为狮子、老虎是辟邪用的图案，是凶兽，不宜将其编织在女性的花带上。既然苗族妇女将花带视为"龙"，那么就自然有龙头和龙尾。用以固定围裙的花带两头都有特意留出的条状形织布，这些织布长短不一，一般短的那头被视作"龙头"，长的那头被视作"龙尾"，而编织有各色图案的花带主体自然就是"龙身"了。

▲ 着花吉式围裙的苗族老年妇女

不同年龄段穿着围裙的规矩也不一样。18~45岁年龄段的女性喜欢使用大红色，或者用颜色鲜艳亮丽的绣线来构图，图案多以花朵、蝴蝶为主。当图案为凤凰时，则多为雄性的凤，少见雌性的凰。围裙上的刺绣，针法多样，除了使用基本的针法以外，还要绣娘技艺精湛，且能耐得住性子，每一种装饰用的针法基本都会用上。45~55岁年龄段的女性喜欢使用黄色为主的绣线来配色构图，用色更加朴素，以鸟类图案为主。55岁以上的女性不再使用配色，喜欢使用单色的绣线。绣花的颜色多为绿色、黑色和紫色，而家中父母去世后，则需要绣上白色的花纹以守孝敬孝。这个年龄段所采用的绣花技法都非常简单，以平绣为主，伴有挑花绣法，图案多为小鱼小虾、房子以及带有吉祥寓意的图案，如一些传统故事以及状元图案等，以示老者家境富足殷实，晚年生活幸福安康。

女童围裙上的绣花图案多为荷花，部分女童的围裙上有狮子、老虎等凶兽图案，用以辟邪，同时还有祥云图案的围裙。另有部分男童会佩戴围裙，但男童所佩戴的围裙更像是披肩或是保持清洁所用的口水巾方布。

与花吉式围裙的佩戴方法不同，用以固定凤松式围裙的花带只有一根，且当地苗族没有"龙缠身"的说法。花带的纹样没有规定，全凭个人喜好与审美习惯，佩戴花带时，会在顶部扣带处配上银饰。在盛大节日或者婚嫁活动上，苗族妇女需要盛装打扮出席，此时会在围裙上装饰花纹精美的小型银片。围裙的银饰要求对称分布，没有数量上的规定，也没有奇数或偶数方面的限制。苗族人会根据银饰的多少来判断佩戴者的家境是否富足，因此从这个角度来看，银饰自然是越多越好的。围裙最顶端配有一大块顶部带钩的银饰，该银饰不仅起装饰作用，还会钩住苗族妇女衣物最顶端的扣子（如果妇女佩戴云肩，也可以钩住云肩的扣子），从而固定住围裙。

▲ 着凤松式围裙的苗族妇女

年轻未婚女性的围裙上的主图案，一般都是色彩艳丽、内涵丰富且灵动的花鸟图案，花以牡丹、石榴居多，鸟多为孔雀、鸳鸯和凤凰，昆虫类图案以经典的蝴蝶为主。女性佩戴的围裙婚后图案会与婚前有一定差别。儿童所佩戴的围裙与老年人所佩戴的围裙图案相近，且在该地区苗族群体中，只有女性会穿围裙。老人的围裙多会绣上蝴蝶，甚至会有狮子、麒麟等走兽，花朵纹样类型较少且图案颜色较深，显得朴素，不会过分艳丽。一般而言，只有在家族内德高望重，且拥有较多儿子与孙子的老人、长辈才可以绣走兽，因此基本上可以根据走兽纹样的有无以及多少来判断一个老年苗族妇女在其社区、村落，以及家族中的地位。围裙上的走兽纹样也是凤松式围裙的一大特点，因为除了该地苗族会在围裙上刺绣走兽外，湘西其他地区的苗族围裙上不会出现走兽。年龄较小的女童也会佩戴围裙，图案多以花鸟为主，由于是儿童用的围裙，因此在尺寸和规模上要小于成人。

着围裙的盛装苗族青年妇女

着围裙的苗族女童

穿戴吉泸（丹青）式围裙的妇女固定围裙的方式与凤松式大同小异，最大的不同在于吉泸（丹青）式围裙缺少顶端的银饰进行固定——实际上对于凤松式围裙来说，顶端的银饰也是可选的，而非必需的。丹青、太平地区用于固定围裙的花带没有标准尺寸，根据使用者的身形和需要决定花带的宽度，该地区的花带并不像湘西其他苗族聚居区的花带那样追求纹样对称，因而装饰更加灵活、紧致。花带上经常出现的纹样包括双龙抢宝、双狮抢宝、喜鹊、鹰、螃蟹、青蛙、蚂蚁以及当地常见的野花。在流行穿戴这种围裙的地区，花带有一个更为重要的用途。在丹青、太平，人们会用花带捆绑、运送嫁妆，花带本身就是嫁妆的一部分，同时它也是当地苗族结婚仪式的一个重要道具，苗族男子需要用花带将其新婚妻子绑在肩上扛回家，尚不清楚这种行为是否为再现古老的"抢妻"情景，抑或有其他吉祥寓意。

▲ 着吉泸（丹青）式围裙的苗族妇女

总之，湘黔边苗族妇女平日里所使用的围裙都是"黑底白线"的，这样既朴实美观，也便于清洁清洗。在苗族传统盛大节日或是婚嫁庆典等重要时刻，围裙底布的颜色会出现绿色、蓝色等，绣线可选的颜色也更多，红色、紫色等都是较为常见的颜色，妇女也会将不同颜色的绣线搭配在一起使用，使之更加美观、华丽。一般而言，当地只有女性才会佩戴围裙。年龄较小的女童不会佩戴围裙，当女童可以帮助家庭进行劳动或是帮忙看管弟妹时，女童就开始佩戴围裙了。此时，围裙的图案与成人的几乎没有差别，有差别的只是尺寸、纹样的构成。年老的苗族妇女也会佩戴围裙，但此时围裙上已经没有花纹了。

▲ 吉泸（丹青）式挑花围裙

第九章 湘黔边苗族披肩

湘黔边苗族喜穿披肩，披肩作为苗族的服饰品具有当地的地域特色。湘黔边苗族在漫长的历史发展过程中形成了自己独特的服饰文化。其中，"凤衣"就是苗族服饰文化的重要组成部分之一。湘黔边苗族的披肩以纯手工刺绣为主要技艺，该技艺具有精致、不可复制等特点，但耗时、费力，大批量生产具有一定难度。披肩流行的传统图案在现代生活中已不再流行，如何让这一古老技艺得到传承与发展成为今天要解决的问题。

▲ 湘黔边苗族披肩

一、源流及特征

研究湘黔边苗族服饰，离不开研究苗族披肩的历史、纹样及文化内涵，目的在于继承其传统精美的图案及其飞扬的民族意识，将其中的精华与现代流行元素结合起来，以旅游产品为主设计出既符合当代人们审美需求，又有艺术价值、人文价值、实用性强的商品，从而使民族民间艺术得到更好的保护和开发，促进旅游业健康可持续发展，提高民众文化素质，丰富人们的生活。

▲ 湘黔边苗族云肩　贵州民族博物馆藏

披肩是凤松式苗族服饰所特有的构件，由明清时期汉族服饰"云肩""图肩"发展而来，并根据苗族独特的审美标准和喜好，在形制、图案、颜色等方面进行了创新。湖南凤凰与贵州松桃两地的苗族披肩在制式、颜色、工艺等方面大同小异。如今披肩作为凤松式苗族服饰特有的文化符号，是区别于其他地方苗族服饰的重要特征，已成为湘黔边苗族服饰文化的重要组成部分。

二、披肩纹样

湘黔边苗族披肩融合了清代云肩的形制，但在纹样造型、色彩搭配和工艺手法上保留了当地苗族传统特点。苗族妇女在隆重的节日与嫁娶中都要穿披肩。可以说披肩是苗族妇女的门面，过去观察一个妇女是否贤惠淑德，是否能够操持一家的生活，首先就是要看这个妇女的绣功；想要了解苗族妇女绣功的高低，只需看其披肩便知八九不离十。湘黔边苗族披肩从明清时期云肩的构成技法中解放出来之后，表现为更自由、更契合当地苗族地域性美学的图案组合，并逐步发展成今天湘黔边苗族所穿的披肩。湘黔边苗族披肩的设计与制作有两个特点：一是图案构成；二是缝制技巧。这种服饰文化孕育出独有的披肩，成为湘黔边苗族的特色标志。

(一)纹样分类

湘黔边苗族在披肩图案中投射出对自然的喜爱之情，把自然界中的一切视为美的生物，经过想象和变形的技巧创造了独特的图案。凡自然界的生物均可变成苗族绣娘针下的图案，因此湘黔边苗族披肩图案类型多样。从构图来看，湘黔边苗族披肩一般为圆形或椭圆形；从布料来看，多以麻布为主。纹样可以划分为动物纹样、植物纹样、抽象几何纹样、建筑纹样等四大类。

1. 动物纹样（Benx mangb benx ghuoud）

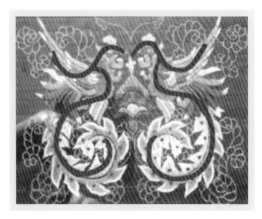

湘黔边一带苗族披肩常用的动物纹样主要有"龙""凤""鱼""麒麟""蝴蝶""鸳鸯""喜鹊""猴""鹿""虫"等，其中以龙纹为主。"龙"作为一种吉祥之物，具有丰富的文化内涵和独特的审美价值。在服饰上，龙又被称为"凤凰"，是中华民族最重要的图腾崇拜物之一。动物纹样题材有龙凤呈祥、双凤朝阳、喜上眉梢。每一种动物纹样都因个人喜好不一，

▲ 松桃苗族披肩上的凤纹

表达意愿不一而形态各异。就拿最具代表性的龙纹来说，苗族龙纹和汉族龙纹差别很大，苗族龙纹存于民间，藏于家家户户之中，和汉族龙纹象征皇权迥然不同，因此苗族龙纹或憨厚可爱，或张牙舞爪，而龙形经常变化，如龙头鱼身，或把鸟翼和龙身组合起来等。

2. 植物纹样（Benx ndut benx hlod）

湘黔边苗族披肩中的植物纹样一般为辅助纹样，其功能是增加纹样的丰富性和装饰性，既美观又实用，还能表现湘黔边苗族文化特点。常见的纹样有牡丹、桃花、石榴、荷花等。在现代服饰设计中，这些纹样仍然被广泛运用。

▲ 湘黔边苗族植物花卉纹样

3. 抽象几何纹样（Benx jix nghuib jix nkhud）

披肩表面的几何纹样十分少见，保留至今的实物极少，这是因为湘黔边苗族披肩纹样在演变过程中从抽象意味的几何纹样（Benx jix nghuib jix nkhud）转变为写实意味的纹样。几何纹样以挑花的形式出现在固定脖子的那圈带子上，"弥埋"和"浪务"是湘西苗族挑花纹样中的两种表现形式，前者寓意大马跨越山川，从群山变形而成飞马图案、马蹄图案和山水图案，后者表示水波，是苗族在迁徙过程中的符号化特征。

4. 建筑纹样（Benx nbad bloud nbad deul）

建筑纹样比动植物纹样出现的时间要晚得多，披肩中见到的建筑纹样主要以亭台楼阁和假山为主，亭台楼阁形式和湘黔边绝大多数苗族人民生活的房屋区别较大，从中可以看出清代图案的身影，但是相比较而言，披肩图案中的建筑纹样较为粗糙，没有其他纹样描绘得细腻。苗族服饰如刺绣和织锦等图案中包含着大量的建筑装饰元素，它们不仅是民族文化艺术的载体，而且还是民族服装不可或缺的一部分。

▲ 建筑纹样　湘西州博物馆藏

松桃苗族披肩纹样分类

纹样类型	具体内容	内涵寓意
动物类型	龙、凤、麒麟、蝴蝶、鸳鸯、蜜蜂、蜻蜓、鸟、喜鹊、鱼、猴子、鹿、昆虫	龙凤题材寓意夫妻间生活和谐美满；麒麟表示求子的愿望；蝴蝶、蜜蜂、蜻蜓等昆虫象征男性，与花草搭配也寓意生活和谐美满
植物类型	牡丹、桃花、荷花、石榴、莲花、杜鹃、紫薇、蒲苇	牡丹寓意富贵、圆满；石榴寓意多子多福；紫薇、蒲苇等代表女性的美丽、坚韧品质
抽象几何类型	"弥埋"、"浪务"、蝴蝶	动植物的抽象形式，以抽象蝴蝶纹最为典型
建筑类型	亭台、楼阁、假山	建筑纹样运用在披肩上的时间比较靠后，由于受到清代纹样的影响，最为典型的是鱼跃龙门中龙门的造型

（二）苗族披肩纹样形态手法及表现力

湘黔边的苗族披肩在纹样造型上有自己的独特之处，它既吸收明清时期服饰纹样的形制，同时也保留着当地苗族图案的装饰特色与民族语言，二者互相交融演变为今天独具特色的湘黔边苗族披肩。披肩的图案造型古朴粗犷，生动传神，因绣娘的审美情趣而产生变化，每件披肩图案均为刺绣者一人所创，形制不一，但是整体风格与特色具有共同之处。披肩是苗族妇女日常最重要的服装之一，它具有实用性与艺术性两方面特征，既满足了女性日常生活中对保暖的需要，又体现着当地女性特有的文化内涵。

1. 夸张（Jix ntat liox）

披肩纹样采用夸张的艺术表现手法，在造型上强烈地突出图案的高辨识度。如披肩的龙纹多为大张口、吐舌、怒目圆睁，呈怒吼之姿；凤纹夸张凤的尾部特征和凤冠，这一表现手法的用意在于把某一种动植物的实力或属性突出于图案之中。而这些具有象征意义的元素往往和远古时期人们对生命存在的猜想有关。比如"龙生蛋""蛋生鸡""凤凰涅槃"等。这就是当时苗族人的原始信仰。当时苗族人对自然界生物有大胆想象，并对世间万物怀有敬仰之情，因而在图案中反映出这个古老族群之神秘，亦即使用此种夸张技法使纹样造型具有较强的装饰感。

2. 整合（Jix aod）

湘黔边苗族披肩纹样造型经常采用把各种生物外表特征整合在一起的构图方法，例如图腾鱼龙图案就是把鱼身、鱼尾、龙头整合在一起。苗民在生产、生

▲ 松桃苗族剪纸中的鸟纹与植物纹样组合

活过程中以自己独特的文化形式来表达对鱼的信仰和精神需求，这种信仰与精神需求通过符号传达给人们。因此，符号也被称为象征。湘黔边一带苗族崇拜鱼龙图腾，反映当地苗族祖先渴望把龙之力与鱼类的繁殖能力结合在一起，体现湘黔边苗族这一支系对繁荣兴旺的向往。另一类融合之技法则表现为把动物纹样与植物纹样相结合，如用花覆盖鸟身的一部分，松桃苗族剪纸就采用了这种图案创作方法。这种图案组合技法的现实内涵正是生殖崇拜。

3. 节奏（Ghob zeid nzhat）

湘黔边苗族披肩中图案的形态强调节奏，无论是动物图案，还是植物图案的形态均表现出"S"形特征，非常具有线条感。花朵采用不同色彩搭配而成，其中最常见的为黄色花和蓝色花，而绿色花则在服饰中多用于点缀，例如植物纹样就有类似的表现方式：花头、花瓣构造或繁或简，却均采用对称技法，枝干呈流线型，叶片形态卷曲，总体骨架均呈"S"形曲线，配合中富有流动节奏变化。动物纹样也一样，如凤纹造型强调凤尾及翅膀间舒卷节奏之掌握，龙纹中采用了鲜明的"S"形，而松桃苗族披肩上的龙纹常伴有水波纹及云纹等图案，与清代之云纹类似。

湘黔边苗族披肩纹样从造型特点来看，兼具写实性和写意性，展现了苗族古朴唯美的面貌。而在民间流传着大量的植物纹样，这也可以说是湘黔边苗族文化中一个重要的组成部分。无论是动物纹样，还是植物纹样，湘黔边苗族披肩在形制上比清代纹样更古朴亲切，生动自然，并保留了该区域纹样造型特点，这恰恰是苗族一以贯之的审美特征。

（三）湘黔边苗族披肩色彩特点

在社会高度发达时，社会结构复杂化，人们对于色彩的需求也向多元化方向发展，而色彩又由人们的心理需求决定。以当代社会为例，都市人对明亮的色彩有偏好，这由都市的嘈杂、拥挤使人紧张所致，因此纯度与明度较低的灰调色彩与温馨的原木色让现代人感到舒适与祥和。而居住在高山之上的湘黔边苗族则因历史发展与生存环境的关系，对色彩有自己独到的看法，这些绚丽的色彩与他们痛苦的历史形成鲜明对比，但也正因为苗族人坚韧不拔的信仰与斗争精神，才形成了他们在服饰方面的"苗族百色"。

1. 高色彩纯度（Sex dob tud）

湘黔边苗族披肩所使用的色彩都是纯度比较高的花色，其中红色系中出现频率比较高的是正红色、玫红色、紫红色，而绿色系中使用频率比较高的则是翠绿、草绿、蓝绿、深绿，蓝色系中常用色有湖蓝、深蓝、靛蓝。

湘黔边苗族早期是以植物和矿物为原料获取颜色，受当时技术所限，获取的颜色多为高纯度，因此高纯度用色的历史十分久远。湘黔边一带苗族在漫长的发展过程中形成了本民族的审美观念，绚丽的色彩也就成了民族特色，同时由于当地特殊的地理环境，使其拥有独特的民族风情。随着社会的发展进步，湘黔边苗族审美观念逐渐发生改变，传统的色彩文化得到传承与创新。中华人民共和国成立后，湘黔边苗族得以安居乐业，不论生活曾给当地苗族百姓带来的是苦难还是欢乐，浓烈的色彩都体现着苗族群众乐观向上的心态，及对生活的歌颂。

2. 颜色反差大（Sex dob gix ghoub）

凤松式苗族披肩在色彩上还有一个特点，就是反差大，常用红与绿、黄与紫、蓝与橙这三对互补色。画面上互补色的运用给人以视觉上的冲击感以及色彩上的跳跃感。从整体上看，凤松式苗族披肩色彩艳丽，具有丰富的民族特色与深厚的文化底蕴。

苗族先民独特的色彩认知，源于湘黔边苗族在劳动和生活环境中观察到的颜色。尤其是自然界颜色的结合，如天之颜色、地之颜色、河之颜色、花盛开之颜色、绿叶萌发之颜色、鸟羽之颜色等均为人类最原始而直观的颜色体验，而人类早期生产、活动也借鉴自然界颜色之结合。湘黔边苗族对于颜色结合有丰富的想象力，互补色强烈之冲撞感满足他们审美的需要，如凤尾的颜色往往最丰富，浓烈的颜色对比使凤凰异于普通鸟之圣洁，是具有想象力的色彩表现。

3. 间隔色调和（Jix cad Sex dob tud sex dob yal nangd ghob dex）

湘黔边苗族披肩图案中的色块划分十分明显，善于运用间隔色来协调。其中代表性的有三种类型：一是以黑色为基色，二是以红、黄、蓝等为主色调，三是以绿色或白色为主色调。披肩纹样块面感凸显，多块面所构成的图案为湘黔边苗族图案所独有，且块面间少见同色系渐变颜色。湘黔边苗族采用图案中各色块来调整整体颜色，解决了以上颜色纯度较高以及因对比色使用可能导致整体色调太过凌乱等问题。湘黔边苗族通过使用配色来增加美感，在色彩运用方面表现出极大的聪明才智，如在对比色块之间增加一种色彩纯度很弱的颜色或增加其中一种色的近似色等，可使整体色调既明快，又不失协调。灵活运用色块可显示披肩图案的主次关系、主体图案的强烈色彩冲击力；次要图案通过小块面积运用对比色，或是色调统一等方式，使整个色彩关系有主有次。

从整体上看，湘黔边苗族披肩色彩亮丽斑斓，反映了当地苗族长久以来的审美观念，也是这个族群对于自己文化身份的一种认同。

4. 刺绣工艺（Nbad bend deut doul）

湘黔边苗族以平绣为多，平绣是以平针走线构图。刺绣工艺分为"挑花"和"绣花"两种方式。刺绣图案由针脚上的花纹组成，绣制过程包括选料、裁剪、缝纫、装饰四个步骤。披肩纹样大部分块面都用平针来完成，湘黔边苗族对于平针针法把握得炉火纯青，并且能达到双面绣的水平。此针法的优点是可以根据图的不同形状、大小灵活应用不同技法，是湘黔边苗绣应用最普遍的一种。绣制的图案针脚细致、匀整，图案表面平整，且稍有隆起，观赏性强，整体格调一致。

湘黔边苗绣以其独特的艺术魅力吸引着国内外众多艺术家前来学习和创作。苗族绣娘善于把面积较大的绣制剪成小块，因此湘黔边苗绣十分讲究"剪线"这一绣制技法，也就是在花纹的分界点上留出一条空白的细线，这一技法使得花纹之间界限分明，增强花纹的装饰感，这正是湘黔边苗绣的代表特征，剪线较大的花纹显得粗犷、古朴，而剪线较小的花纹则更为精美和细腻。其他针法以辅助作用出现于披肩纹样的接合处或等高处，例如盘金绣通常为明清时期较为富裕的苗族家庭所喜爱，由金线、银线、铜线或铅丝等金属线刺绣于纹样的主干处，如花枝、树干、龙须等处，选用的绣线为金属线（丝），将线纹缠绕紧密，再分节固定。

打籽绣还经常出现于湘黔边苗族披肩上，用打籽绣手法刺绣，可两针并用，一针钉扣、一针缠绕，或一针缠绕、钉扣并用。将绣针从绣布的正面刺入后挑出，露出针尾、针尖，绣线在针尖部分绕数圈，绕圈的多少以打籽的大小而定，之后拉出针头，将绣线绷紧。绣料可选用棉纱或麻纱，针法为：先将布头平铺于地上，再用手轻轻拍打，使布里露出一个小圆点。如此重复插针、缠绕、挑出等动作，使布面上呈现一个个细小的"籽"。湘黔边苗族披肩在突出花蕊的时候多采用打籽绣的手法。

▲ 松桃苗绣中盘金绣的使用

▲ "打格子"针法绣制的石榴

▲ 用瓦片绣针法绣的花叶

三、文化内涵

在生产力落后的远古时代，因为人类对自然力量的了解与掌控力都比较低下，所以认为人与某种动植物之间存在着联系，认为某种动植物就是祖先或保护神。这种观念也成为人类早期文化中重要的一部分，并一直延续至今。而作为一种古老信仰的图腾崇拜却有着更为久远的历史，甚至可以追溯到史前时期。图腾崇拜起源于古代苗疆地区。这一原始崇拜历经几千年的岁月至今仍在苗族服饰上延续着，而服饰纹样则记录着这一切所蕴含的族源与民族发展的全过程，并成为苗族最核心的价值。湘黔边苗族具有悠久的历史，与汉族及其他少数民族一样，有一套属于自己的完整的神话体系，其服饰上主要的图案均来自该民族神话，通过对苗家人的神话传说进行分析可以发现苗族古歌是苗族文化最直观、最真实的体现。

（一）湘黔边苗族披肩纹样溯源 ⋯⋯⋯⋯⋯⋯⋯⋯⋯⋯⋯⋯

每个民族的产生都以它的根脉作依托，无论是服饰还是习俗均为民族根脉之外化，唯有寻根寻源，方能全面了解该民族，进而更加深入地了解该民族风土人情以及服装饰品。湘黔边位于贵州东部与湖南西部交接地区，由于其所处地理位置特殊以及历史原因形成了当地独特的民族风情和地域特点。因此对湘黔边苗族披肩纹样进行探究，可以理解该苗族支系的精神世界，并探究其形象来源以诠释该民族的文化内涵。

1. 图腾崇拜（Benx poub benx ngiax）

图腾崇拜从原始氏族社会开始形成，在这个星球上原始部落或者族群都拥有自己的图腾，一些民族崇拜太阳，而另一些族群崇拜鸟等。苗族把蚩尤奉为祖先，尊龙腾虎跃为共同图腾等。苗族是一个具有悠久历史和灿烂文化的古老民族。苗族在长期生产、生活实践过程中创造了丰富多彩的民族服装。苗族支系众多，且因迁徙路线各异，故定居之地也有所差别。古时交通欠发达，苗族人多，在各方面压迫下迁徙到高山，故各支系间往来甚少，在服饰方面表现十分明显。如湘黔边以松桃和凤凰为聚居地的红苗，与黔中、黔西等地苗族的服饰相差甚大，各区域苗族各成一社，崇拜的图腾也各有不同。苗族人民崇尚万物有灵，认为自然界中的某一种生物与自己的族群有关联，或者认为这个族群就是被崇拜的生物的后裔。

在苗族，有一个关于"蝴蝶妈妈"的传奇故事，《苗族古歌》中唱道："又有枫树干，又有枫树心，树干生妹榜，树心生妹留，古代老妈妈。"这是苗族人民表达对祖先的怀念之情和对未来美好生活的憧憬之情。相传，古枫树生下了蝴蝶妈妈（妹榜妹留），蝴蝶妈妈一生下来就要吃继尾池的鱼。有一次，蝴蝶妈妈和水上的泡沫"游方"（即恋爱），怀孕后生下了12个蛋。后经过鹤宇鸟（也写作"鸡宇鸟"）悉心地孵养，12年后，孵出了姜央、雷公、龙、虎、蛇、象、牛等12个兄弟。因此，"蝴蝶"在苗族文化中有丰富的内涵，象征爱情、生殖、生命等。民间常常能见到人首蝶身、蝶翼人身的图案。

湘黔边苗族的图腾崇拜起源于对受崇拜对象某种能力的需求、祈求护佑和福泽。在长期历史发展中形成了独特的图腾崇拜体系，其主要表现形式有树神、鸟王等。这些文化现象反映了苗家人对自然万物及其所代表的精神世界的认识和理解。湘黔边苗族的图腾为鱼龙，其形象为龙头鱼身或双翅。在中国传统文化里，龙与其他动物相比具有更多的象征意义；同时，它也是中华民族精神的载体之一。苗族人将自己的祖先视为龙的传人。苗族之龙与汉族之龙不同，汉族自原始社会、奴隶制社会至封建社会持续发展过程中，把龙晋阶至皇权之象征而成为至高权力之表征；苗族之龙最早出现于苗族古歌，其职能是掌管水域，民间以水神奉祀，苗族之龙更接近于自然龙、原始龙。湘黔边苗族有"接龙"之俗，意在祈求风调雨顺、吉祥安康。

湘黔边苗族服饰中鱼龙形象使用频率较高。对湘黔边苗族鱼图腾有两种说法：一说因鱼有强大繁殖力，自上古时期便具有象征妇女生殖之意，半坡遗址彩陶上常见的鱼纹表达子孙绵延不绝之意，而湘黔边苗族服饰中的鱼图腾同样有祈求人丁兴旺、繁荣昌盛的寓意；二说因苗族人民依水而居，特别是苗族先民曾经居住在鱼米丰美的洞庭湖地区，他们崇拜鱼其实就是怀念祖先，为鱼加上鹰爪、鸟翅，是渴望拥有强大的力量。

△ 绣制的湘黔边苗族图腾鱼龙

2. 生殖崇拜（Benx jangx deb xangt giead）

持续的战争、迁徙与疾病，导致苗族人口数量在不同时期波动较大，他们最期待的必然是一个族群或者一个家族的人丁兴旺。为满足农耕、战争和族群的发展需要，繁衍后代的愿望就显得格外重要，而生殖崇拜就是这一愿望的真实表达，并直接体现在湘黔边苗族服饰中的纹样和图案中。湘黔边苗族生殖崇拜主要体现在以下几种纹样上：

（1）鱼龙纹（Gob nheis mloul）

湘黔边苗族服饰的鱼龙纹为鱼纹和龙纹的组合，鱼龙纹常见于披肩、裤脚、袖口等部位，具有丰富而复杂的内涵：既有"龙"的力量，又有"鱼"的生殖和爱情象征意义。湘黔边苗族织锦上多出现抽象的鱼龙纹，纹样造型简洁洗练。鱼龙纹作为湘黔边苗族服饰常用的文化艺术符号，是中华民族传统艺术不可或缺的一部分。

（2）花鸟纹（Benx gheab benx nus）

在苗族传说中，鸟为苗族先民之化身，作为一种原始图腾，标志着后代兴旺不衰。在我国苗族分布区域内的许多地方都可以见到鸟纹图案的存在，并且具有丰富而独特的文化内涵。

湘黔边苗绣大量图案由花和鸟组合而成，注重花和鸟融合之美，均采用"S"形骨架，采用花朵掩盖部分鸟纹躯体作为特殊构成技法，一般以阻挡鸟纹腹部显现最为典型。花鸟纹是苗族披肩上出现频率比较高的辅助纹样，它对增加画面的丰富性、平衡画面的构图起到了决定性作用。

▲ 苗族披肩上的花鸟纹

（3）蝶恋花（Benx bad bous）

蝶恋花这一图案最具生殖崇拜意义，蝴蝶代表男性，花朵代表女性，图案中蝶和花嬉戏其实具有播撒花粉之意，暗示着男女之间的融合，标志着传宗接代思想内涵。蝶恋花图案由写意和写实两种技法组成，蝴蝶形象多写实，较为逼真，结构讲究对称。而细节处多写意，如将蝴蝶翅夸大，翅上出现一种形似飘带的衍生物等，此技法在松桃苗族披肩上具有代表性。湘黔边苗族服饰中的蝶恋花纹样源于苗族老百姓对自然界中蝴蝶和花朵紧密关系的观察、了解，进而赋予其爱情和生殖的内涵。其应用范围很广，尤其在披肩、枕顶、被套上较为多见。

▲ 苗族披肩中的蝴蝶纹

3. 自然崇拜（Zib ranx congx beb）

作为山地民族的湘黔边苗族与大自然和谐共生、亲密无间，认为一花一草皆有情有魂，养成了对自然万物描绘和抽象的能力，出于对自然万物的敬畏和喜爱，创作出各种富含自然崇拜的精美图案，并融入本民族服饰的绣制之中。

这些纹样主要分为植物类、动物类。湘黔边苗族绣娘在绣绘动植物图案时虽不懂透视、光影原理，但凭借自己对动植物的感受与想象，时而写实，时而写意，时而工笔，时而抽象，时而夸张，时而简洁，时而繁复，随意设色，随意赋形，表达出对自然的理解，勾勒出内心对自然的喜爱。如披肩上花朵的纹样是匀称的，而在大自然中花朵并非完全匀称地绽放，但绣娘绣出的花朵纹样却达到了似像非像的艺术效果。

（二）披肩纹样寓意

受汉文化的影响，湘黔边苗族披肩纹样有直接来自汉族的吉祥图案，并与苗族图案相融合，形成了独具特色的苗族披肩吉祥纹样。

湘黔边苗族妇女每逢重大节庆及嫁娶都需披挂披肩，与汉人新娘婚嫁所穿凤冠霞帔类似，苗族披肩图案大多表达夫妻和睦、多子多福，如：龙凤呈祥象征夫妻生活幸福安康，石榴比喻多子多福，莲花象征连生贵子，麒麟象征麒麟送子，苗族经典图案蝶恋花还暗喻夫妻情深。也有象征以男性为主体的夫妻关系的，如：以雁候阴阳来比喻夫唱妻和，用蒲苇来比喻妇女柔顺等。

梵净山处于武陵山区腹地，是"世界独生子"灰金丝猴的栖息地。灰金丝猴体形柔韧，于山野树梢间来去自如，具有超强的学习能力与模仿能力，逗人喜爱，且自古以来就有"猴寿八百"之说，因此松桃苗族老百姓视金丝猴为长寿智慧的象征，将其绣入披肩以表达苗族人民长寿之愿。

▲ 以"猴子献桃"为主题的苗族披肩纹样

  谐音吉祥图案,如羊代表"祥"、鹿代表"禄"、蝙蝠代表"福"、花瓶代表"平安"。还有显示德行之吉祥寓意者,例如用舍利兽表达廉谦、用受福兽表达慈善。这些饱含吉祥寓意的披肩表达了湘黔边苗族人们对美好生活的向往和对亲人、子嗣、父母的美好祝愿。

  湘黔边苗族服饰受汉文化的影响较大,但在服饰文化的交流交融中保持了自己独特的民族特性。最突出的就是对龙图像的运用,龙在汉文化中象征天子、皇权,但在苗族服饰文化中龙可以百无禁忌地组合变形,有蛇龙、蚕龙、蜈蚣龙、牛龙、鸟龙、鱼龙等造型,甚至无脊无爪无须,这些源自苗族日常生活的龙形象,充满了丰富的想象力和浓烈的生活气息。

第十章　湘黔边苗族童帽

几千年来，苗族先民们经千锤百炼、精雕细琢后，将最重要、最美的祝愿定格于一针一线上，精心密密地绣在童帽上；童帽便成为行走于苗族文化的史典。在以苗族为主的苗寨，每个小孩都有一顶由妈妈做的纯手工帽子。每个妈妈都要用尽全力，做好这顶凝聚爱心的帽

▲ 湘黔边常见狗头帽

子，作为献给孩子的最早的礼物和祝福，每顶帽子里都融进了关爱和希望。其纹案之喻、花饰之构、施针之排、丝线之配，尽显苗族文化丰厚的底蕴、苗族人民善良的品格、苗族绣娘美丽的心境。

苗族人十分注重群族繁衍和发展，家族人口多少往往决定其在本族中的社会地位。因此，他们崇尚多子多福，也特别重视对子女的教育，尤其关心孩子的成长。这种爱往往集中到一顶苗族童帽上，它做工精细且程序繁杂，一顶童帽从设计到制样到刺绣，一般要耗时数月。

一、款型

苗族童帽作为苗族服饰中重要的一部分，由于其艺术造型特殊，图案纹样丰富以及文化寓意深刻，使得它在苗族服饰艺术中占有独特地位；与此同时，湘黔边苗族童帽具有实用价值且兼具巨大的艺术价值、社会价值、文化价值等，是研究苗族服饰文化的重要内容之一。

（一）苗族童帽分类

位于武陵山脉的湘黔边，是高原向丘陵过渡的缓坡地段，属亚热带山区气候、中亚热带湿润季风气候。这里山川交错，河流密布，四季分明，物产丰富。这一地理位置和气候特征，使得苗族的童帽品种繁多。湘黔边苗族小孩和大人在着装方面存在着很大的差异，比如传统苗族妇女不分寒暑一年四季都要戴头帕，但因小孩的体质比大人脆弱得多，所以在着装方面存在着显著的季节性差异。根据季节，苗族童帽分为冬帽（Jid mob nongt）、春秋帽（Jid mob xod，jid mob cend）与夏帽（Jid mob mleb）三种。

1. 冬帽

冬帽也称"棉帽"，是湘黔边苗族孩童在冬天天气寒冷时，为抵御风寒的侵袭所戴的一种帽子。冬帽面层和里层中间夹有棉层或在与头接触处加棉毛提高保暖性。其帽型有两种，一种有帔，一种无帔；有帔者，可以遮挡后脖颈，以抵御冬天寒风袭击，保暖性更好。

▲ 冬季风帽

▲ 冬季鱼帽

2. 春秋帽

春秋帽有两种，一种单层，一种双层。双层的，俗称"夹帽"，帽子表面和衬里不着实棉，供孩子春秋季节温度乍暖还寒时佩戴。单层式春秋帽则采用一层布面，无里衬，用棉线缝制而成。春秋帽也具有防寒保暖、防尘御风的作用。春、秋季帽的特点是厚薄适中、表面无镂空、穿戴舒适，适用于春、秋季温度变化不定时穿戴。

▲ 春秋狗头帽

▲ 春秋碗帽

3. 夏帽

湘黔边苗族夏季童帽，是一种没有顶的童帽，俗称"冬瓜圈"。"冬瓜圈"的特点是帽上没有顶，只用布条圈起来套在头顶上。形态与女性佩戴的眉勒相似，只是边围比眉勒更宽，而且是前大后小。帽前额和帽檐上的装饰，通常是以前额为中心。基于此，根据前额造型，夏帽又衍生出狗头帽、状元帽、虎帽等。

▲ 无顶冬瓜夏帽

▲ 无顶双鱼耳夏帽

（二）常见款式

1. 碗帽（Jid mob pot jib）

碗帽，因形状像碗，所以称碗帽；又因形似龟壳，因此也称龟壳帽。碗帽外形简单，没有太多的层次和形态变化。碗口大小和形状根据佩戴者头围的大小而定。圆形者称圆盖碗，方形者称方口碗，三角形者称方腰碗，四边形者称平腰碗等。碗帽外表像瓜皮帽但没有裁瓣，像狗头帽而帽顶左右没有耳朵。

▲ 碗帽

2. 狗头帽（Jid mob dab bleid ghuoud）

称狗头帽是因为它的外形像狗头，帽的左右两侧开有一个像狗耳朵的孔，帽的耳边缝有皮毛作为点缀，有的缝有流苏和动物羽毛作为点缀。狗头帽上绣有眼、鼻、嘴，天真生动，稚气童趣，深受孩童喜欢。在湘黔边的花垣、松桃、凤凰地区很流行。在苗族社会里，为小孩戴狗头帽，一则因为狗的生命力比较强，容

▲ 狗头帽

易养活，二则因为狗顾家看家，能驱鬼魅。这与旧社会给孩子取贱名（如狗剩子）的原因差不多。

3. 虎头帽（Jid mob jod）

虎头帽以形似虎头而得名。帽顶左、右各有一只虎耳，两耳沿缀以毛发；虎帽正面带有表示虎眼和虎口的装饰或饰物。虎帽、虎眼和虎口通常由玻璃镜片嵌在帽身上显示出来，四周用锁针锁边或者用其他材料加以点缀，眼睛圆，嘴巴大，有突出显眼之效。虎头帽同样有左右两耳部，里衬饰皮毛，并在顶端两边挂银饰，两边饰护耳或者不护耳；虎头帽额头部分绣饰虎口和虎眼，额头正中位置绣饰"王"字

▲ 虎头帽

以示虎相。虎口和虎眼除通过刺绣来表现之外，往往采用圆镜片来表现，更显得精致发亮。老虎帽为我国南方少数民族普遍采用，其起源可以追溯到新石器时代晚期。有观点认为帽前额部位镶镜是为了辟邪，这和安装在苗族房屋建筑正门之上的"八卦镜"作用类似。虎为百兽之王，为威武骁勇之相，故在虎帽上饰以镜面，象征着对幼孩的庇佑，小孩由此而显得憨态可掬而又不失威武机灵，虎帽背面往往绣以双龙戏珠之类的图案并常配以银链，帽檐前端缀以"大八仙""小八仙"或"十八罗汉"之类的银饰纹饰。

4. 如意帽（Jid mob rux yib）

如意帽分两种，一种是如意春帽，一种是如意夏帽。如意春帽外形不镂空，帽顶饰飘带，两头垂下如意云形耳；如意夏帽顶端镂空，两边留有如意云形耳。在清代，湘黔边如意帽已经流行，其以特殊的款式和纹样受到苗族妈妈们的喜爱。在现代服装设计中，如意帽已被赋予新的内涵，逐渐发展成为一种流行趋势；除保留了基本如意造型之外，更在色彩的调配、装饰等方面进行了大胆的搭配组合，花式多种，造型多变，意蕴深刻。苗族如意童帽大多借鉴汉族如意文化重新创造而成，从中可以发现苗汉文化的交流和渗透、碰撞与融合。

▲ 如意帽

▲ 如意无顶夏帽

5. 鱼帽（Jid mob jix deud mloul）

鱼纹是我国传统吉祥纹样之一，有着悠久的历史和深厚的文化底蕴。在苗族，因鱼产子多，有多子多福的寓意，有对美好生活的期盼，也寄托着苗族对美好事物的追求，鱼帽以其独特而灵动的外形备受苗族同胞青睐。

鱼帽由帽身和帽尾二者结合而成，其画面区域较大，绣饰内容丰富，颇费刺绣功夫。在苗族刺绣中，"鱼莲图案"运用十分广泛，其寓意美好。鱼营养丰富，是人类食物的重要来源，又有很强的繁殖力，苗族人爱用"鱼"表达对家族强大和人丁兴旺的愿望。一般将鱼帽后帔做成鱼尾形，中层夹棉主要在冬季使用，防风保暖。

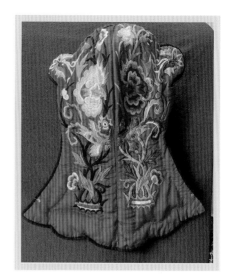

▲ 鱼帽

▲ 风帽

6. 风帽（Jid mob qad git）

风帽，可御风的童帽；最典型的特征是帽子后片有后帔，其帔可长可短，长者可盖过肩背，短者不没脖颈。风帽可分为硬式和软式两种；硬皮制者称硬型，软皮制者为软型。软式风帽又分双层、单层及多层三种类型。风帽大多在帽子表面和衬里间着实棉，有的风帽有护耳。

7. 状元帽（Jid mob zangb yanx）

状元帽，源于戏剧中状元戴帽的形象，由苗汉文化融通演变而来。在形式上基本保留汉族地区状元帽的造型特点，进入湘黔边后融进了苗族刺绣的特有风格：帽两侧各有一个帽翅，帽翅呈弧形向上翘起。帽翅通常用铁丝做横梁，外包绸布。有的说童帽帽翅为如意之变种，故也有称此童帽为如意帽的。有的苗族人认为此帽与苗族先民蚩尤的角饰有联系，于是其在苗族地区继承和流行起来。

▲ 状元帽

（三）苗族童帽意蕴

帽子的主要作用在于抵御风寒，之后才是装饰。苗族童帽具有形式多样、色彩鲜艳、装饰生动、趣味性强等特点，迎合了孩子们的心理，满足了孩子们的穿着需求。每一款童帽都来自母亲之手，寄托着母亲对孩童的殷切期望与美好祝愿。每一款童帽的造型和纹样，都饱含着深厚的历史底蕴、文化理念和审美内涵。湘黔边苗族童帽的意蕴内涵，可概括为驱灾辟邪与祈福迎祥两大主题。驱灾辟邪的题材，历史上曾有过"苗族尚巫鬼神，古已有之"的记载。驱灾祈福，是湘黔边苗家人重要信仰之一，对鬼神是顶礼膜拜。在湘黔边苗族地区，每逢重大节日或祭祀活动时，都要举行隆重的祭祀仪式，祈求风调雨顺，五谷丰登。出于历史的原因，苗民历来生存条件艰苦，抵御灾害的能力很弱，孩童生病，因医疗条件极差，夭亡者甚众，于是只有呼天抢地和寄托鬼神。在童帽上表达驱灾辟邪、减少灾害、祈福迎祥、祈求吉祥平安也就理所当然、顺理成章了。除童帽外，苗族做法事驱鬼辟邪的器物也有明确分工，分别有除恶务尽和避祸保平安两种法器。除恶保平安也有专门法器，分驱魔降福和消灾纳吉两种。所以，在童帽上赋予驱灾辟邪的思想也就不足为怪了。狗头帽、虎帽表达的重要理念就是驱灾辟邪，是驱逐妖邪、让鬼魅远之的意思。状元帽、如意帽就是祈求吉祥如意，保佑自身五谷丰登、六畜兴旺。有的童帽绣有"福禄寿喜"之类的汉字，表达了对孩子健康成长的美好祝愿。

二、纹样

苗族童帽表达了苗族人特有的价值观和审美情趣，一顶小帽子不但是长辈对儿童的馈赠，也是每个苗族人自诞生之日起便承载着的民族记忆。

苗族人的生活离不开自己赖以生存的土地，而他们的衣、食、住、行无不渗透着苗族人对于土地的热爱之情。苗家人民用最质朴的方式将这种感情表达出来。湘黔边苗族童帽作为苗族服饰的一种，在装饰上既传承苗族自身的文化传统，又融合外来文化，使其装饰丰富多彩。童帽装饰纹样大致分为植物、动物、人文、文字四类。这四类纹样往往并不以单一元素示人，而是由各种元素结合搭配而成，画面内容丰富，和谐自然，意蕴优美。有的纹样巧妙地将花鸟走兽和日月星辰结合起来，运用夸张、变形、象征、双关和比拟等技法营造了一种图形和意蕴结合的纹样形态，既保留了实用性，同时也考虑了审美意蕴，达到一种和谐的境界。

（一）植物类

▲ 冬帽上的石榴蝴蝶纹样

植物花卉纹饰常见的图形有莲纹、菊花纹、牡丹纹、石榴纹、桃花纹、梨花纹、桃梅花纹等。

▲ 石榴纹样

这些纹饰图案以其丰富的造型和色彩成为中国传统服饰中不可或缺的一部分，尤其是在明清时期得到了充分发展。这些图式既可作为辅图，点缀在帽子的顶、边等细节中；又可作为主图，绣缀于图案的中心位置；同时也常和动物纹样结合在一起，动植物结合搭配呈现动静辉映而更加灵动的效果。

莲纹花朵粉嫩，叶色碧绿，藕色褐嫩，几种色彩反差大，视觉冲击力极强。与莲纹搭配的常常有蝴蝶和鸟类，动静相生，反映出自然和谐之美。莲纹又有多种表现方法，如单瓣莲、双瓣莲、三瓣莲和四瓣莲等形式，都能起到丰富童帽造型的效果。其中最常见的就是多瓣莲纹。

▲ 莲花纹样

牡丹纹也是童帽制作中使用较为广泛的一种图纹。牡丹花大色艳、层次感强，给人雍容华贵之感，所以牡丹图案常作为大面积主图绣制。多以凤凰、蜻蜓、蝴蝶、菊花等图案配绣。

▲ 牡丹纹样

　　菊花和梅花图案纹样也常在童帽中出现，但不是作为主图而是以细节或者角边、细边的形式出现，给人一种清秀、灵秀的感觉。

▲ 菊花纹样

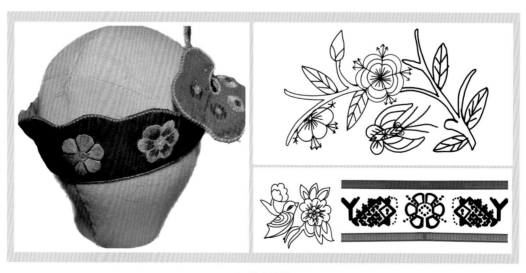

▲ 梅花纹样

(二) 动物类

童帽上的动物纹样常见的有龙、凤、蝴蝶、蝙蝠、飞鸟、鱼、虎等。从纹样题材和表现形式来看，湘黔边苗族童帽顶饰主要有凤鸟、飞鸟以及鱼虫等几种类型，民族特色浓郁。

▲ 蝴蝶、牡丹、鱼纹组成纹样

▲ 凤凰、牡丹、菊组成纹样

其中，蝴蝶纹是湘黔边苗族童帽中普遍使用的一种装饰，色彩绚烂美丽，形态千变万化，例如"蝶恋花"装饰组合，将蝴蝶用对称布置的方式来表现题材，色彩艳丽，形态别致，蝴蝶对花飞翔的画面富有生气和情趣。

▲ 童帽多种多样的蝴蝶纹样

鸟纹图案在湘黔边苗族地区也很常见，鸟因其形态各异，深受苗族绣娘喜欢。除了现实中的鸟外，传说中表达美好意愿的鸟，也是取材的重点。例如，传说中的神鸟凤凰，常常是绣娘们的主要绣样。总体上看，苗绣的图案题材纹样构成方式，以点、线、面结合为主要手法；装饰方法，以刺绣和彩绘最为常见；色彩搭配，以红色为主色调；纹饰构图，对称布置的双凤图和与植物结合而成的花鸟图等很常见。鸟纹大多和子孙繁衍有关。鸟类作为卵生动物具有繁衍速度快、繁衍数量多等特点，原始社会苗族先民崇拜鸟类，并把鸟类与神权力量相联系。鸟纹饰表达了苗族人多子多福之美好祝愿。

▲ 童帽鸟纹

龙，中国古代传说中属神异动物，在中华传统文化中具有代表性。它体形修长，有鳞有角有足，能走能飞能游，可兴云降雨，可生雾吐火。汉族之龙威武高贵，它是权力威严的象征，也代表着吉祥如意，是威严祥瑞之兆。在苗族人心中，龙是一种粗野的动物。湘黔边苗族地区的儿童服饰中的龙纹，造型往往简单朴素，憨态可掬，富有生活气息。游龙、团龙、双龙戏珠等，是常见的图案。

运用虎元素作纹样是湘黔边苗族人喜爱的形式之一。基本造型就是模拟老虎的形态，重点突出老虎的眼、嘴和虎纹，尤其是虎头"王"字纹样最能体现虎相，虎头帽就是将以上要点组合起来制作而成。每个要点使用的材料、材质不一样，显现的效果也不一样，但巧妙的组合，使之浑然一体，创造出特殊的美感。

▲ 童帽虎形纹样

除了龙、虎以外，大型动物如麒麟、狮子、牛等也时常出现在童帽刺绣图案中。花鸟虫鱼在童帽中应用最为普遍，鸟最多，可以说鸟是人类的老师，它启迪了人类智慧，提供了飞行的原理和蓝图。从2000多年前鲁班制作木鸟，到如今的飞机、卫星、鹰眼系统，无一不是得益于对鸟的认识和研究。苗族童帽上的花鸟虫鱼最集中要表达的意旨就是对美好生活的向往，汉族如此，苗族也如此。

（三）人文类 ··········

人文类图案有几何纹样、信仰图案。其中几何纹样占很大比重。几何纹样以十字纹、星形纹、盘长纹、井字纹和回纹为主，这些纹样多为童帽边沿纹饰或某些边角彩带区域纹饰。传统几何纹样一般都是从某些具象事物经历史长河演化而来，例如"浪务"是从长江和黄河曲曲折折的线条中抽象演化而来;"立形花簇"代表森林密布,记述苗族先民曾经居住于长江和黄河流域这一历史事实;"弥埋"纹样以千军万马飞向崇山峻岭为背景;"两岸花塔"代表山岭层层叠叠,寓意苗族先民移居飞渡。人文类纹样还有太极八卦帽、如意帽、棋盘帽和官帽等,这类帽饰和纹样传递着苗族人民最为质朴的社会观念和人文情怀,也可以看到文化融合的印记。太极八卦帽常见于湘黔边一带苗族童帽中,帽顶中央常绣制八卦纹样,而纹样则被艺术化,例如太极"S"形两边于童帽上以两鸟旋回表现,可见鸟儿之动态,亦易见传统八卦之盘绕造型。

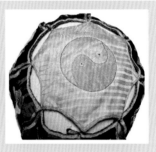

▲ 太极八卦纹样

八吉祥纹是源于佛教的一种装饰图案,来源于佛教的法器"盘长",因此又将其称之为盘长纹。该纹饰由一根线条贯穿始终,首尾相连,形成了一个循环,无头无尾。在佛教中该符号意味着永恒,而在这里恰好反映出苗族"灵魂不死"的观念。从唐宋至明清,八吉祥纹被赋予了新的内涵,发展为民间吉祥图案。结构以宝物为主体装饰,宝物造型多为对称或平衡的形态,有的用灵动的飘带作为辅助,有的搭配莲花宝座,使不同的宝物间协调呼应,达到图案丰满、风格一致的效果。唐宋时期,八吉祥

▲ 盘长结纹

纹随着藏传佛教传入中原。到了元代，八吉祥纹开始在丝绸、陶瓷、金银器上出现。到了明清时期，八吉祥纹的应用范围更为广泛，涉及漆器、家具、建筑装饰等领域。

▲ 寿纹

苗族童帽戴在孩子头上是为了保护百会穴的，而盘长纹在此表达的意义也是希望灵魂能够如盘长纹般亘古不变和不死，期待孩子能够长寿健康。

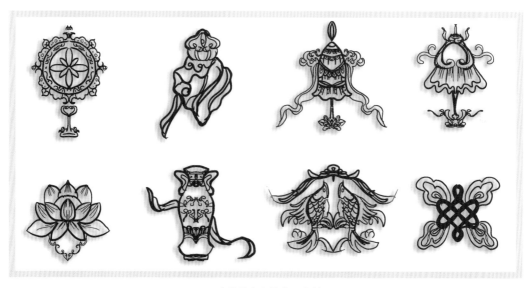

▲ 盘长结来自佛教八吉祥纹

如意帽具有深厚的历史文化底蕴和浓厚的艺术魅力。如意帽除了图案中绣着吉祥云花外，通常还镶一面铜镜，具有"吉祥如意""照妖辟邪"的寓意。棋盘帽属于猫头帽，帽顶绣制清晰的棋格，棋盘帽表现出对儿童琴棋书画样样精通的期望，故将苗族人民最为重视的棋术绣制于帽内，这和苗族社会特别推崇具有棋术和懂得棋路的人有关。

（四）文字符号类

文字类图案在童帽中出现次数也很频繁，寓意表达直接，比较容易理解。

人们在帽子的额头部位直接绣出"福、禄、寿"等字样，引人注目而又有吉祥如意的意思。这也是苗族刺绣文化在民间得以传承和发展的原因之一。苗家人在长期的生产生活过程中形成了独具特色的服饰纹样。苗族装饰图案表现方式灵活多变，常与银饰、绒布、流苏等其他材质结合在一起，文字除直接用丝线刺绣之外，也可以银饰方式直接嵌入帽身。除了福、禄、寿这些具有美好传统寓意的词语外，童帽上的花纹一般也会随着时代而不断发生变化。例如在 20 世纪 50 年代的童帽中就可以常常见到"团结""胜利""友爱"这些蕴含着鲜明时代特色和体现特定时代背景的纹样。

▲ 文字纹样

三、制作工艺

对于湘黔边苗族儿童来说，童帽是生活必需品之一；对于苗族母亲来说，童帽是母亲给孩子的第一件礼物。因此在童帽的设计和制作中，母亲显得郑重其事，整个过程认真细致、一丝不苟。

以湖南凤凰县花桥镇的苗族童帽为例，主要呈现以下特点：①总体呈严格轴对称分布，使主体图纹与个体纹饰间色彩、造型等方面一致、对称；②将初具形态的一种图纹用各种纹饰充填其间作点缀，又使这种纹饰像由个体纹饰构成，从而模糊充填装饰、图形组合等边界，凸显其多元化的整体性；③童帽中间部位用一种纹饰做点缀，并环绕主体纹饰、辅以其他纹饰来体现主从和谐统一；④蝙蝠纹、八仙纹、八卦

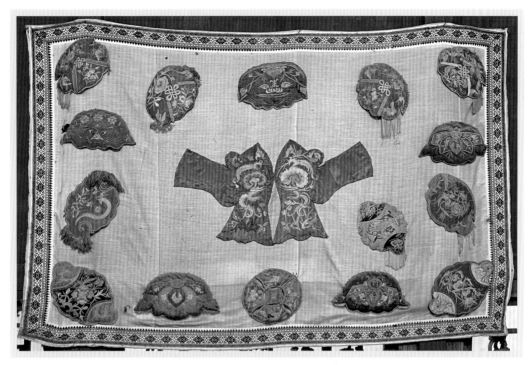

▲ 多款苗族童帽帽顶布片

纹等装饰较为常见，在表现吉祥寓意上同其他少数民族大体一致。但也有苗族个性化特征，无论是童帽中的原标志还是通过融合其他民族文化形成的标志，它们都是按照苗族艺术构成法则来打散和重构的。

总之，作为一种独特的民间艺术形式，湘黔边苗族童帽不仅具有鲜明的民族特色，而且还饱含着丰富的美学内涵。多元多样与整体协调，是湘西苗族童帽装饰中的一个重要特点。无论纹饰类型和复杂程度，均统一于一个协调的整体中，且这一整体具有稳定性，不因某个部分的凸显而影响协调性。

湘黔边苗族童帽纹饰具有多样性和整体相统一的艺术特征，凡是装饰都以独立的个体装饰为基本组成单元，通过这些基本组成单元形成装饰的部分，然后通过部分形成整体的装饰；个体、部分和整体三者，遵循着逐层深入多层次和谐组合的美学法则。童帽装饰设色虽大红大绿且色彩艳丽，但观赏者却感到古朴自然，这一方面和丝线上的染料有很大关联，同时也因为其设色达到了高度协调和统一才有如此"花而不乱"之效。当然，随着文化交流，童帽装饰从用色到构图渐渐丰富起来，甚至还产生了以汉字为装饰纹样的童帽这样一种全新的种类，体现了苗族童帽装饰既保留着自己的特色又与外来文化高度融合。

（一）童帽上的刺绣

湘黔边苗族的童帽通常用花缎或素缎作面饰，色彩多为红绿蓝黑，家织土布作内衬。其款式有：单排式、双排式、三排式、四排式、五排式、六排式、七排式、八排式等。帽檐全部用黑色斜纹布滚边并配以花带点缀。湘黔边苗族童帽多以刺绣为主，银帽花为辅。刺绣分为两大类：一是用线描绣法；二是用色描绣法。前者采用传统的"平针"工艺，后者则使用了现代刺绣技法。刺绣主要用于湘黔边苗族童帽帽顶、帽身、帽圈，以及风帽之帔，状元帽之翅上。童帽的刺绣方法主要有剪绣、绘绣等；以剪绣为主，或者剪绣、绘绣结合使用。所谓剪绣就是将预先剪好的剪纸花样粘贴于绣布之上，然后用五彩丝线依形状绣制而成，配色与针法依图案的特性与需求而定。由于纸样上布满了花线，绣出的图案略有凸起的效果。剪绣是将图案用剪刀裁剪成一定尺寸后再进行刺绣；绘绣则是先绘制图案，再用针线缝制成图状；也可用手工描出图纹并缝合而成。绘绣，就是把刺绣纹样直接绘于布面之上，再施绣。

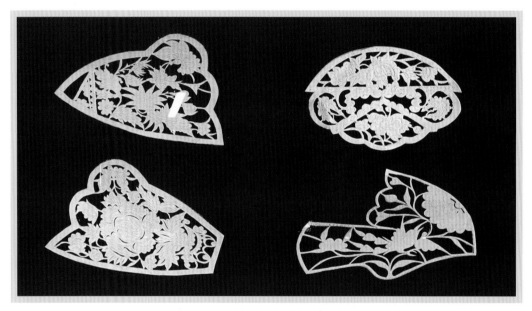

▲ 制作苗族童帽时用来刺绣的花纹图案剪纸

湘黔边苗族童帽刺绣采用的针法，以平绣、打籽绣、锁绣、辫子绣等为主。一顶童帽常常会同时使用数种针法，各种针法装饰效果各异。童帽所用绣线多为红绿黄黑褐等色，相同色相绣线有3~5种不同色阶，颜色变化多，易于显现画面的丰富层次。绣线配色注重冷暖色对比，如红绿相间、黄黑相衬，于对比之中烘托一种和谐统一，既有古拙之感，又有丰富多彩之效，具有鲜明的民族乡土特色。值得一提的是童帽绣线分为圈丝与扁丝两种。剪纸又称为"窗纸"，是一种古老而流行于南方各地的民间工艺。剪纸就是将所需图案用剪刀裁剪下来，贴到画板上后再进行绘画创作的艺术形式。所谓圈丝就是由数股相同颜色的绣线捻合而成，扁丝就是将圈丝线切开。童帽帽顶左右、帽圈前后、帔左右、两个帽翅上刺绣纹样对称分布，充分显示出民间美术在布局上注重对称这一形态规律和特点。

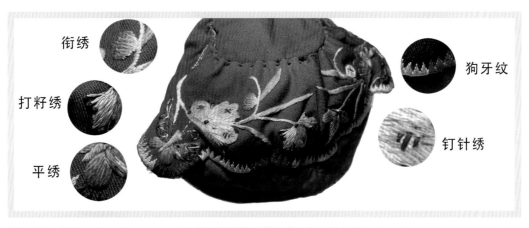

▲ 苗族童帽常见针法

童帽刺绣花纹图案大体可以分为动物纹、植物纹、文字等几种。

在这些纹样中，单一植物纹或动物纹较为罕见，大多为植物和植物或者植物和动物相结合。植物纹以莲纹、菊花纹、牡丹纹、梅花纹、山茶花纹为主。动物纹以凤、蝴蝶、喜鹊、蜻蜓、鹭鸶、白鹤为主。莲纹在童帽中使用频繁，常与莲花、莲房、莲藕等同时呈现于一幅图画中。莲花常以多种姿态呈现，形成不同风格的花形纹饰。与莲纹有关较为普遍的组合纹样有蝴蝶扑莲、莲花牡丹、鹭鸶踏莲。荷花被认为是中国传统文化中最具代表性的花卉之一，它不仅具有观赏价值和实用价值，而且还象征着吉祥富贵。荷花的寓意也非常丰富，如君子高洁、荷花盛开、纯洁无瑕等，充满着浓郁的生活气息和品格追求。莲纹饰又以荷叶为主，它也常作为装饰用的中心元素出现。莲花具有"出淤泥而不染"的特性，因而成为苗族服饰中使用最为广泛的纹样之一。

▲ 苗族童帽中使用频繁的莲纹

牡丹纹在应用上次于莲纹。童帽中的牡丹绣或简洁抽象，或瓣蕊复杂、雍容华贵。和牡丹纹结合在一起的图案常有凤凰牡丹、蜻蜓牡丹、蝴蝶牡丹、双鹊拱牡丹、牡丹菊花。童帽的其他图案还包括蝴蝶菊花和喜鹊登梅。另外，有些童帽上面绣着"丰收""智勇双全""抗美援朝、保卫祖国""自力更生"等字样，有些童帽上绣的是太极纹、盘长纹。

苗族人在日常生活中对牛、鱼、犬这些和苗族人共同生活的动物感情很深，认为它们是上天赐予人类最美好的朋友或礼物，这是苗族传统文化中的拜物观念或图腾崇拜。这一崇拜思想也反映到童帽装饰上，例如蝙蝠纹、钱币纹、蝴蝶纹、龙纹等，这些图案或在称谓上同吉祥词语相联系并加以运用，例如蝙蝠之"蝠"通于"福"，或在苗族人意识里具有一定的象征意义，例如钱币纹具有升官发财之意，所以这一拜物思想就成了童帽装饰艺术特征之一。

来源于生活中的提炼，多元化整体美的体现，外来民族文化交融以及崇拜思想等的具体体现，是湘黔边苗族童帽装饰艺术特色的主要构成要素，展现了湘黔边童帽装饰艺术特点中的个性及独特面貌。

（二）童帽上银饰

银饰不仅是湘黔边苗族人民智慧的结晶，也是一种极具民族特色和地域特色的文化符号，更是湘黔边民族艺术中最具代表性的民间工艺品之一。湘黔边苗族的童帽还有一个特点，就是在部分童帽的额头部位和背面、两个护耳、部分狗头帽的两个立耳处，用银帽花钉缝起来。

▲ 佛像银帽花童帽　湘西州博物馆

　　这种独特而又别致的造型和图案，既表现出苗族人民对美好生活的向往与追求，也体现着苗族人特有的审美情趣和心理。银饰从古至今都是苗族人最喜欢的饰品，聪明干练的苗家妇女对银饰一直情有独钟，一有孩子，就喜欢用银饰打扮一番，点缀童帽以增辉添彩。

▲ 桃形长命富贵银帽花

银帽花和湘黔边苗族的其他银饰一样，生产工艺流程复杂、锻造时间跨度长、做工要求精细。铸造工艺流程大体可以划分为银帽花坯胎制作、银帽花半成品加工铸打以及银帽花半成品焊接装饰三个环节，包含熔接、锤操、制模、焊接、抽丝、镌刻、镂空、打磨等过程。

▲ 银帽花制作模具

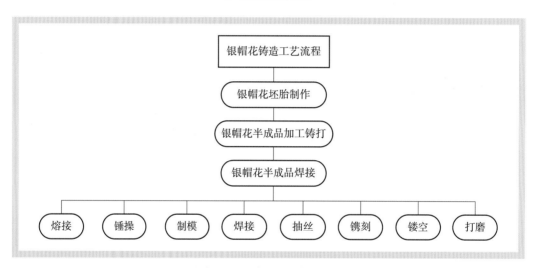

▲ 湘黔边苗族童帽银帽花制作流程

银帽花的品种比较繁多，题材也比较丰富。在我国传统的民间美术中，银帽花是最常见也最具代表性的一种。它不仅有很高的观赏价值和收藏价值，而且具有重要的文化艺术功能和实用价值。根据装饰题材的不同，可以将童帽花划分为神仙佛像类、神兽动物类和花卉植物类等类别。

神仙佛像类包括福禄寿喜、八仙寿星、大肚弥勒、送子观音、散财罗汉、南极仙翁、牛郎织女等。

"福禄寿喜"是我国古代吉祥观念中最常见的题材之一，它不仅表现了人们对幸福生活的向往和追求，而且也表达了人们对祥瑞事物的崇拜之情。在形制上，福、禄、寿、喜神有圆形与方形之分。四神的形制均为慈目、长髯、持宝形象，或脚踏祥云，或骑乘瑞兽；围绕四神通常装饰云气纹或者花草纹。

▲ 文字银片

▲ 童帽上的福禄寿喜银帽花

"八仙寿星"，其形制由八仙和寿星共同组成，寿星居于正中，八仙以四人一组分在两侧，有"八仙祝寿""群仙献寿"等不同表达，意义都差不多；八仙和寿星都乘坐祥云，寿星持杖，八仙手捧各自的珍宝。将"八仙寿星"饰于童帽，大有"满头仙气飘飘""个个仙风道骨"之感。

▲ 佛像银片

"散财罗汉"，其造型多为坐像，头戴宝顶菩萨冠，双手持卷，身后站立一只小猴。"大肚弥勒"，其形制是弥勒盘坐蒲团，一副喜笑颜开的样子，使人们领略到了"大肚可容天下之事"的雅量。"送子观音"，其形制是观音抱着一个小孩盘坐在莲花台上，眉清目秀。众社神的形制都是头戴帽子，长髯宽衣，骑坐在瑞兽上，或手拄着拐杖，或手拿如意，或手拿书轴诸器物。

▲ 童帽上的银帽花

神兽动物类以龙、飞凤、麒麟、狮子为主。龙之造型比较繁多，有游龙、团龙、龙亲珠、二龙戏珠、鱼化龙等，而在这些造型中，游龙、飞龙较为常见，也最为生动，它的制造多用堆垒和焊接工艺来完成。

花鸟虫鱼类以蝴蝶、鱼、蝙蝠、佛手、石榴、桃、南瓜、葫芦、桂花、荷花、梅花为最多。蝴蝶和南瓜、佛手，石榴和桃结合的花纹最常见。这些银帽花的形状如盘长、铃铛、方印和荷包，在苗族服饰中都是

▲ 南瓜石榴银片

配饰，作用就是点缀和表达寓意。

蝴蝶是我国传统纹样之一。它形象生动活泼，富有生命力，常出现在各种工艺品上。常见的有蝴蝶结、蝴蝶环、蝴蝶带等。它们通常都比较小巧，装饰在童帽背面。这些银帽花上均錾刻着细长花草纹。

▲ 蝴蝶银片

童帽额头上银帽花为一组，多朵飞凤为一组。帽后的银帽花下常接上数条银链，银链端头缀有铃铛、方印、荷包、瓜子、葫芦和鱼化龙。孩子们在玩耍的时候，银质饰品发出叮叮当当的响声，伴着清脆的笑声，我们通常所描绘的"银铃般的声音"就源于此。孩童行走时帽后银器则摇曳生姿、清脆悠扬，除色彩美、心态美之外，还有声音之美。

▲ 龟壳平顶如意帽上的铃铛、镜片

在湘黔边苗族的童帽中经常能看到一些小香包、小圆亮片、流苏、羽毛、虎爪之类的饰品，它们给童帽增添了色彩。

▲ 童帽上的银质小圆亮片、玻璃镜片

（三）苗族童帽制作工艺

童帽制作首先要进行创意设计，要思考想要表达的内容和形式，要打腹稿；再根据腹稿准备材料，要花一定的人力进行备料。之后才进入真正的制样、剪裁、刺绣等程序。

制作者在进行艺术作品创作之前，要把自己想要表达的意境以及效果进行集中，对表达方式、材料选择等也要进行提前思考；之后才是准备画稿，准备画样。

1. 选料（Cat ndeid）

苗族童帽制作的主要准备工作：一是选择合适的面料；二是准备适于制作的辅料；三是准备好制作工具。面料要根据季节、帽子的大小尺寸以及造型来确定。如果是夏天的帽子，则选择轻薄透气的面料，如纱类；冬天的帽子，则选择厚实御寒的面料，如棉类；外层布料颜色选择明艳的，里衬一般选择柔软亲肤的布料；男孩

▲ 制作童帽的丝线

选择粗放简单一点的布料，女孩可以选择带花纹的、活泼一点的布料。什么部位用什么丝线、用什么针法，丝线的粗细、针的大小以及配饰、配件、其他细节也要进行提前准备和思考，如流苏、银饰、镜子、圆珠等；很多东西需要在市场上购买，有的可以在网上选购。

2. 定型（Nghad ghob yangb）

童帽的定型主要指剪裁和式样的确定。首先确定帽型，苗族绣娘制作童帽首选动物造型，其次才是植物造型，有的还会使用中国传统戏剧人物的帽子造型；之后就开始围绕主题进行做样和备料。在定型的过程中，要思考自己所选样式的表意内涵和审美情趣。如选择做"官帽"，表达了富贵和升官的愿望；如选择做"虎帽"，则表达了可爱和勇敢的期许。还需考虑自己的经济条件，是否配以银饰。如经济条件宽裕，可选配银饰及其他饰品；条件差，自然就要减配。改革开放前，由于苗族地区经济落后，苗族童帽大多很素，花纹很少，配饰极少。

3. 配色（Jid jangs sex dob）

苗绣中的配色，是苗族智慧和审美的综合反映。将五彩斑斓的色彩，经过巧手的绣制，最终集和谐于一体，没有一点违和感。所以有人说苗族绣娘是天生的艺术家。每顶童帽，就是一件成熟的艺术品。

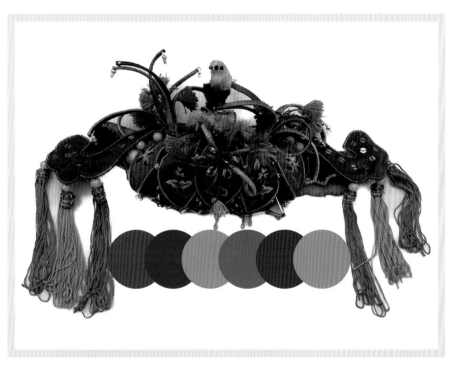

▲ 湘黔边苗族童帽常用配色

童帽的配色充分体现了苗绣和银饰制作的高超技艺，其配色的自由度很高，随意性极强，不会拘泥于书本的要求，最主要的是遵从内心，这也许才是最自然的艺术，也是苗绣作品色彩斑斓、变化多端的原因。

　　红色是湘黔边苗族童帽的主选色，也是主色调；黄色是应用最多的色彩；红黄是最经典的色彩组合。黑、青、蓝等色也属于常用色，在湘黔边苗族地区很少用白色，所以童帽中除部分修饰用之外很少有大面积的白色，黄色也很少。红色代表着热烈喜庆、激情活泼，常在帽子上大面积使用，黄色、粉色常在绣花卉时使用；绣花瓣时为呈现花瓣渐变色状态，有时一个花瓣要在同色系中用三四种不同的色彩，使其过渡自然并具有花自身渐变的效果。红与绿、红与黑、青与蓝时常相间搭配；红与黄的搭配最普遍。

▲ 湘黔边苗族童帽常用配色

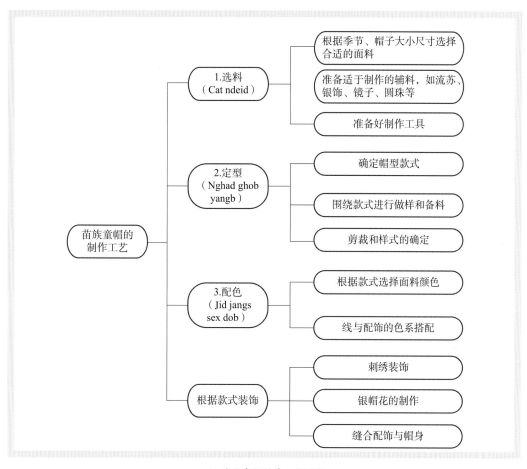

▲ 苗族童帽制作工艺流程

四、文化内涵

（一）地位象征

在日常生活中，除在某些节庆日或者重大活动时偶尔可以见到孩子们戴着传统苗族童帽之外，现已很难寻觅到它们的踪影。今天湘黔边部分苗寨的苗族妈妈、奶奶们依然会精心制作一顶或几顶别具一格的传统苗族童帽，将它们当作送给刚出生的孩子们的礼物，其含义已经不仅仅抗风御寒了。

苗族传承多子多福的传统思想，因为山区条件艰难，生产力水平低下，需要劳动力，有劳动力保障才有生活保障。所以在苗族聚居区，一户人家有四五个孩子很常见。人口多，力量就大；喜欢多生几个男孩，因为男孩长大了有力气，就不怕被人欺侮，尤其是在旧社会，山区匪患甚众，民不聊生，拳头硬才是道理，这是原始的生存法则。一个族群就由一个个多子女的家庭组成，这个族群的规模也就庞大起来，战斗力极强，抗风险的能力就大幅度提高，保障族群安全和发展才是最大的人口红利。因此，族群和家庭都鼓励多生孩子，只有子女多的家庭，才能生存下去，才有可能成为名门或望族。所以只要生孩子了，就得意扬扬，踌躇满志。子女多的人脸上充满了自豪感，说话的声音都粗大了，号召力自然也强。

孩子生下来后，就得办生日宴，得自豪地告诉亲朋好友：我家又有一个孩子了。生日宴上自然也要把虎头虎脑的孩子抱出来让亲朋好友观瞻一番，让大家也跟着兴奋一番。孩子不能"光"着出来，一定尽量要"武装到牙齿"，童帽必不可少。

▲ 戴童帽的苗族女童

童帽是一个家庭在当地族群中地位的重要象征之一。地位高的家庭的孩子的童帽，必然是有色彩的，是丝绸的，是双层的，是带帔的，是有护耳的，是有银饰的，是能够发出银铃般的声响的；其针法多种多样，图样精致美观，故事传神生动，文化底蕴深厚。选择的题材以虎、龙、狮为主角，花鸟虫鱼往往是配角。孩子在大人的关心、关注下成长，在与别的孩童争比进位中成长，加之耳濡目染苗族人的勤劳勇敢，孩子们的变化和进步就显而易见了。

在节庆日，苗族孩子必须戴童帽。童帽规格高，式样多，色彩、饰品、纹饰丰富，一般都配银饰。一方面说明我们国家社会经济条件好了，另一方面说明人民安居乐业，幸福指数高了。从一张张笑脸中我们也能深切地感受得到。在凤凰县举办的苗族苗银文化节上，我们往往只看到各地苗族盛装游行表演，而忽视了那些在人群中被抱着、背着、扛着的戴着童帽的孩童。这些特写镜头，才是苗银文化节的细节和令人感喟的苗族文化。

▲ 戴童帽的苗族孩童

（二）情感寄托 ············

湘黔边苗族地区的妈妈与其他地区的妈妈一样，当宝宝尚未降生时，已经开始为宝宝的出生准备用品了；苗族村寨里的苗族妈妈，也一定会给孩子准备一顶带银饰的童帽。

苗族妈妈满怀兴奋、满心期待，准备做一顶手工童帽送给即将到来的孩子；在做童帽的过程中，无时无刻不把对孩子的祝福和期待融入一针一线中。在选择材料时，将造型款式、色彩搭配、图案纹样搭配等想了个遍，极其认真细致。反复琢磨动物的美好寓意：龙寓意高贵，虎寓意威严，狮寓意智慧，牛寓意勤劳，马寓意忠实，羊寓意善良，猴寓意敏捷，狗寓意忠义。这些都是苗家绣娘要考虑的。龙、虎、狮之类的可以选，这些动物能够驱逐鬼魅，威武骁勇，寄予美好希望。但也有很多绣娘却偏好选择做"狗头帽"，取义好养活，希望孩子长命百岁；也有选做"如意帽"或"官帽"的，希望孩子学业有成、金榜题名或金玉满堂。

湘黔边苗族地区对童帽的重视已经到了无以复加的地步，如果一个苗族母亲年轻时没有给孩子做过一顶像样的童帽，内心是歉疚的；但也不是不能弥补，当妈妈变成奶奶的时候，给新生的孙子做一顶帽子，算是最美妙的补救和对自己的慰藉，一针一线满满都是爱。

（三）文化传承

在石丽萍（松桃苗绣国家级代表性传承人）的每一件绣品里，我们都会听到一个美丽的故事，在每一件银饰里都能感受到苗族儿女美丽的人生；但感人至深的还是那些对生命和自然的尊重，对人性的敬仰，对美好愿景的孜孜以求，以及对苗族文化的继承和发展。

那些绣片、银花的样式及其寓意，一代一代口传心授，靠记忆和手工捶打，传承下来，十分不易。把哲理、信念、崇拜、喜好、审美心理、宗教、民族习俗等，通过童帽上的图案，一针一线地表达出来，让我们看见了远久的文化、古老的文化；有原始的图腾，有独特的风情。这不仅是属于苗族的，也是属于世界的。通过童帽，我们了解了苗族对祖先的崇拜，对神灵的敬畏，对佛道文化的笃信，对汉文化的兼收并蓄。

苗族童帽上常有蝴蝶纹，来源于"蝴蝶妈妈"的故事。相传远古时代，万物尚未生长，一位神仙栽了一棵枫树，啄木鸟在枫树上啄洞，洞内诞生了一只美丽的大蝴蝶。这只蝴蝶与溪水恋爱，生下 12 颗蛋，由一只名叫姬娓鸟的巨鸟孵抱，孵出了雷、神、龙、牛、姜央（最早的男人）、妮央（最早的女人）等 12 个生灵……于是，这只大蝴蝶成为苗族传说中人类和万物的始祖，被苗族人尊称为"蝴蝶妈妈"。因此，在童帽上饰以蝴蝶或蝴蝶纹，是对始祖的祭奠和崇拜。蝴蝶成了苗族人心目中最美丽的动物之一，人们希望得到她的恩荫和庇佑。在湘黔边，像这样的故事很多；故事的流传，本身就是一种文化继承。所以，我们必须向苗族人民致敬，向苗族工匠尤其是那些绣娘致敬，更应该向苗族文化致敬。

第十一章　湘黔边苗族花带

XIANGQIAN BIAN MIAOZU HUADAI

湘黔边苗族人民将一条花纹新颖、色泽艳丽的花带束于腰间或盘绕于头顶，作为心爱的装饰品与生活必需品，所以花带是湘黔边苗族服饰的有机组成部分。湘黔边苗族花带的制作离不开苗绣技艺的运用。湘黔边苗绣作为一种特殊的民族刺绣艺术，有着悠久的历史传统和丰富的题材内容，其独特的工艺技法和鲜明的艺术风格，具有很高的研究价值和审美意义。在给湘黔边苗族的服饰添辉之时，更是对湘黔边苗族民族文化的一种确认和弘扬，体现着湘黔边苗族人的聪明才智和精湛技艺，抒发着他们的理想与渴望，以及他们对美好生活的追求与向往。

花带在湘黔边苗族民间被称为"打花"，被苗语方言称为"腊繁"，打花带分"丝、打"两种，叫"打"或投，一般宽为2~3厘米，长约15厘米，体积小巧，但也有宽到3~4厘米的。其原理是通过经纬线的交替起伏进行编织，并根据经纬颜色的变化勾勒出五彩斑斓的图案，花带是用棉线和丝线做的，都是用手一蓬一线编成的。漫长的历史造就了苗族人民独特的审美情趣和爱美的特性，平淡无奇的腰带，经过精心改良，变成了今天我们

▲ 湘黔边丹青苗族姑娘互相交流鉴赏新打花带情景

所看到的湘西苗族花带。苗家有这样一句老话："男儿看墙边，女儿看花边"，织花带在苗族人民心目中的位置可见一斑。

一、源流

苗族历史悠久，支系众多。配饰是苗族服饰至关重要的一个组成部分，而花带作为苗族配饰中的杰出代表，其发展历史自然与苗族服饰发展历史有着密不可分的关系。

相传在很久之前，环境的闭塞及医疗条件的落后，使得生活在深山峡谷里的苗族先民，常常在遭到毒蛇的侵害后因得不到及时治疗，死伤无数。当时有一个伶俐的苗族姑娘眼看着族人备受侵害，心中不忍，她日夜思考，通过观察，从蛇不伤害同类的事实中得到启示，尝试

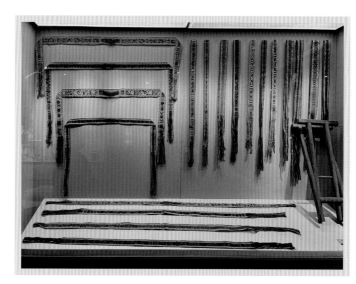

▲ 苗族花带与工具　湘西州博物馆藏

制作可以模拟蛇的替代品。她将五颜六色的线进行排列组合，按照织锦的方式，织成与蛇大小相等、花纹相似的带子，在碰见毒蛇的时候进行抖动，让毒蛇误以为是自己的同类，果然躲过了伤害。多次试验后，她将自己的发现告诉族人，众人纷纷进行效仿，确实行之有效。自此，各家各户都有了织花带的习俗。这一传说，同古汉书上记载的南蛮"断发纹身，以示与龙蛇同类，免其伤害"的说法有异曲同工之妙。

苗族织锦的历史源远流长，已难追溯究竟起源于何时。关于当时"五溪"土著的织造情况，朱辅曾在《溪蛮丛笑》中有所记载："取皮绩布，系之于腰以代机，红纬面环通不过丈余。"很明显，这种方法同如今湘黔边苗族花带的织造方法大同小异，这是一种接近于水平式踞织机的织造，也是一种由经向起花的简单手工织造。作为湘黔边地域性织锦的一种，苗族织锦在其发展的过程中，周边文化对其产生的影响不容小觑。相传三国时的蜀昭烈帝章武元年至二年（221—222 年），刘备派遣侍中马良前

往武陵对五溪诸族进行笼络，并携带大量金银财宝、织锦（蜀锦）绫罗，许诺对其加官晋爵。后诸葛亮入南蛮平乱，制定了"南中政策"，并不断"移民实边"，农桑、织造等技术逐渐传到西南少数民族地区并为当地人民所掌握。湘西在当时也属于南中五溪地管辖，同样受到"南中政策"的恩泽。作为中国最早建造的"武侯祠"，凤凰县在蜀汉建兴十三年（公元235年）就已建立，充分说明了当地人民对诸葛亮丰功伟绩的赞扬和纪念。蜀锦属"通经回纬"类的织锦，以经向彩条为基础起彩，其先进的生产技术对西南少数民族地区产生了深远的影响，而湘黔边苗族花带同蜀锦一样，也是以经线起彩起花。从贵州一带苗族织锦的历史和工艺可知，苗族织锦属"蜀锦"后裔，多被称为"诸葛锦"，大部分宽度为1~15厘米。苗族花带窄的仅2厘米左右，一般宽4~5厘米，但也有达10~15厘米的，甚至还有的宽达30厘米。所以，从某种意义上而言，较窄的"苗锦"作带使用，被称为"花带"，而超宽的就称为"苗锦"了。

二、种类

苗族花带以其绚烂的色彩、精巧的做工闻名，除了有黑白两色的素带，还有彩纹、彩底、彩边的丝带。

花带的花纹变化，全靠织者构思，以及她的用刀挑线之功。花带由于所织材质不同，通常有棉线与丝线之分。棉线编织的黑白花带，又称素带，由黑白相间的棉线编织而成，质朴素雅。黑白花带古朴大方，拙朴中见富丽，通常在家务农时系用或为老年人使用。例如：棉线编

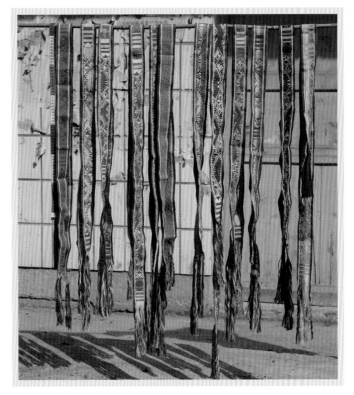

▲ 多彩的苗族花带

成的是粗犷豪放的绿色花带（也称绿带）；而丝线编成的是轻柔细致的红色花带（也称红带）。由丝线编织而成，色彩艳丽的，又称彩色花带，通常在隆重的节日里穿着盛装，或在做客和赶场时使用。它由 2 条或 2 条以上较显著的彩色丝线配套编织而成。彩色花带色彩斑斓艳丽，缤纷灿烂，可以根据需要任意搭配各种颜色，如红色、黄色、绿色等。编织时也不需要底样，全凭编织者临场即兴发挥。彩色花带由多种纤维交织而成，柔和细腻，在颜色对比上也有晕变处理，使其在绚烂夺目中更具层次美，具有独特的风格。

▲ 打花带的苗族妇女

花带上的图案绚丽多彩、光怪陆离，可由一个图案或由各种图案组合贯穿整个花带。编织者按不同目的织出长、短、宽、窄各不相同的花带，花带尺幅越宽，花纹图案越繁杂。彩色经纬线排列组合方式的差异或同一条花带取决于事先设计好的图案，纹样构图大多以日常生活中所见到的花草虫鱼，以及古代的传说故事和寓意吉祥如意的生物为题材，编织者将这些材料具象地加以简化，做抽象处理，然后进行一些夸张变形，使其新颖独特。湘黔边苗族人民运用了大量几何纹样、动物纹样和植物纹样来表达不同的情感与意图，例如：双喜花、蝴蝶花、桃花、凤穿牡丹、二龙抢宝、狮子滚球。从形式上看，有规则的几何图形，有 2~4 个正三角形组成的平行四边形，有圆形、方形等形状的组合，以及各种具有装饰意味的立体造型等。除上述之外，还出现了许多有序几何图案，例如：菱形花纹、寿字花、王字花、田字花和万字格。花带上的图案构图严谨，玲珑剔透，强调匀称和装饰性。

▲ 蝶形几何纹样和花形几何纹样花带

▲ 动物纹样：十二生肖

▲ 动物纹样：老鼠嫁女 1

▲ 动物纹样：老鼠嫁女 2

▲ 菊花纹样

▲ 八角花花瓶纹样

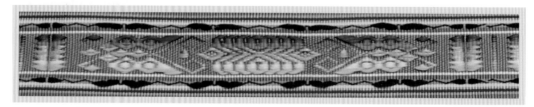

▲ 蝶恋花（菊）纹样

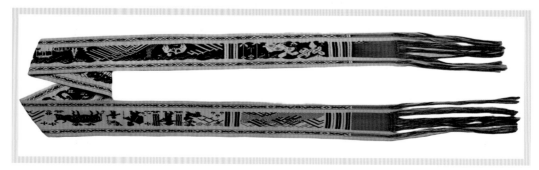

▲ 生活写实纹样 1

▲ 生活写实纹样 2

▲ 文字、植物纹样

三、特色

作为服饰的附属装饰，同苗绣大面积且色彩热烈相比，花带变幻无穷而又小巧精细的特点，使苗服显得层次得当，泾渭分明，可谓苗族服饰中画龙点睛之笔，故花带也为苗族服饰中最精致的装饰品。

（一）内容写实

从内容上看，湘黔边苗族花带的服饰图案大多取之生活，用之生活。那些日常生活中活的物象被巧妙地点缀于腰间和肩头。即使是传统的几何形图案，例如表示农田的纯方格、象征江河的彩条，也以一种较为固定的格局被传承下来。

▲ 传统几何方格纹样

高度抽象的形象中不难辨认出苗族人民生活中随处可见的野草香花，经过创造者天马行空的改造，变成了一幅幅生动鲜明的画卷，巧妙的造型赋予了它诗一般的魅力，想要完整解读一整幅花带，必须缓缓细品，从生活中感受艺术，从艺术中提炼生活。

▲ 描述生活环境的山纹

（二）造型凝练

从造型上看，智慧的苗族姑娘善于在现实的基础上进行高度的概括，她们通常会将事物最有特点的动态和主要的形象特征以自己理解的方式进行表现。在写实的前提下，她们却不满足于将图案框范在一个特定的形象中，往往在制作图案的同时，运用多种表现手法使形象更趋于理想化，有时是删减，有时是增添，夸张变形的同时也不忘保持设计的初衷。图案纹样通常将自然事物按意象再现并进行二维平面构成来组成装饰图案，纹样可二方连续进行变化，也可只选一种重复到底。不仅如此，她们对点、线、面的运用也达到了炉火纯青的地步，通过深浅不一、长短不齐的变化呈现不同的表现效果。看起来南辕北辙的差异被和谐地组合在同一平面中，那些似是而非的形变得更加富有生趣且令人回味。

▲ 二方连续几何纹样

（三）用色大胆

从用色上看，热情的湘黔边苗族人民对颜色的浓郁及厚重的艳丽感的追求一直存在。她们喜好选用多种对比强烈的色彩形成极大的反差，深谙色彩的使用之道，她们会采用细碎的小范围的对比而避开大面积的冲撞，这样不仅使色彩能够层次分明，富于变化，还能够在变化中寻到一丝和谐。底色轮廓线颜色分明也是其用色的主要特征之一，突出主题的同时还给图纹中杂乱的色彩一个较强的约束，使分布不均的多变色块被框在一个空间之中，做到了色彩多而不乱，颜色艳而不杂。这种色彩变化，赋予了湘黔边苗族花带作为民族民间艺术的独特魅力，可谓雅俗共赏，淳朴中还可看到不一样的富丽，达到赏心悦目的艺术效果。

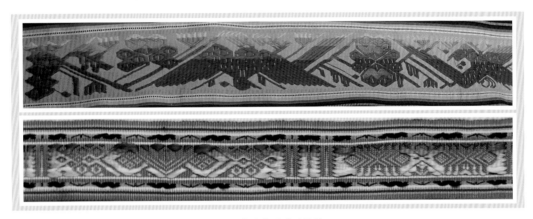

▲ 配色浓郁的苗族花带

（四）构图均衡

从构图上看，花带有别于绘画的构图形式，花带的图案在保证其疏密有别的同时不过分强调依从关系的变化，对主题的要求相对较弱。大量对称均衡结构的应用使得花带色彩对比强烈，随意大胆，使其作为服饰配饰独特的艺术魅力一览无余。

湘黔边苗族人民对于美好理想的追求体现在生活的方方面面，当然也包括对服装的运用，起源和款式除了依赖环境之外，更多的是由于湘黔边苗族人民赋予了其深刻含义，那些祈祷风调雨顺，象征恋情圆满，反映神话传说的点滴被一针一线、一锤一卯地融进了纷繁复杂的头饰和各种精巧的配件中，仿佛从远古一路走来，带着一路的风尘仆仆和悠远绵长。从湘黔边苗族花带中，不仅可以看到苗族服饰的历史变迁和发展轨迹，还可以从苗族服饰中窥探出苗族的远古遗风。作为一种配饰，湘黔边苗族花带在形成自身历史传统的同时也不同程度地吸收其他民族的文化营养，并形成不可忽视的社会内涵。因此，从一定意义上说，湘黔边苗族花带是了解和认识这个民族的"绝好的史料"。

四、功用

湘黔边苗族花带是一种实用型装饰品，它巧妙地将巧夺天工的工艺与浓郁的人文内涵结合起来，在给我们留下精湛手工技艺之余，也便于人们深层次地解剖苗族服饰，它一枝独秀，让人侧目。

苗族花带作为一种纯粹的手工艺品，因编织者年龄、阅历、技法、用色不同，每一条花带各有特点，并赋予其特有的生命力。在满足民众装饰需求的同时，从湘黔边苗族花带中也能窥探到不同的艺术审美与精神信仰追求。在传统文化的传承与发展过程中，我们应该对民间工艺有更多的了解，这样才能使其得到更好的保护、开发及利用。那么，湘黔边苗族花带到底具有哪些特色？张道一老师曾经说过民间艺术是一种"惠及生活的艺术"，湘黔边苗族花带就很好地印证了这一说法。

▲ 湘黔边苗族花带常见的传统八角花和花瓶纹样

（一）传承民族文化

民族服饰作为民族文化的主要承载者，尤其对于无文字可考的民族而言，不仅是日常生活的必需品，同时也是从视觉形象上区别本民族与其他民族的差异性。苗绣有着悠久的历史和渊源，类型多种多样，是苗族传统手工技艺之一，具有很强的代表性。它集绘画、装饰于一体，具有很高的审美价值及收藏价值，同时也是我国非物质文化遗产保护工作的重点之一。苗绣以天然植物染料为原料，用线或针绣于布的表面。它在题材、形式、艺术内容、文化内涵等方面都最大程度地适应了该民族人民的生产、生活需要，具有浓厚的本土气息和民族特色，并且会随着历史的发展而演变。湘黔边苗族花带对湘西苗族服饰产生了重大影响，不同程度上反映了苗族文化生活的变迁以及民族信仰和图腾崇拜等，同时也反映了苗族人民的生产、生活状态。

▲ 反映苗族日常农耕生活花带纹样

　　畲、瑶、苗等民族对盘瓠的普遍文化认同，使盘瓠形象成为苗族人图腾崇拜的一种，把花带系在腰间后所遗留的须发在这里还有狗尾之意，这是一个重要的吉祥符号。不但如此，不同区域的苗族在花带制作过程及内容方面亦不同，各具特点。贵州东部黔东南州从江县的盘王传说就是其中之一。花带以独特的民族风格与魅力吸引着众多研究者，是认识该区域苗族的重要基础。它既是民族文化的承载者，又是区域差异的标志，同时还从某种程度上展示着区域民族的凝聚力。

▲ 系在腰间的苗族花带

（二）扩展社会生活

　　湘黔边苗族花带巧夺天工、纹样独特、用途多样，是苗服离不开的辅助装饰。苗族人民对服饰的各方面设计都反映出了他们热爱生活的精神，花带亦不例外。把花带束于腰，背于肩，透过生活中细微之处的美，展示出他们对美好生活的憧憬。例如系围裙、巴裙及儿童背带（苗语叫"Xid bongx"）、斗笠带、腰带（苗语叫"Xid nbanb"）。与汉族在饰品上追求实用的精神不一样，苗家人善于把实用与美观进行最佳搭配。虽然它是一种狭长的饰品，但它能在方寸间探知天地，让人对于不同的美好事物有不一样的认识，并借助编织花带这门手艺为苗服添彩。这些花带寄托了苗家人对自然与社会的感悟以及对美好生活的渴望，是苗族文化最重要的载体之一，承载着苗族人对亲人的良好祝愿和对子女的热切期盼。

▲ 花带在围裙与背扇上的使用

　　除此之外，花带也常被作为礼品来寄托情谊和馈赠他人。

　　苗族花带在苗族人民的日常生产、生活中占有举足轻重的地位。苗族花带的制作工艺简单、成本低，有一定观赏和实用价值，成了苗族的传统文化和艺术瑰宝。它不仅承载了苗家人对美好生活的向往与追求，同时也表达出人们对未来的美好憧憬。作为一种特殊的民俗事象，它体现了苗族民众的审美意识。随着旅游业的繁荣发展，苗族花带凭借巧夺天工、便于携带、精致美观和价格低廉等特点受到了更多旅游者的喜爱。花带手工技艺不仅是民间工艺美术中的一朵奇葩，而且暗含了丰富的美学基因，难以为现代工艺所再现，是极其宝贵的文化遗产。

（三）象征爱情婚姻

除实用外，湘黔边苗族花带也是情感交流的桥梁和苗族年轻人恋爱的一大标志。一对青年男女情投意合后，定情信物中肯定能找到女孩亲手编织的花带，其中蕴含着浓浓的情意。在苗族民间流传的花带习俗中，有许多美丽动人的故事和传说。比如，每年农历三月三，是苗家人最为隆重的节日——穿花节。每到4月8日和6月6日这样的盛大节日，苗家姑娘如果发现意中人，都要送给他手织的花带，以表爱慕之情。对方收到花带后，为了让世人看到已经有年轻姑娘喜欢他，一般都会用贴身衣服系好，故意将花带须头露出。这里，对苗族姑娘来说，花带代表情义，对苗族阿哥来说，花带象征着对自己的认可。有一首苗歌《竹枝词》唱道："花带织长三尺，送阿哥系腰间。情哥莫嫌带短浅，要知情深。"

▲ 苗族四月八活动中着有花带服饰的苗族青年男女
湘西州博物馆藏

在湘黔边苗族夫妻的婚姻生活中，花带虽不能代替柴米油盐酱醋茶，但在衣食住行中仍然占有一席之地。每个湘黔边苗族姑娘出嫁时都会亲手为嫁衣编织一条花带，此时的花带，承载了她们对未来美好生活的向往。花带既反映了苗族人的智慧和创造力，又表现了本民族特有的审美情趣。苗家人认为花带中包含的情感信息要比物质层面的含义大得多。花带既可以用来做衣服、鞋袜，又可作为结婚礼物送给对方。不仅如此，苗族姑娘花带之多、之巧也是婆家判断其贤惠灵巧的依据。

五、制作工艺

（一）花带编织工具

花带编织所需工具很简单，只要木绷支架、打线板就可以。木绷由两个"X"形架子居中连接而成，就像一个双"X"形的可缩可折木架，湘西苗族民间称其为"纵半"。在做花带之前，先要准备好一根长杆（也可以不用），这个杆由竹管制成，长约1米，直径略大于竹筒，为30~40厘米。打线板的作用是挑断花带纬线，并把经纬线打牢固。总体造型扁而长，两端翘，长12~20厘米，削薄如刃，形如刀削，一头削尖滑方便织花带挑线，另一头削扁方便握持。打线板因所用原料不同有铜挑和骨刀之分，铜挑为铜质打线板，骨刀为自然弯曲后略加处理的牛肋骨制成。

▶ 打花带"Ⅱ"形木绷支架

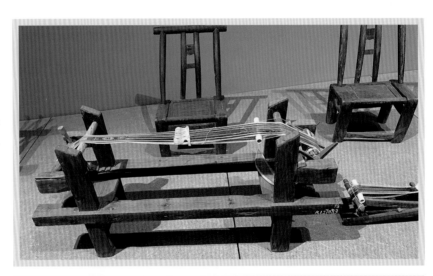

▶ 打花带"X"形木绷支架

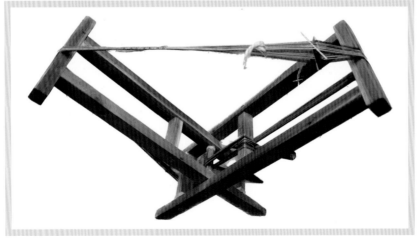

▲ 打线板常见轮廓（铜质）

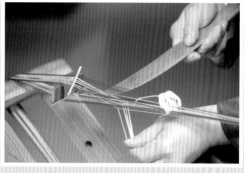

▲ 苗族牛骨打线板与铜刀打线板

（二）花带编织方法

1. 牵经线（Xenb xid nbanb）

挑选好所要使用的各色丝线并且根据所需图案排列放置。

通过专门的工具在织布机上将这些丝线织成所需形状和大小的织物，然后再按一定规则将其缝制起来，这种方法叫织造法。织机是最基本的设备之一。不同或者同一彩色纬线按预置不同花纹进行布置，须预置完再进行织造。

▶ 牵经线

因花纹丝线蓬数（对）略有不同，织出的花纹也不同。通常都是以整数排列搭配，21～29蓬的应用比较普遍，多的时候还可以有100多蓬。所以花带宽窄主要由蓬数决定，蓬数愈多花带愈宽，否则愈窄。从理论上讲，如果用12根以上的长丝织物做纬纱，每根丝都能织出同样宽度的花带且不会产生变形，那么这就是最合理的了。花边纹样的衬边经线数量视花带宽窄而定。

据经验丰富的苗族婆婆介绍，就算是身怀绝技的手工艺人牵经线都要花费很多时间，有时甚至比编织花带所花费的时间还要长，可见牵经线对于织花带来说非常重要。

2. 做耳做综（Taod zaot）

将花带正中挑花所需经线部位按顺序穿入综丝中，且不用挑花经线作上下级区别。湘黔边苗族花带技艺提综装置虽不繁杂，但很费神，它是用一根线直套束（经）线，与一列经线相对应的是一列线套束，多根线套束系着，可活动。其中最关键的就是综丝，它决定了整根综丝的长短程度。综丝主要由综面与综口组成。综面用细纱编织而成，综口用粗纱编织而成。花纹图案部分完全依靠人工操作综丝进行把控，因此做综是一个非常细致的环节，也是最需花费耐心与力气的环节。

▲ 做耳做综

3. 上架（Jid ndout giab zit）

将牵出的线头仔细移动至花带架上固定拉紧，花带线头的松紧度决定着花带成品是否致密，花带是否紧密或疏松，与线头是否拉紧关系极大。

▶ 上架

4. 织边（Ndod ghot biand）

与织花带中部挑花部分不同，花带两侧织边过程并不繁杂，与汉族织布过程中平纹组织一样，湘黔边苗族花带织边采用经线与纬线一上一下相互交织而成，这种织物组织形式最为单一。

▶ 织边

5. 提综（Qax ghob zaot）

编织花带完全由左手掌握，提束（经线），放"配色"，把所需的经线，仔细看清楚部位，数清根数再挑起，然后交织提花织成图纹。再在其上加捻，形成纬纱和经纱的组织结构。最后将织好的织物从织机上取下，进行染色、印花等工序。如此反复循环，最终获得成品。这种原始传统编织方法全靠手工控制，无须任何提花装置，类似古籍中记载靠"手经指挂"来完成"浣织之功"。这种纺织方式、原生态工艺创作不易被现代机械取代，具有极高的学习参考价值。

▲ 提综

6. 拣花（Tud benx）

湘黔边苗族织花带无固定图谱样式，除织花带艺人们头脑中固定下来的具体纹样外，通常都会用一条已编织好的花带作为范本与参照，在挑织工艺之前要挑出纹样要求的经线，根据纹样走向确认数量。

▲ 拣花

7. 喂纬线（Mas ghob bant）

挑花编织时，织底与织花从左到右依次进行。因此，织花时也要左手辅助喂纬线按上下平织来织花带底衬，以利于花带编织完成。

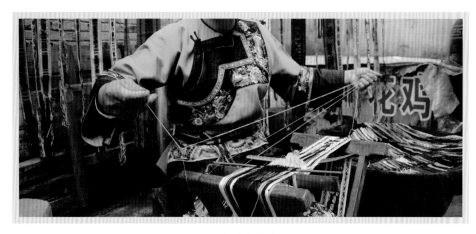

▲ 喂纬线

8. 挑（花）织（花）

花带多靠经纬交织挑织。

经线可分为单经线与束经线，单经线苗语称"Ghob hlob"，束经线苗语称"Ghob qiut"。单经线和束经线均可分为单纱、双纱或多纱螺纹三种类型。单纱是以一根纱线作为原料织造而成。单经线从字面上看只是独线而已,用单经线做出来的花带称为"丝打"。束经线通常是 3 根为 1 束,用束经线做成的花带称为"线打"。"丝打"经线常和纬线颜色相同,作带底之用。"线打"经线常选择不同于底色的色彩来突出图案。花带花纹之繁简常决定花带之宽与窄,而窄又决定束经线之多寡,丝线细纹繁者通常约 37 条,棉线粗纹简者多为 25 条。

用这种方法生产出的花带密而纬疏,全程几乎没有露纬,其作业要领为右手拎综线,左手握紧铜挑穿织纬线,再以不同色彩的丝线提花。

▲ 挑(花)织(花)

总之,湘黔边苗织花带作为一种精美的手工艺品需花费很多时间与精力,苗家姑娘从小便被要求坐在花带木绷前学织花,等到豆蔻年华,大多数苗家姑娘都已经熟练地掌握了织花技术。铜挑被她们娴熟地应用,飞梭走线时,似流星闪烁,甚至都来不及眨一下眼睛,一条长长的花带就能迅速编织出来。这些花带所采用的原料并非普通的丝线,它们都有一个共同特点:纯手工制作,具有很高的艺术价值。花带图案没有自己独特的织法,因为原理一样,当遇到一个新图案时,苗族姑娘常常无须引导,只凭现有经验,以原花带为模本,就可以编织出不同图案的花带了。

第十二章 湘黔边苗族花鞋与鞋垫

　　花鞋是苗族女性盛装中不可缺少的组成部分。它既是一种日常生活用品，也因精美的刺绣纹样和造型而成为民间工艺品，是一种来源于日常生活中的实用艺术；在一代代苗族绣娘的不懈努力下，得以相传，且不断发展。不盈方尺的花鞋，体现了苗族女性的心灵手巧，展现了苗族女性的审美观念，表达了不朽的苗族文化传统。尤其是湘黔边苗族地区的松桃、凤凰花鞋更有着独特的价值和魅力，生动地表达了苗族人民的审美追求和生活情趣，把鞋履文化演绎得更加多彩，是苗族刺绣艺术的典范作品。

▲ 湘黔边苗族绣花鞋

一、花鞋类型

苗族花鞋造型多样，刺绣精美，美观耐穿，工艺精湛，精巧之中透着神秘，质朴中蕴藏深意，与苗族服装相得益彰。苗鞋最初都是正底，不分左右脚，后来受汉族文化影响，慢慢也分了左右。鞋作为脚底之物，因直接接触地面而易脏易坏，因此鞋子的制作材料一般较为坚硬粗陋；其主要原料虽然是边角布料和废旧衣服，但在工艺上却崇尚精巧，集功能美、材料美、形式美与技艺美于一体。苗族花鞋造型样式的变化主要体现在材质、鞋口形状、鞋头形式、鞋面装饰、鞋底与鞋跟等方面。

（一）季节不同鞋不同

春秋花布鞋（Xiut npeib benx） 多在春秋季节穿，鞋面为棉布制成。

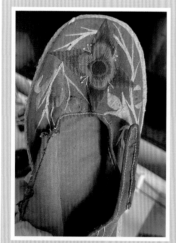

▲ 春秋花布鞋

凉鞋（Xiut）（凉麻鞋，Xiut nos；凉布鞋，Xiut ndeib） 苗族凉鞋根据材质的不同，可以分为凉麻鞋和凉布鞋。凉麻鞋使用麻绳编织而成，造型与草鞋类同，舒适又透气。苗族的绣花凉布鞋不仅凉爽实用，而且造型有趣，刺绣精美，做工讲究。松桃大湾村板栗寨一种镂空的绣花布凉鞋，鞋面布为绿色，鞋口及襻带用红布镶

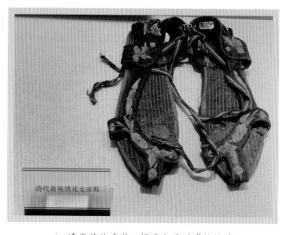

清代苗族绣花女凉鞋

▲ 清代苗族凉鞋　摄于湘西州博物馆藏

边，脚背和后跟处的鞋面都有波浪形的镂空，镂空处用细线串有各种颜色的玻璃珠子，脚背处连缀着鲤鱼绣片，鱼身鳞片呈现由黄到红的渐变色，后跟处连缀着叶子形状的绣片，整双鞋华丽而精致，透气又凉爽。

冬棉鞋（Xiut npeib naol） 多在寒冷季节穿，鞋底与春秋花布鞋一样，鞋面则用两层棉布制成，中间平铺一层棉花，用来保暖抗寒。

▲ 苗族儿童冬棉靴

▲ 苗族成人冬棉鞋

（二）性别年龄显差异

男鞋（Xiut npeib nint） 成年男人所穿之鞋。男性花鞋并不多，以素面为主，虽也有讲究的，但花型简单，以线条装饰为主。

▲ 民国时期的苗族男式布鞋　湘西州博物馆藏

女鞋（Xiut npeib npad） 成年女性所穿之鞋。女花鞋乃在重大节庆和重要事件时所穿，如婚礼，所以又称婚鞋。

▲ 苗族女士婚鞋

童鞋（Xiut npeib deb deb） 幼儿所穿之鞋。

▲ 苗族童鞋

寿鞋（Xiut npeib ghot） 寿终之人所穿之鞋，底有印花或绣花，一般无性别
之分。

▲ 寿鞋

（三）鞋口形状有差异

湘黔边苗族花鞋的鞋口全部要包边，常用黑色、红色的布条进行包边。

根据鞋口形状的不同，可以分为方口鞋、剪刀口鞋、瓮口鞋、松紧口鞋等。

▲ 鞋口异形锁边花鞋

（四）鞋头形状各不同 ··

苗族花鞋鞋头的造型既有实用之处，又有着装饰意味，主要包括尖头鞋（又叫船头鞋）、方头鞋、圆头鞋等。

尖头鞋（Xiut npeib qab jiud） 较为精致，鞋头呈尖形，鞋底较窄，鞋面呈尖口，开户很大，后跟缝有谢耳，以便穿鞋时提鞋。尖头花鞋的鞋底和鞋面颜色较为丰富鲜艳，鞋底有白色、蓝色、蓝白相间等各色，鞋面除了常见的黑色、蓝色，还有墨绿等颜色。鞋面多绣各种花卉图案，鞋口不但包边，还会镶花边。尖头鞋分老年款和年轻款两种。年轻姑娘的尖头鞋鞋面分两节，鞋尖多用红色鞋面，其余部分多用蓝色或绿色鞋面，刺绣图案多样，颜色艳丽，常见的刺绣图案有蝴蝶与花鸟，鞋口不但镶边，还绣有各种花样。老年妇女的尖头鞋与年轻姑娘的形制差不多，但鞋面不分节，刺绣图案更为简洁，颜色更为素净。

▲ 苗族年轻姑娘尖头鞋

▲ 苗族老年妇女尖头鞋

方头鞋（Xiut npeib fangd jiud）　因鞋头、鞋面口呈方形，故称方头鞋。

▲ 苗族方头鞋

圆头鞋（Xiut npeib kud jiud）　因鞋头、鞋面口呈圆形，故称圆头鞋。

▲ 苗族圆头夏鞋

（五）花面、素面有区别

花面（Ghob mianb benx）　鞋面有刺绣的鞋子。花鞋鞋面刺绣讲究用线的立体技法，有衔绣、平针绣、订线绣、绘绣等，这些不同的刺绣针法在绣花鞋这个方寸之间也一样表现得精致到位。刺绣纹样多为凤鸟、蝴蝶、喜鹊、祥云等。

素面（Jex mex benx）　鞋面无刺绣的鞋子，多为黑色或蓝色。

▲ 花面

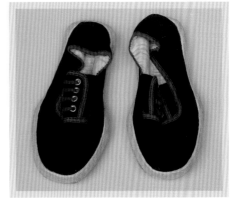
▲ 素面

（六）五颜六色多姿彩

苗族花鞋的色彩较为丰富，常见的有黑面鞋、蓝面鞋、绿面鞋、红面鞋等，年轻人多用湖蓝、草绿等亮色，老年人则多用黑色、深蓝色等。

▲ 色彩斑斓的苗族布鞋

（七）窄窄鞋底有乾坤

布底鞋（Xiut peib ndeib）即千层底手工布鞋，鞋底为千层底，采用棉布手工纳制而成。

钉钉鞋（Bid xiut nieax）属于苗族的传统雨鞋，在雨天或下雪天使用。鞋面与普通布鞋一样，鞋底则要钉上

▲ 清代苗族牛皮女士钉鞋、清代苗族铁钉布鞋套牛皮女鞋　摄于湘西州博物馆

铁钉，用桐油浸透晒干。松桃、凤凰苗族地区多山多雨，钉钉鞋的形制正是为了适应山区地理环境而设计的，起着防滑防水的效果，满足了苗族人民在山地行走和雨天出行的需要，但在凝冻天气不能穿，容易滑倒。

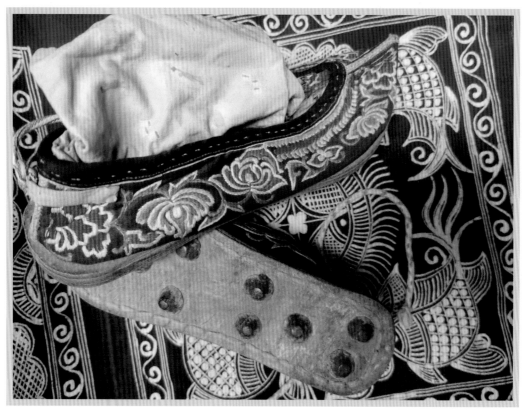

▲ 苗族钉钉鞋　摄于松桃大湾养悟书院

二、花鞋制作工艺

（一）工具与材料

1. 工具（Deb dongb）

晒板（Jix giant ndeib）　即用来晒布壳子的木质板子。绣花鞋的布底子与布面子都要用布袼几层，使其变硬，便于鞋的造型与牢固，晒板便是用来晒布壳子的。

剪刀（Ghob njib）　剪鞋底样、鞋面样、刺绣纹样、剪线、裁布料都要用到剪刀。剪刀有大小之分，裁布与剪线的也有所不同。

笔（Bix）　用来画鞋样、画花样等的各种彩笔。古代则是用粉包来描花样。

锥子（Bid zanb）　纳鞋底、缂鞋都要用到锥子。

铳子（Chongb） 用来铳鞋眼，以装饰或系鞋带用。

锤子（Ghob qix） 用来打扣眼等。

针（Jiub） 针有大小各种型号，是用来缝合与刺绣的。

顶针（Dit jiub） 缝制的时候，顶针是让针受力用的，防止手被伤害。

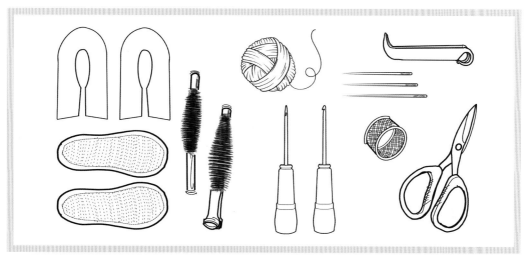

▲ 制作绣花鞋常用工具

2. 材料（Deb liot）

绣花鞋的主要材料是布料与绣线。布料的选择因人而异，鞋面料一般使用全新的棉布、锻等，鞋底和里衬硬壳则多使用家里的废旧或边角料袼成。绣线用彩色丝线。

（二）工艺流程

1. 制鞋底（Chaod xot npeib）

苗族绣花鞋鞋底制作工序较为复杂，耗时耗力，大约需要经过 7 道工序，每道工序都有非常严格的要求。鞋底做得好不好，直接影响鞋子的质量。

打片袼（Chud pianb kux） 需要使用魔芋或白及、水、棉布等材料。打片袼首先需要调制糨糊，苗族妇女通常用魔芋或白及来制浆。如果使用魔芋，则需要先将魔芋打成浆，煮黏稠备用；如果用白及，则工序更为繁杂，需要先将白及捶扁、晒干，再用碓窝春成粉末状，用容器调成糊状备用。为了节省布料，打片袼所用的布通常是做衣服剩下的 0 边角料。糨糊调制好后，将准备好的晒板平放，把糨糊直接涂抹在布料上，抹一层浆，铺一层布，布一定要铺平绷紧，第二层布也按照同样的方法盖在第一层布上面，就这样铺上很多层，就成了用于制作鞋底的片袼。最后将片袼放在阳光下晒干即可。

剪鞋板样（Nghad ghob yangb）　在纸上画出鞋底的平面图，用剪刀剪下来。将鞋底纸样作为模子，覆盖在片袼上，用剪刀剪出大小完全相同的鞋底的平面样子。

包边（Seud biand）　将白布斜剪成3厘米左右的白布条，长度比鞋底面的周长稍长一点，采用回针针法，将白布条沿剪好的鞋底边进行包缝，就成了鞋底板。

贴鞋底（Tianx xot npeib）　把白布剪成3厘米左右的白布条，沿着鞋底板边沿铺一圈，为了节省白布，中间铺上一层其他颜色的杂布，铺好一层布，刷一层魔芋浆或白及浆，按照同样的方法进行铺布、刷浆，大概需要铺上很多层。为了美观，最后一层全部用一整块白布铺满。

晾鞋底（Shod bead jit）　将填好的鞋底拿到阳光下进行暴晒，将糨糊晒干，鞋底布也全部牢牢地粘连在一起。

圈鞋底（Nax ghot biand）　鞋底晾干后，要用麻绳进行圈底，将鞋底更加紧密牢固地缝在一起。圈鞋采用回针针法，在距鞋底板边缘1~2厘米的位置，沿鞋底板周围缝一圈。

纳鞋底（Nax ghob jit）　纳鞋底是制鞋底中最关键、最费时的一步。纳鞋底一般用麻绳，采用短针对空的方法进行，针脚以细密、均匀、美观为佳。纳好一双鞋底多则需要十几天，短则需要一周。

2. 制鞋面（Chaod ghob pot）

如果说鞋底是决定苗鞋质量的关键，鞋面则决定了苗鞋是否美观。颜色、形状、刺绣图案各异，苗鞋也呈现风格不同的美。

剪鞋面样（Nghad ghob mianb）　这一步和剪鞋底样一样，都是在纸上画出鞋面样，贴在布上，再用剪刀剪出来。鞋面布颜色以黑色、蓝色、绿色为主。对于那些技艺娴熟的苗家女来说，也可以不用在纸上画样，直接凭借记忆和眼力剪出鞋面样，即所谓的心到、眼到、手到。

▲ 鞋面刺绣剪纸纹样

▲ 鞋后跟云钩纹，与湘黔边苗族混居的侗族和土家族也会用到云钩纹

鞋面刺绣（Nbad benx xot npeib） 鞋面的刺绣各式各样，从位置上来讲，有的在鞋面前方即脚背上方的鞋面上刺绣，有的在鞋面的外侧（左脚绣左侧，右脚绣右侧）刺绣，还有的在脚后跟处进行刺绣。从纹样图案上来讲，苗绣中的各种图案都在鞋面上体现，以花鸟虫鱼为主。从刺绣针法上来讲，有平针绣、衔绣、订线绣等。其中最有特色的是脚后跟的刺绣，苗鞋后跟刺绣最有特色的是云钩纹，云钩纹刺绣方法较为复杂，需要先用其他颜色的布剪出云钩的纹样，再用订线绣针法，将云钩纹订绣在脚后跟两旁。

鞋口包边（Gunt heax kout） 准备一些宽度为两厘米左右的深色布条，长度略比鞋面的周长长，利用回针针法，将布条沿着鞋面，将反面边缘部分缝上，针法要密。鞋面包边通常用黑色或红色的布，与鞋面布颜色形成鲜明对比，显得美观。

3. 鞋底、鞋面缝制（Chud ghob jit gut ghob mianb）

上鞋面（Xangb xot npeib） 将鞋面和鞋底用麻绳进行缝合，一双鞋便拼装成型。上鞋面时，将鞋面边沿向内折3厘米左右，折出缝合边，将缝合边与鞋底板包边对齐，先在鞋面和鞋底的正前端和正后端用线缝上几针，固定好位置，然后从鞋面和鞋帮的边的二分之一处开始缝合，缝一周即可，缝的时候要固定好鞋面与鞋底的位置，让鞋面缝合边与鞋底板包边的衔接流畅，针脚密度均匀、紧致，鞋面和鞋底才能严丝合缝地连接在一起。

铣鞋底（Jix xanb jit） 这是做苗鞋的最后一步，体现了苗族追求手工艺品精益求精的精神。采用回针针法，用麻绳在拼装成型的鞋子底板边缘处纳一圈，使露在鞋底外圈的布更加紧密、牢固地贴合在一起。如果外圈鞋底布没有紧密地贴合在一起，就会露出纳鞋底的麻绳，做鞋的人就会被笑话"现狗牙了"，说明做鞋的技艺差。

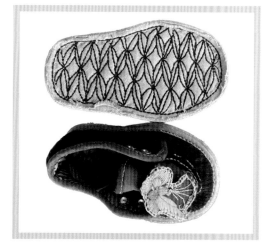

▲ 苗族童鞋鞋面与鞋底

工艺流程图示：

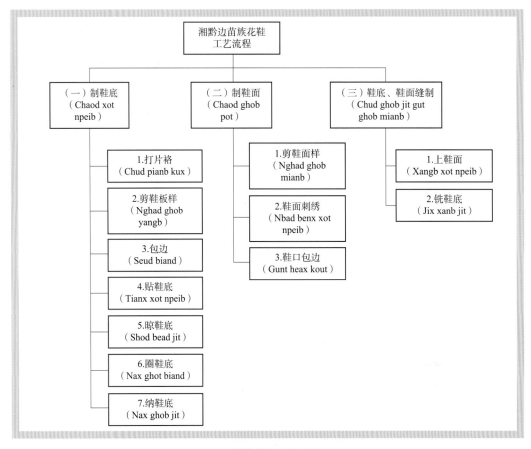

▲ 花鞋制作工艺流程

三、花鞋图案与纹样

（一）针法与绣法

绣花鞋虽小，对刺绣技法的讲究却毫不含糊。绣花鞋和衣服一样绣着各色花鸟或蝴蝶纹样。由于鞋面尺幅有限，绣花鞋在工艺技法上略有制约。在苗族绣花鞋的刺绣技术中，有锁边绣、贴花绣、平针绣、打籽绣、穿珠绣等。

（二）色彩与图案

湘黔边苗族花鞋讲究色彩的搭配，色相的对比搭配是民间大众所喜用的，能营造出浓烈欢快的视觉效果。苗族花鞋鞋面布与纹样绣线多为对比鲜明的色彩，面布多用大红、翠绿、湖蓝、天蓝、藏青、黑等颜色，与刺绣丝线的色相、纯度、明度形成差异，再加上珠片、镶边等补充装饰，使得苗族花鞋色彩层次极为丰富。

▲ 以植物纹样为主的绣花鞋

受幅面制约，绣花鞋的绣线色彩搭配虽不如服装刺绣精细，但也表现出苗族妇女的别具匠心。苗族花鞋常见的图案纹样包括花形、鱼形、虫鸟形、云纹、水波纹等，大都来源于自然界中常见的元素，色彩视觉对比强烈。大红、水红、粉红、土黄的花朵，配上由深绿、草绿、粉蓝、蓝紫、棕褐等冷色调丝线绣制的枝蔓与叶子。春天明黄的蝴蝶、夏天娇红的莲花和鲤鱼、秋天金黄的果实、冬天粉红的梅花，都来源于对自然界色彩的感知与提炼。除此以外，鞋面上还有一些抽象几何图案。

四、苗族鞋垫

湘黔边苗族地区原始手工艺术在社会变迁的历史长河中，代代相传并不断丰富创新。湘西手工刺绣鞋垫就是土家族和苗族的一种传统手工艺品，极富民族特色。湘西拥有独特的山水景观、迷离的人文环境与浓郁古朴的民族风情。由于地处亚热带季风湿润气候，雨水丰沛，光热量偏少，所以人们都有使用鞋垫的习惯。湘西少数民族的鞋垫不仅用于防潮和保暖，而且还担负着传播文化的功能，已然成为土家族、苗族人民风俗礼仪中必不可少的特色物品，常常被作为珍贵的礼物出现在婚嫁或迎送场合。在湘西地区，十几岁的土家族和苗族小姑娘就已经是刺绣能手了，

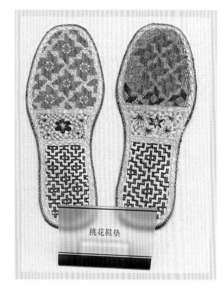

▲ 苗族挑花鞋垫

她们年幼时就在长辈的言传和姊妹的熏染下学习各种针织手工技艺。一双手工刺绣鞋垫从底料浆洗到布面选样，从丝线配色到针脚走线，制作者对每一道工序都非常讲究，因为它们直接关系着鞋垫的质量。在湘西少数民族同胞的观念中，能否缝制出一

双结实而美观的鞋垫，成了评价女人们是否聪明与勤劳的标准之一。同时，秀美结实的鞋垫也是苗族少女的传情之物，可谓"线线寄相思、针针传真情"。如果未婚男子看中了哪家姑娘，就会搭讪着探问是否可以送一双亲手纳制的刺绣鞋垫，倘若对方答应了，这门姻缘也就差不多了。

苗族手工绣花鞋垫，内用全棉垫布，采用庄户人家传统的挂浆工艺做成，除了自然古朴，美观大方，也非常耐用，随你怎样洗、搓、揉，它都不会缩水、变形。花色繁多，风格各异，针脚细密，设计精美。鞋垫图案自然古朴、美观大方、吉祥喜气。不怕水洗，经久耐用。苗族姑娘一直把绣花鞋垫作为展示自己聪明才智的平台，作为馈赠亲友的珍贵礼品。特别是把它作为男女之间爱情信物时，这千针纳成的绣花鞋垫更是千言万语的真情表白。

湘黔边苗族喜欢垫鞋垫，一是可使足底得到按摩，起到保健作用；二是可以让鞋内空气流通，减少脚臭味，有利于双足卫生；三是垫子可以随时换洗，减少了鞋子的洗刷次数，延长了鞋子的使用寿命。总而言之，好处多多。

（一）鞋垫类型

苗族绣花鞋垫分为单面绣（Rul ad nqad）和双面绣（Rul oub nqad）两种，所谓单面绣指只绣鞋垫其中一面的图案，而双面绣则指鞋垫正反两面都要绣出一样的图案来。

从绣花鞋垫的表现手法看，常用的主要有平绣（Max bingx jiub）、缠针绣（Jixnghuand jiub）、扣锁绣（Jix gieut jiub）、十字绣（Benx giab）等。总之，针法灵活多变，富有极强的艺术表现力。

苗族绣花鞋垫从工艺手法上主要分为刺绣鞋垫（Nbad benx wax dianb）、割绒鞋垫（Geud nghad wax dianb）、十字绣鞋垫（Benx giab wax dianb）、圈绒鞋垫（Jix xiud bib wax dianb）等。

湘黔边苗族手工制作的鞋垫，就其背面线条的造型，又可分为随意型、直线型（Max danx nangd）、方格型（Ghob tangt nangd）和交叉型（Jix kob nangd）四种。随意型，就是只考虑鞋垫正面花纹、图案的形成，不考虑背面线条的形式，随心走针，因此称之为随意型。直线型，就是在考虑到鞋垫正面花纹、图案形成的过程中，适当兼顾背面线条的走线形式，使之全部顺着一个方向成为直线状，因此称之为直线型。直线型又因走线的不同分为横线型和竖线型。不论是横线型，还是竖线型，这种鞋垫背面的线条全部可以看清，并且十分明显。方格型，就是在考虑鞋垫正

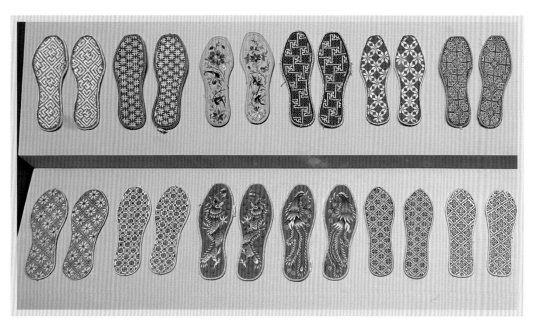

▲ 苗族绣花鞋垫与挑花鞋垫

面花纹、图案形成的同时，适当兼顾背面线条的走势，使之全部成为一个个密密麻麻的小方格。方格型的特点是背面线条分布均匀，连接有序，别有一番情趣，主要特点是背面花纹、图案是由方格组成，而正面则是由小交叉的图形组成。但不同颜色的接壤处，针脚弯弯曲曲，稍欠美观。交叉型，是在考虑鞋垫正面花纹、图案形成的同时，又考虑到背面花纹、图案的形成与正面花纹、图案完全一致，因此，称之为两面花。两面花鞋垫的背面和正面一样，全部由小交叉的图案组成，不论是图案的大小、位置还是形式，完全与正面一样，是鞋垫中的精品，因此备受人们喜爱。

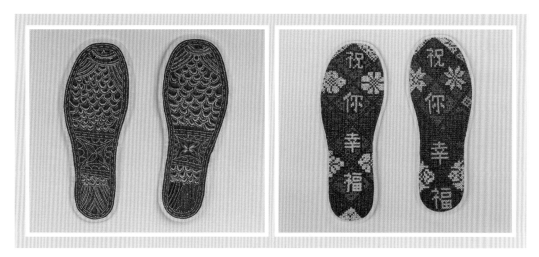

▲ 年年有余（鱼）鞋垫与祝福鞋垫

（二）工艺流程

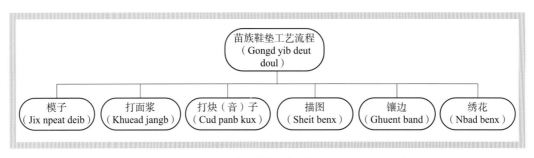

苗族鞋垫工艺流程
（ Gongd yib deut doul ）

| 模子（Jix npeat deib） | 打面浆（Khuead jangb） | 打炔（音）子（Cud panb kux） | 描图（Sheit benx） | 镶边（Ghuent band） | 绣花（Nbad benx） |

▲ 苗族鞋垫工艺流程

一双精美结实的手工刺绣鞋垫，需要手工娴熟的妇女近半个月的时间才可完成。每双鞋垫首先都要用五六层纯棉布进行浆制，然后进行剪样，最后用上等丝线或者纯棉线精心纳制刺绣。鞋垫布面上刺绣而成的成千上万的针脚，不仅能呈现优美的图案，而且还能对足底起到一定的按摩作用。因此，这种鞋垫不仅具有透气排汗的功能，而且还有缓解疲劳的效果。

无论是哪种绣花鞋垫，都要经过做模子（Jix npeat deib）、打面浆（Khuead jangb）、打炔（音）子（Cud panb kux）、描图（Sheit benx）、镶边（Ghuent band）和绣花（Nbad benx）工序，而做模子、打面浆、打炔（音）子就是将生活中的碎布裱糊在一起，做成三五层碎布厚度的硬布片，描图和镶边就是在硬布片加上里子和面子两层底布做成鞋底样。接下来的绣花部分就完全不同，刺绣鞋垫是把刺绣的手法运用到鞋垫上；割绒鞋垫运用纳的手法制成；十字绣鞋垫是把十字绣的手法运用到鞋垫上，一针一针绣出图案。

无论是哪种工艺做出来的鞋垫都有舒适、透气、耐磨、吸汗等功能，不怕水洗，不变形，经久耐用，鞋垫上凸起的图案针脚对脚底的穴位有很好的按摩作用，长期使用对身体有很好的保健作用，对人体无任何伤害。

一双手工鞋垫由于尺寸不同，其出入针总量也就不相同，一般都在万次左右。以一双42码的小格棉布鞋垫为例，整双鞋垫就有约9000个方格，每个方格为一个进出针点，它的进出针总量超过3万多个。所以，一双手工制作的鞋垫，其制作时间最少也得6~7天，长的达十天半个

▲ 现代苗族绣花鞋垫　摄于湘西州博物馆

月，甚至更长。手工鞋垫的每一针、每一线都倾注着制作者的智慧、高尚的心灵、精湛的技术和勤劳的汗水。

（三）图案特点

苗族绣花鞋垫图样繁多，花色各异，针脚细密，设计精美，既有传统韵味，又有现代风格，往往寄托了制作者要表达的思想。湘黔边苗族鞋垫上的图案纹样有动物、植物、花卉、文字及抽象几何纹等，不同的具象符号和抽象符号构成了各种丰富多彩的图案。

动植物类题材中，"鸳鸯""荷花""蝴蝶"纹样，寓意恋人、夫妻之间和和美美，恩恩爱爱；"老虎""马"等图案表达对某一属相的美好祝福；"莲花""鱼"这些纹样，寓意生活连年有余；"松""鹤""桃"纹样寓意老人长寿等。这些图案的构思设计巧妙，有些是谐音，反映着对美好生活的期望和憧憬。

抽象几何类纹样，主要由自然界的日、月、星、云等抽象变形而来。

▲ 熊猫鞋垫

文字类纹样往往用汉字来表达对家人和朋友的美好祝愿，如在工艺精湛的鞋垫上绣上"步步高升""一帆风顺"期望亲人、朋友生活顺利，事业有成；绣上"出入平安"等希望外出学习、工作的亲人能够平平安安，取得好成绩；绣上"心心相印""百年好合"期望恋人、夫妻之间能够幸福美满；绣上"足底生金"寓意朋友做生意能够财源广进。

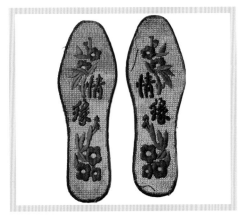

▲ 文字鞋垫

湘黔边少数民族妇女经常会聚集在一起研究鞋垫绣花纹样，对于好的纹样她们会互相传阅学习，一边绣花，一边交流经验，并按照个人的审美需求进行加工和变化，因此，湘黔边少数民族鞋垫刺绣已经形成了简洁、朴实而独具地域特色的民族民间艺术形式。这种刺绣鞋垫艺术具有两个明显的特征：造型施色上的原创性以及意蕴上的象征性。

　　湘黔边少数民族刺绣鞋垫为纯手工制作，其制作者都是普通少数民族妇女。她们制作鞋的目的，一方面是为了满足现实生活的需要，另一方面是为了美化现实生活，寄托真情，全然没有功利性因素。因此，在图样造型和丝线色彩搭配上，少有理论概念的约束，表现出率真而自然的特点，体现了极强的原创性。她们凭借丰富的劳动经验和质朴的想象力穿针引线，在制作鞋的过程中随意造型施色，甚至不打底样，用针线直接造型，以极其概括的手法大赋于形、随意取舍。

第十三章　湘黔边苗族银饰

喜爱金银是人类的共性，但喜爱的原因却各有不同。多数人喜爱金银源于其货币形态，而苗族人民对金银的喜爱更多来自它的装饰功能。苗族自古以来就是一个爱美的民族，非常重视衣着打扮，尤其喜欢华丽繁复的装饰品。远古时代，苗族的祖先常用花草和贝壳装饰。他们把这些材料做成各种形状的装饰品，用来美化生活，表达情感。后来，这种工艺被传承下来。随着时代发展，人们对传统文化有了新的认识和理解。银是一种贵金属。金属冶炼技术传入苗族地区以后，苗族人民不仅用金属来制造劳动工具、兵器，而且还应用于饰品锻造等方面，尽

▲ 苗族女性银饰

管最初只是一些简单、粗糙的产品，但是体现出苗族人民聪明睿智的一面，逐步形成银饰穿戴的风俗而传承至今。湘黔边一带佩戴银饰的习俗至今保留完好，银饰锻造技艺高超，种类繁多，造型繁复，体现了苗族人民崇尚美、喜华贵的民族审美心理。如今，银饰已成为苗族的标志，具有重要的历史文化价值和艺术审美价值，在苗族生活中具有其他饰品无法替代的重要作用和象征意义。由于中国历史上千百年来战乱不断，苗族经历了五次大的迁徙，在迁徙过程中，苗族人民将银饰物品作为自己的积蓄和财富随身携带，并且将自己的生活理想、价值观念等通过银饰展示出来，具有丰富内涵的生活之美。

一、源流

苗族以金银为饰物的历史非常悠久，早在春秋战国时期，楚怀王曾自称黄金、珠玑、犀象是楚国的特产。秦汉以后，夜郎等境内的手工业已经得到了很大发展，黔西东汉墓中曾经出土了多件颇具民族特色的银手镯、银戒指、小银铃等工艺品。《华阳国志》记载，蜀汉时期，南中地区的贡品中主要有"金、银、丹、漆、耕牛、战马"等。南北朝时期，《南齐书》（卷五十八）记载，当时苗人"兵器以金银为饰"。《新唐书·南蛮下》记载，唐贞观三年（629年），东谢蛮谢元深入朝时，"冠鸟熊皮，若注旄，以金银络额"。谢氏世居夜郎、牂牁，其装束"以金银络额"，说明当时这里的少数民族已用金银为饰品。宋代，富贵人家以金银为器皿，炫耀夸富。《溪蛮丛笑》记载："仡佬之富者，多以白金象鸟兽形为酒藤，或为牛角、勃鸠之状尤多。每聚饮，盛列以夸客。"《元丰九域志》记载，武陵五溪地区各瘝州向朝廷进贡的各种方物中也包括银饰品。天禧三年（1019年），向通展贡品中有"名马、丹砂、银装、剑弩、兜鍪、彩牌"等物，其中"银装"当是工艺成熟的银饰品。

明清以前，由于苗族聚居地区与中原政治关系不是很紧密，有关苗族银饰的记载都比较零碎，系统考证较为困难。明代，随着贵州行省的建立，白银以货币形式进入苗族地区，为苗族银饰提供了原料。有关苗族银饰的记载在各类地方志、野史笔记中都大量出现。明代郭子章《黔记》记载："富者以金银耳再，多五六如连环。"明成化年间《五溪蛮图志》记载："其妇女皆插排钗，状如纱帽展翅。富者以银为之，贫者以木为之。""男女皆戴银耳环。"康熙年间《红苗归流图》记载："男子以网约发，带一环于左耳，大可围圆一两寸。妇人则两耳皆环，绾发作螺髻，织篾为笄，以发纬之如蟹，遍以银紫绕之，插银簪六七枝，簪形若匕。"《红苗归流图》中"贸易蚕种图"记载："苗人亦知蚕务而不知遗种。每暮春，其妇女结伴入城市，各以土物之宜向民家换种。必盛其服饰，皆以银横插排列，耳垂大环，径可二寸。"

乾隆年间《湖南通志》《乾州厅志》等均记载，苗民"银、铁、木、石等匠，皆自为之"。《湖南通志》记载，男子"夸富者以网巾约发，冠以银簪四五枝，长如匕，上扁下圆。左耳贯银环如碗大。项围银圈，手戴银钏，腿缠青布"，"妇女银簪项圈手镯皆如男子，惟两耳皆贯银环两三圈，衣服较男子略长，斜领直下，用锡片红绒或绣花卉为饰。富者藏大银梳，以银索密绕其髻"。乾隆年间《凤凰厅志》记载：男子"左贯银环如碗大"；妇女"两耳贯银环两三圈，甚有四五圈者，以多夸富"。

乾嘉时期，苗民起义失败后，苗疆服饰发生了一些变化，银饰风格仍然完整沿袭。《铜仁府志》记载："嘉庆元年平定苗匪，男皆雉发，衣帽悉仿汉人，惟项带银圈一两圈，亦多不留须者。"光绪《湖南通志》记载："妇女项圈手钏，皆以银为之。"

从以上的各种文献记载可以看出，苗族地区银饰佩戴习俗历史悠久。综合目前国内学者对苗族银饰发展历史的研究，我们可以推测苗族银饰始于战国时期，成熟于明代，繁荣于清代和民国，且沿袭至今。具体分为萌芽时期（明代以前）、初步发展时期（明代）、繁荣发展时期（清代至民国）、曲折发展时期（中华人民共和国成立至20世纪80年代）、鼎盛时期（20世纪80年代至90年代）、非遗保护新时期（21世纪初至今）。

▲ 明清时期，湖南吉首、凤凰和贵州松桃苗族盘圈

湘黔边地区苗族银饰源远流长，明清时期较为繁盛。据《贵州工业发展史略》记载，明末清初（17世纪20年代前后），铜仁境内以生产农具、金银首饰为主的五金制品业遍及城乡。清初松桃银饰业很发达，银饰铺遍及城乡，产品多至60余种。据传说，光绪年间，松桃长兴堡的朱洪章凭借精湛的银饰打造手艺名噪一方。

尽管有关苗族银饰的历史文献记载不多，但在苗族地区的很多神话传说中，却有着很多关于银饰的描述。《苗族古歌》中，有"运金运银""打柱撑天""铸造日月"等篇章。在苗族古歌里，金银都被拟人化了，成了苗族同胞们的亲密伙伴，这体现了苗族"万物有灵"的原始宗教观念。苗族古歌中有这样生动的描述："金子和银子，住在深水潭，水龙和硼砂，来陪他们玩。""金子冒出来，像条大黄牛，脊背黄泱泱。""银子冒出来，像只绵白羊，肚皮亮晃晃。"他们又用金子打造了金柱，用银子打造了银柱把混沌的天地撑开，还打造了金太阳和银月亮，以及漫天的星星。"以前造日月，举锤打金银，银花溅满地，颗颗亮晶晶，大的变大星，小的变小星。"由于用金银铸造了太阳和月亮、星星，才让白天黑夜更迭有序。

二、类型

湘黔边苗族银饰不仅花样繁多，造型精美，而且数量之多让人叹为观止，形成了一种极具审美价值和文化内涵的银饰文化。无论是盛大集会，还是日常劳作，苗族人都习惯将银饰佩戴于身，尤其是苗家姑娘在穿着节日盛装出行时，那多姿多彩的衣裙，摇曳作响的银饰，再加上婀娜的姿态，犹如一丛花山银树，让人满目玲珑，美不胜收。在凤凰、松桃一带流传着这样的俗语："锦鸡美在羽毛，苗女美在银饰。"苗族银饰文化的形成与苗族社会物质生产生活、精神文化生活的发展密不可分。苗族银饰突出服饰的实用功能，起初的银饰多用于保护衣背、衣肩、背扇、衣袖肘拐、衣边和裙缘等易被磨损的部位，使其坚固耐用，时间一长便成了重要饰物。后来随着生活水平的提高，苗族银饰的实用物化功能逐渐淡化，审美功能和民族标识功能得到了强化，成为苗族民众审美观念、审美趣味以及审美情感的承载物，也成为湘黔边苗族地区富有特色的文化名片。

由于经济文化、生活习俗和审美情趣的不同，湘黔边苗族各支系银饰的佩戴部位和佩戴习惯有所不同，类型也各有差异。湘西、松桃两地，其银饰从佩戴部位上大体可分为头饰、颈饰、胸背饰、手饰、耳饰、脚饰等。随着旅游业的发展，传统银饰加工技艺又逐步得到恢复和推广，产品种类逐渐增多。随着时代的发展，苗族人民关于银饰的审美也发生了变化，从"以大为美，以多为美，以重为美"逐渐发展到"以精为美，以新为美"。

（一）头饰

湘黔边苗族最重视银饰头饰，其重量在整套苗族服饰的装饰品中是最重的，在2000克至5000克不等；其价格也是整套苗族服饰的装饰品中最贵的，一套苗族女性盛装的头饰包括凤冠、插头（包括前插、后插桐子花）、银梳等，价格不低于2万元。

最具代表性的头饰是"凤冠"和"接龙帽",这两种头饰最能体现苗族银匠高超的技艺和聪明才智。

凤冠(Bianb ngongx) 凤冠固定在头帕之上,以银片捶打、铸炼而成,是各种银饰之中做工最精致、形制最繁复、使用银量最大的一种饰物,旧时仅富贵人家才能置办,多为未嫁少女在椎牛、祭祖、接龙等重大祭祀活动中佩戴。

凤冠最主要的工艺是錾花,由数百个银片与细银丝焊接而成,主要构造为一块银皮上焊接着各种立体花型,花型共有五层。第一层为双龙抢宝;第二层为鱼凤或花凤同一方向连缀在一起;第三层为双龙双凤,双龙在中间,双凤分别在两旁;第四层一般同第二层花型一样;第五层则是凤鸟下用银细链坠着立体的银喇叭花和银叶子。凤冠一般长约 40 厘米,高约 20 厘米,重量在 300 克到 800 克之间。凤冠制作工序相当烦琐,零零碎碎的小银件通过银丝焊接而成,稍不留意捏错一个零件,就得重新再来,就算用机器制作也得两天左右,纯手工打制需要十多天才能完成。凤冠呈半弧形,姑娘步行时,凤冠上的各种龙凤花鸟随步摇动,栩栩如生,灵动妩媚。

▲ 湘黔边苗族凤冠

接龙帽(Jid mob reax rongx) 接龙帽是湘黔边苗族"接龙"仪式中所佩戴的头饰,以龙母接龙帽最为典型。龙母接龙帽的帽身呈头盔形,顶饰帽花,两侧以银牌作耳,后垂九串坠饰作辫,帽檐饰双龙戏珠,辫上饰虫鱼花鸟。全帽采用纯银制作,重约 2500 克,分为四层。上面三层为三对银牌,每块银牌刻有不同的图案,图案以动植物为主。最下层由九串花束组成,每串花束又分为九层。"接龙"当天,由苗祭师挑选一名貌美如花、德才兼备的年轻女子作为"龙女"，再挑选几十位端庄俊美的年轻女子作为"侍女"，按照苗族祭师的鼓点缓步紧跟，同时身体会前后摆动跳起祭祀舞蹈，祈求风调雨顺。接龙帽因为耗银多，非富贵人家不能置办，一寨、几寨才有一顶，需要时可借用。

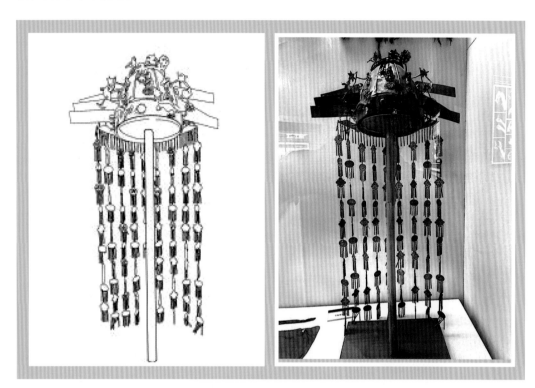

▲ 龙母（女）接龙帽

▲ 人头鱼身龙公（男）接龙帽、龙公（男）接龙帽，摄于凤凰县山江苗族博物馆

银花大平帽（Max binx joud mob nngongx） 银花帽直径约60厘米，重约470克。银色泽洁白，是一种贵金属，在国内外市场十分畅销，具有很高的观赏价值。该帽以

天然植物为图案制作而成，结构包括三个主要部分：正面和背面是两片半圆形银皮合成的圆形和空心的以细丝螺旋形成的圆顶形。零件可拆散。帽顶焊有花、鸟、鱼、虾、龙、凤、蝴蝶图案，用湖绿、桃红丝线装饰的花束犹如繁花绿叶铺在其冠部，在银色的映衬下显得美丽而诗意盎然。

▲ 民国苗族银花大平帽　　　　　　　▲ 现代银花大平帽（又名银盘花）

　　头插（桐子花）（Benx yaox）　头插是苗族妇女插戴于头帕上的头饰，花样众多，各地花型不同。从插戴位置来看，包括前插和后插，佩戴时后插与前插在头帕顶部围成一圈。松桃一带的前插主要是桐子花，一套盛装的头饰有 3 枝桐子花，中间 5 朵一枝，两边 3 朵一枝。每支花枝总长约 35 厘米，每枝花有 9 片花瓣，花瓣用银皮压制而成，花瓣周边镶有双股绞着的银丝，用来焊成花朵，花朵直径约 4.5 厘米，中间有

▲ 桐子花插头

6个水滴状的花蕊，然后用银丝束扎成一株株桐子花，连接处正面有鱼纹、花纹、凤纹、蝴蝶纹的银片，立体重叠在一起。花垣雅西等地的前插则是银椿花，椿花下端有插杆，中间为蝴蝶、白鹤、虾子、梅花、螃蟹等银饰件，缀有红绿丝线花束。

▲ 插头俯视角度

插头（后插，Benx ngongx） 松桃一带的后插包括有坠和无坠两种类型。佩戴时头帕中间插有坠后插，上方插一个无坠小后插。有坠后插上方呈弧形，长约28厘米，宽约5厘米，柄长6厘米，上面焊接着立体的鱼形、花形、蝴蝶形、凤形的银片，下方有21根约10厘米长的坠子，坠子上用连环锁链连接着四瓣花形，最下面坠着立体喇

▲ 有坠后插

叭花形。无坠小后插比有坠后插略小，宽5厘米，长18厘米，形状、花饰与有坠的一样。凤凰地区的后插在花形上有所不同，造型有蚩尤大刀、长矛、菊花、梅花、桃子、棋盘花、蝴蝶、寿字等，顶上吊湖绿桃红丝线花束。

银梳（Deb reas ngongx） 其外形与平常用的小木梳一样，包括有柄和无柄两种，梳背处一般刻有花纹图案。有的银梳上连着银链，链子另一头接有发夹，以便固定在头发上，靠近发夹另分出两条约5厘米长的小银链，链的末端吊有坠子，头动坠动，格外增添风韵。银梳在不包头帕时才戴。

▲ 有"银梳"的苗族头饰

（二）颈饰

颈饰是挂在脖子上的饰品，最常见的是项圈，因为体积小，可装饰的物件有限，一般由几根粗粗的银条缠绕在一起，以显示他们的富贵，是苗族人民最常戴的饰品之一。按佩戴数量分单圈和套圈两类，套圈有两件套、三件套、五件套不等，大圈套小圈，大小搭配得当，层层叠叠，流光溢彩。从形制上来讲一般包括轮圈、扁圈、盘圈、绳圈等。根据适用年龄不同，分为成人项圈和儿童项圈。除项圈外，还有儿童常戴的银锁。

轮圈（Hot nghongd joub） 是颈部主要银饰品，最为常见的项圈样式，大小不一，小的轮圈需银 300 克，大的重约 700 克。可单独佩戴，亦有加扁圈、盘圈佩戴的，老年妇女多单独佩戴。制作时先做成方形银条，然后绞成弯弯扭扭的麻花状，最后再弯曲成圈，两端做一阴阳套钩，佩戴上互相钩紧，钩柄上缠纹一二十道凸状银瓣，美观结实。

▲ 苗族轮圈

扁圈（Hot nghongd nbead） 这是项圈中层饰品，为数 5 匝，即由 5 根组成一套，外圈最大的一根重约 133 克，依次是 121 克、111 克、104 克、94 克。圈心呈筋脉状，有菊花纹饰，两端为阴阳套钩。花垣一带的苗族妇女将扁圈戴在胸前，两头大而中间小，谓之"哈高"，即吊钩之意；松桃一带的苗族妇女将扁圈扣戴在颈前；凤凰一带的苗族妇女则将扁圈扣戴在颈后，刻花部位戴在胸前，两头小而中央大，其特点分外鲜明。

▲ 苗族扁圈

盘圈（Hot nghongd kiand） 有多层互相叠压，大的在下，小的在上，故又名"叠板项圈"。每匝均錾花纹图案，十分美观。两头有公母套钩。盘圈是苗族妇女清代以前

▲ 苗族盘圈

的饰品，现不多见，十分珍贵。

绳圈（Hot nghongd ghos）又叫"扭根"项圈，被苗族人称为"保命圈"，是佩戴在衣服最里面的颈饰，形状如同实心的细绳，两头圈成钩、套状。可单独佩戴，也可以和盘圈、扁圈一起戴。

▲ 苗族绳圈

▼ 子母银项圈

儿童项圈（Hot nghongd deb deb）儿童项圈比成人项圈要小，和筷子一般粗细，一般刻着简单的花纹，如今也有刻字的，项圈下方用银链挂着银锁或者铃铛，具有驱邪消灾的寓意。

银锁（Hot nghongd soud）苗族儿童佩戴的颈饰，形状酷似荷包，银锁上刻有八宝图案，八宝花在苗族被认为是一种珍贵的花，其图案左右对称布，中间为花，左右为花叶，下坠5个桃子形状的响铃，花上刻有"长命富贵"四个大字，表达祝福吉祥的美好愿望，有着与汉文化相融合的传统图案。

▲ 苗族绳圈

（三）肩饰

肩饰以披肩、银挂为主。它是苗族妇女不可缺少的服饰之一，也是一种特殊形式的装饰艺术。肩饰体现了苗族人民独特的审美情趣，反映了苗家人的审美观念，有着重要的历史文化价值。披肩通常是缎面作底、镶花边、银饰缝缀，做工考究，是苗族银饰的佳品。戴上披肩后，披肩可随肩部和胸部的高矮和凸凹与肩胸紧密贴合。在凤凰地区，一副披肩通常需要挂7根或9根银挂，每组银挂多为两层，每层都是刻花镂空的薄银片，系银串，上层为2串，下层为5串，每串下端系银铃、小银片等。松桃地区的披肩银挂有单链和双链两种不同的样式，一套为7根，佩戴时前胸挂4根，后背挂3根，长约25厘米，上端为双层蝴蝶形银片，有银坠子6根，坠有银片制成的喇叭花、铃铛、叶片等。银挂是苗族妇女披在衣服上的银链饰物，类似流苏，挂在披肩上面。

▲ 盛装披肩

（四）胸背饰

胸背饰是价值性、综合性、观赏性极高的银饰品。一件银肩需要大大小小上百种物件进行拼接，穿在身上显示了苗族女性的魅力及沉稳。胸饰多为小件，但含义深刻，如辟邪、祈福、怀念先人等，文化内涵极其深厚，是苗族绝对不可缺少的银饰品。苗族各地区胸背饰包括的部件有所不同，松桃的胸背饰主要有前链、后链、纽扣链、八宝、挂扣、压铃、针筒等。

前链（Ghob blangs ngongx）　竖挂在胸口前的银饰，长约22厘米。松桃一带的前链最上端是用银片压制而成并用银丝镶边的双层立体空心蝴蝶，下面焊接3个小圆环，圆环下坠着蝴蝶，蝴蝶上方用连环连串着鱼形、喇叭形的银片，下端再用链子坠着3只小蝴蝶，小蝴蝶下面用链子坠着双层的鱼形、喇叭形银片。

▲ 压铃银牌下挂着的前链

纽扣链（Xid bid gheud） 两端分别挂于衣服纽扣垂于胸前的链子，苗族妇女把它称作"拉比过带子"。这是一种古老而又奇特的饰品，也是苗族人民最喜爱的装饰品之一。凤凰地区纽扣链由银质梅花织成，也称"梅花大链子"，苗语称"拉比过"。它的制法是先把银薄片编在少则几十朵，多则200多朵的小梅花中，然后用小环把梅花连成链子，戴在扣子上，挂在右襟。

▲ 纽扣链

挂扣（Xid ghuad keub） 有珠形、盘形两种式样。一般安单纽，有好奇者，将5颗纽扣结为一束，安在应扣部位。银扣一般重10克，两面凸起，有荷花、梅花纹，银光灿烁，赏心悦目。

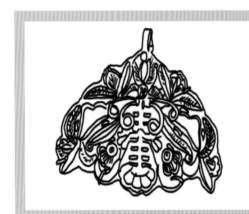

▲ 挂扣

▲ 压铃

压铃（Yab lix） 苗族妇女套在脖子上挂于胸前的银饰，用一根链子坠着长命锁，长约65厘米，链子两端为蝴蝶形银片，长命锁可以是镂空的，也可以是立体空心的，上面焊接着双龙抢宝、凤形、花形、蝴蝶形的银片，长命锁上方用链子挂着银制的6个铜钱、12个铃铛、21个喇叭和6条鱼。

牙签（Yax qand） 装饰兼适用之物，挂于胸前右方，重约200克，长68厘米。牙插上安一个小银圈，便于套挂在胸扣上，中央为打制的虫鱼鸟兽及植物藤草连缀，下端吊耳挖、牙签、刀、戟、剑、针夹、铲等小银器物，耳挖、牙签等方便日常使用，刀、剑、戟则是为了纪念骁勇善战的苗族祖先蚩尤。

银针筒（Zhongx jiub ngongx） 苗族妇女佩戴于衣襟的装饰兼实用的银饰，可以装绣花针，长约60厘米。胸前有一条银链坠着一个立体空心的花纹银盒，长约8.5厘米、宽2.5厘米，内有3个可以抽出来的装针的空心银筒，盒下另有一排四根银链，下端有瓜果鱼虫造型。银针筒链上除必吊一针筒外，还有一至三层其他缀饰，如喇叭、叶子等。最下端还有5条银链耳挖、牙签、刀、剑、戟。

银花银蝶（Bid bod ngongx） 是零星的饰品，多组合或散钉于衣裤、围裙、胸兜上，图案有八宝、花卉、麒麟、虫、鸟、龙、宝莲灯花等。

▲ 牙签、银针筒

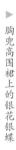
胸兜高围裙上的银花银蝶

银牌（Bax bot） 悬挂于胸前，形状有长方形、正方形、斗笠状。凤凰一带的银牌形状较多，表面刻花草、八宝、鹿、狮子、飞蝶、人物等图案，松桃一带则以八宝为主。

后尾（Zeit zhub ghob blangs ngongx）苗族妇女在重大节庆之日才佩挂的披肩银饰之一，由花草、藤叶、银牌等装饰物连缀而成。银牌上的图案有二龙戏珠、百鸟朝凤等。从后衣领挂过臂部，犹如银纱垂背一般。

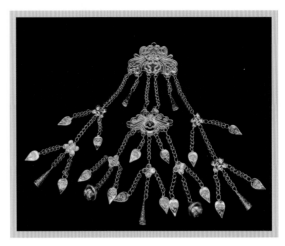

▲ 后尾（披肩装饰）

（五）腰饰

腰饰指佩戴在腰部的银饰品，主要有银腰链、银腰带、银腰绳，以腰链为主。腰链有两根单链、四根单链、六根单链的组合之分。链条越多，腰链越重，需要的银珠子和串圈越多。一般的双层腰链需要上百个小银珠和串圈编织成链条状，如果四根、六根的银链组合的腰链，需要的银珠子和银串圈就得有几百个乃至上千个。这些银链都是靠银匠师傅手工制作，一颗一颗地编织串缀起来的。腰链的佩戴方式各地有所不同，凤凰一带的腰链有两种，一种是两端钩于裙上，链子的中央挂在颈上或项圈上；另一种是系围裙捆于腰上。围裙若用银链系，就可免用花带。在松桃，腰链主要挂在腰后，两头为蝴蝶形的扣子，中间有 5 条银链。

▲ 腰饰

（六）手饰

手镯（Ghad bus）又称手环、臂环。苗族手镯形制大小各异，重的可达三四百克，轻的儿童手镯仅二十几克。平时戴1只，节庆集会时则一手戴三四只不等，两手所戴数量需一致。手镯既是苗族女子的装饰品，又是男子的装饰品，具有吉祥如意的含义。

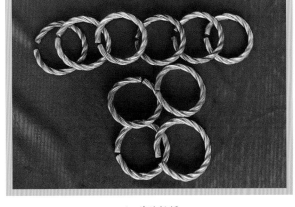

▲ 苗族银镯

苗族手镯种类颇多，按年龄可以分为儿童手镯、成人手镯。一般抱在手上不会走路的婴幼儿才戴手镯，大到能走路时，大多数就不戴了。儿童手镯多为圆形圈，两头缠绕在圈上形成调节扣，可以适当调整内圈大小。有的儿童手镯上还会坠着小银锤和小银盒。幼儿的脚上也可以戴镯子，镯子上一般会系上两个银铃铛。

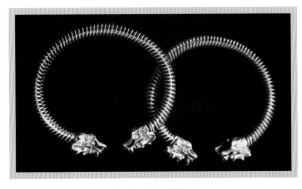

▲ 开口龙头银手镯

按形状可分为20余种，有空心圈、实心圈、扁形圈、扭圈、三棱圈、四棱圈、圆弧圈、竹节圈等。把银条锻成扁状，外刻精致花纹，形同箍子，叫作"箍子镯"；用3根细银条绞缠而成，缝隙间镶有2股银丝相绞的银线，叫作"三根丝"；用四棱银条扭成羊角樏，两头雕刻龙头，然后完成圆圈，叫作"龙头镯"；用银皮先做圆筒，表面刻有螺纹，再弯成圆圈，叫作"空心镯"。苗族姑娘穿盛装或出席重要场合时，手腕上经常戴两三副形状各异的手镯。

按是否接口可以分为闭环、开口环。闭环手镯一般都有调节内圈大小的调节环；开口环的接口有方头、圆头、圆弧头、花形头、叶形头、鱼形头等，戴时可以将开口略微向两边掰开，套在手腕上后再向里合拢至合适的大小。

按手镯的图案形状，可以分为净面环、镂空环、刻纹环等。净面环不錾刻任何花纹。镂空环有的是在银片上镂刻各种花纹，再弯成圈；有的则先采用花丝工艺做出外边框，在框内装饰镂空图案。

指环（Ghad ndad） 俗称戒指。苗族戒指种类颇多，有单丝戒指、双丝戒指、三环戒指、板戒指、花戒指，有连环形、四方印章形、椭圆印章形、吊花形、马鞍形等十几种形状，不一而足。人们少则戴1副，多则戴4副，戴的部位必须在手指的中节上，戴得多了，手指都难以并拢。用一个扁形银箍和四个有螺纹丝的

▲ 苗族手饰

银箍相连而成的戒指，叫作"九连环"。用银皮压成花形，再在花瓣上刻出花蕊，叫作"蝶恋花"。其中最具民族特色又充分体现苗族银匠聪明才智的是"四连环"，它如同现代的小魔方，由4个连环组成，每个连环上有"<"形状，平折成90度，每环交错套在一起，能分能合，分开后，不熟悉之人难以复原，故名"呆四连环戒指"。

（七）耳饰

主要为耳环，是苗族妇女最常见的装饰物之一，在盛装时必不可少，日常生活中也经常戴。苗族耳环的形制多种多样，包括龙头耳环、针饰耳环、瓜子耳环、叶形耳环、蝴蝶环、单丝环、虾环、梅花吊须环、茄子环、水虫环、荷花环等，也有用吊船形耳环的，船首尾两端各有一人，垂成9条链条，链条上的叶片除了耳环之外，还设有吊环、吊圈和吊铃等，苗族耳环的形制也是多种多样的，并且在银环的下面缀以虫鱼、花卉和叶片的银饰片与之搭配。

凤凰地区的苗族妇女一般都喜欢佩戴龙形耳环。由于耳环对银的要求不高，所以苗族妇女人人都有，并在日常生活中经常佩戴。

▲ 苗族耳饰

三、制作工艺

苗族银饰独步于民族首饰之林，其精美来自制作工艺之高超。

在漫长的历史发展中，苗族银饰以其独特的魅力和鲜明的民族特色吸引了无数国内外游客前来观赏和考察。如今，苗族银饰品已成为我国重要的旅游商品之一。苗族银饰品锻制技艺于2006年被列入国家非物质文化遗产保护名录。从材料、工具到制作工艺，体现了传统手工制作的技艺之美。苗族银饰传统手工锻制程序复杂，耗时耗力，做工精细，其中任何一道工序操作不当或者不符合要求，都会影响银饰成品的质量，造成巨大的损失。苗族银饰传统锻造技艺主要通过家族传承、口传心授一代一代完整系统地传承至今。在民间，往往以小型家庭作坊为单位，很少形成集团式的大型单位。由于是手工制作，千百件银饰出自千百个银匠之手，因此不同银匠的制作工艺会呈现不同的艺术风格，苗族银饰的艺术价值也正在于此。松桃、凤凰一带传统苗族银饰制作的历史非常悠久，技艺相当纯熟。

（一）材料与工具

1. 材料

材料的好坏对银饰品质及价值的影响至关重要。要成为技艺精湛的苗族银匠，首先得具备对材料性能的精准判断能力。一般来说，银料纯度越高，柔韧性越强，纯度越低则越坚硬。很多老银匠们在多年实践中练就了"火眼金睛"，总结出了材料的适用经验。松桃银匠龙根主根据自己40多年的经验，总结出了一套检验银的纯度的土法，"真银不怕火炼"，只需取一小节银块，用高温煅烧进行熔化，如果能烧成雪白色，没有杂质就是真银。

银料含银量的高低不同、氧化程度不同，其制作用途也各不相同。同样地，银饰形制大小不同，使用材料的要求也不尽相同，比如在制作项圈、手镯等大件饰品时，银匠师傅通常会将银和锌、锡、铜熔为合金混合使用，从而增加银饰的强度，使其不易变形；而制作耳钉、戒指、银花、银链等这样的小物件时，一般选择纯度较高的银料，因为纯度高的银柔韧性强，便于弯折变形，通过抽丝、编丝、掐丝进行各种造型，这些经验都是在反复的实践中得来的。

观察一块银料是否好，必须观察上面的气孔大小是否自然一致。

优质银器与劣质银器之间最为关键的差别是原料。原料是指铸造、焊接等工艺过程中所用到的金属或合金。银圆化成的银料叫"老银"。老银的硬度比较大，是制作凤冠的最佳材料。如果用足银制作凤冠，因过于柔软佩戴在身上就会出现变形。银圆早已经成为珍稀品种很难寻觅，唯有昔日以银圆化的饰品重新加工时才能见到老银。

苗族银饰传统加工材料为白银，但因年代不同，银料的含银量有所不同。据田野调查，民国时期，苗族所用的原材料为含银量60%～70%的银料，当地称为苗银，也就是非足银料。由于银料难得，当时很多银匠都会走乡串户收购银圆，用"袁大头"化银来制作银饰。中华人民共和国成立后，受民族政策的影响，政府定期为苗族地区拨付银砖作为银原料，这个时期的银料为含银量92.5%的纯银料，与国际标准925银一致。改革开放之后，苗族银饰所用银料为98银、99银。近年来，随着人们对银饰品质量要求的提高，市面上所售银器标准为99银或999银，已将纯度追求到了极致。在某些场合，白铜、白铁、铝等材料常被用作替代品。

苗族银匠十分重视个人的信誉，顾客购买饰品时会坦诚相告银料的纯度，这是他们作为手艺人的职业道德。如今为了省时省力，有的银匠会直接采购现成的经过锻打的银条作为原料，根据制作需要再将原料进行切割。

2. 工具

（1）承托固定工具

承托工具主要包括粗工锻打类用的底座，细工雕刻类用的工作台案及夹床。

锻打底座是锻打或捶制银料时垫在下面的木桩和铁砧，木桩多为就地取材的松木，将其截断，制成高50～70厘米的木圆柱，木圆柱上面再固定一个铁砧，铁砧大小不一，多为高10厘米、直径10厘米左右的铁块，使用时，将烧制好的银料用钳夹出，放在铁砧上，再用铁锤进行锻打。

进行雕刻类的细活用的工作台案则没有统一的标准，过去苗族银匠多使用木桌作为工作台案，如今为了方便操作，有的银匠也会根据需要用各种铝合金或者合成材料特制成操作台案。

夹床是在錾刻时用于夹持银饰的固定装置，一般由可调整的两块金属夹板和螺栓组成，錾刻时，先

▲ 夹床

将螺栓拧松，将银饰放在夹板下，拧紧螺栓进行固定，然后就可以开始錾刻。

（2）锻打工具

苗族银饰的锻打工具主要为铁质榔头和铁锤。一般捶打大件银料时使用榔头，长40~50厘米，敲击整合小件银饰或银片时则使用小铁锤，长10~20厘米，使用锻打工具时必须掌握好冷却时间和捶打力度。

（3）熔炼焊接工具

传统熔炼焊接所需工具主要有木炭、风箱、火炉、坩埚、木槽、油灯、吹子、火钳、镊子等。木炭、风箱、火炉、油灯主要用于生火，风箱多为手动型单扇叶风箱，油灯可以使用煤油和桐油；坩埚是熔银时装银料所用，多为陶质；木槽则用于淬火时放置银料，由于木头易燃且有烟，现在很多银匠师傅

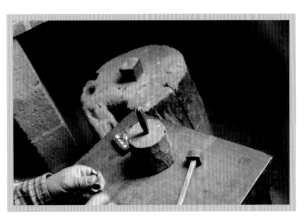

▲ 铁砧铁锤

改用铁板、砖头作为淬火台；油灯为铜质，形状近似长嘴茶壶，灯嘴长20厘米左右；吹子则是类似于烟斗的L形铜管，使用时含在嘴里对着油灯吹；火钳和镊子用于夹取高温银料所用。

传统熔炼焊接工具操作烦琐，且费时费力，为了提高效率，有的师傅会使用燃气火枪和电炉进行熔炼焊接。

▲ 油壶

（4）钻孔工具

制作银饰时有时需要在材料上加工出孔，尤其是制作一些银饰小物件时，比如给银片镂刻花纹，就需要先钻孔，以便锯条能够穿过孔洞进行操作。制作钻孔的材料主要有钢钻、铁钻、铁针、钢钉等，大小规格不一。常见的钻孔工具铁钻包括大、中、小三种规格，大的直径为10厘米左右，长约20厘米，小的直径为3厘米左右，长约

5厘米，最小的钻头可以像针尖一样细小。钻头直径和长度大小，取决于铁钻的不同用途。钻孔时，一般需要给钻头涂润滑剂防止钻头过热，然后把需要钻孔的材料放在铁砧之上，用定位錾打出小坑，再用铁钻由浅入深循序渐进地钻孔，用力要均匀，中间需要不时抬起或降低钻头，调整到合适的孔洞深度，整个操作过程是对银匠师傅耐心和细心的考验。

（5）錾刻工具

苗族银饰传统錾刻工艺复杂，主要的工具是小铁锤和錾子。根据錾刻纹样及肌理的不同，需要制作不同形状的錾头。錾头大致可以分为两大类，第一类主要用于錾刻线条，决定纹样的基本造型，这类錾头有大小之分，大的跑錾用于直线錾刻，小的用于錾刻曲线；也有形状的区别，有圆形的、半圆形的，还有平口的、方口的等，不同的规格用于不同的制作场合。第二类錾头主要用于錾刻各种花纹，錾头的形状五花八门，有传统的花形、叶形，也有抽象图案、数字、字母等。苗族银匠所使用的錾子有的是从祖辈传下来的，也有从外面买来的半成品，根据制作需要加工成不同类型的錾子头。錾子头可以手工制作，也可以采用机刻。錾子种类越齐全，可錾刻的花纹越丰富，制作的银饰就越精美。所以每个匠人的工具数量和种类都不尽相同，而且越老的匠人所持有的錾子种类越齐全，工匠们也总是愿意花时间琢磨如何把工具改造得得心应手，提高工作效率。松桃银饰传统锻制工艺传承人龙松使用的錾子多达150余种，不仅包括传统的花形、叶形、圆形等，还包括各种抽象纹样和26个英文字母。

▲ 苗饰錾刻工具

（6）延展工具

苗族银饰根据錾刻或编结工艺的需要，要将熔炼好的银坯延展成薄片、银条或银丝。薄片和银条主要通过铁锤捶打进行延展，银丝则需要用专门的拉丝工具操作。

拉丝工具主要包括拉丝架、拉丝板、拉丝钳。拉丝架是用来固定拉丝板进行拉丝的木质架子，形似长条板凳，木架上面的木板有专门固定拉丝板的卡槽，卡槽在木板上面的，拉丝板就平放在卡槽里，从下往上拉丝；卡槽在木板侧面的，拉丝板则竖着放在卡槽里，拉丝时向水平方向拉。拉丝板是拉丝中最重要的工具，一般为长方形的钢板，钢板上钻有大小不同的眼孔，少的30多个孔，多的则达50多个，眼孔直径从20多忽米到400多忽米不等，根据银饰制作需要可以拉出粗细各不相同的银丝，最细的如发丝。

▲ 拉丝板

▲ 拉丝钳

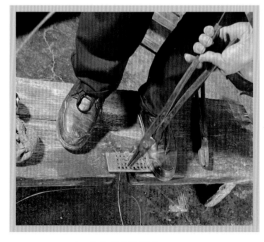

▲ 正在制作的银丝

▲ 拉好的银丝

▲ 拉丝架

（7）裁剪工具

银片在模具中制作完成之后，最后一道工序就是把打制的图案裁剪下来，将不需要的部分剪掉，如在制作头饰品的时候，上面各式各样的花片就需要银匠师一剪一剪地裁剪，这类工具主要有剪子、夹子、锤子、刨子、锯子等，根据具体需求不同，长度规格5～15厘米不等。松桃县的银匠龙松有20多种大小规格不一的剪子，既有用于剪银皮、银丝的短头大柄剪，还有剪银片的平头剪、剪圆形的翘头剪。

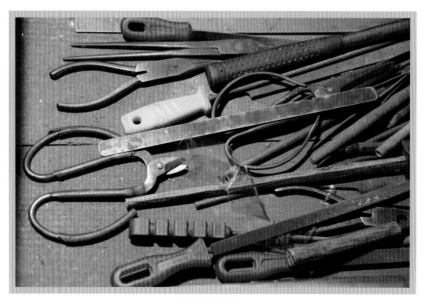

▲ 银饰制作常用工具

除了以上主要的制作工具以外，苗族银匠在制作银饰的过程中，还会用到桌子、凳子、收纳箱、脸盆、照明灯等辅助工具。总的来说，苗族银饰制作需要的工具设备数量和种类都非常多，在一代一代的传承过程中也有新设备、新工具不断被引入，甚至有很多现代机器设备取代了部分传统手工工具。但不管机器如何更新换代，都无法完全替代传统手工工具。苗族银饰的巧夺天工离不开银匠师傅的别出心裁，制作技艺越精巧，手工工具就越复杂，有的银匠师傅还会根据自己的制作需要去发明或改进设备和工具。比如，过去苗族银匠用来淬火的底槽一般都是木质，后来很多师傅改用青砖。松桃的银匠龙松在长期的实践中发现，淬火时用木头当底槽易燃有烟，用青砖受热又不均匀，经过长期摸索和不断试验，他找到了最佳的淬火底槽，将石头用机器碎成小块平铺在台案上作为底槽，石头不易燃，银饰放在上面留有空隙，淬火时受热又快又均匀。看似只是微小的改变，却体现了苗族银匠对传统手艺的坚守，这是任何现代机器设备都无法比拟的！

（二）工艺流程

苗族银饰制作的工艺流程极其复杂，在银饰的种类、纹样设计及制作组装等方面都表现出苗族特有的民族风格和审美品位。从横向发展来看，苗族银饰锻制技艺和其他民族的银饰锻制技艺有很大的差异，主要体现在锻制和錾刻技艺方面。以苗族银镯制作为例，就有镶嵌法、錾花法、花丝法，以及各种焊接、锻造、镂空、绕丝等技法；就松桃和凤凰两个地区来看，银饰种类和图案不一样，所用的锻造技艺不一样，工艺流程的侧重点也有所不同。即使是同一品类，造型上也各有特色，甚至每个银匠师傅锻造同一种银饰所用的工艺也会有所不同。从纵向发展来看，受市场的影响

▲ 银匠工作的地方与部分制作工具

和机械化的冲击，苗族银饰的锻制技艺开始趋向高效生产和降低制作成本，目前多数银饰作坊的传统制作工艺流程在逐渐机械化和简易化。尤其是像项圈、手镯这样的大件银饰，制作工艺较为简单，更容易机械化；类似于银花、银铃、银蝴蝶等小件银饰，制作工艺较为复杂，需要精工细作，相关的搓丝、编丝、掐丝等环节必须手工操作才能完成。

苗族银饰锻造技艺大致可分为三个阶段：一是银饰坯胎制作，二是银饰半成品加工，三是银饰成品精加工。具体包括选料、熔银、锻打、锤炼、压模、冲模、錾刻、镂刻、拉丝、搓丝、掐丝、编丝、剪裁、焊接、清洗、抛光等多道工序。

第一道工序是银饰成品的坯胎制作，这道工序起着至关重要的作用，它主要包括原料选择、银料的熔炼加工、锻打、锤揲等程序，将原料制成银条或银片两种坯胎。银条可以作为制作手环、项圈等银饰的粗坯，也可以通过后期的拉丝、编结等制成各种造型繁复的花型；银片则主要用于后期的錾刻、镂刻等。

第二道工序是银饰半成品的加工和打造，这是进入制作环节的一道工序，也是制造银饰品最为重要的一道工序，直接关系到成品的质量，在这一阶段包括银饰制作的两种主要工艺：錾刻和编结。錾刻是在实心的银块、银条和银皮上用錾子錾出精美纹样，呈现立体厚重的造型，主要程序有锻打、锤炼、压模、冲模、錾刻、镂空等；编结则将银条拉丝，再经过搓丝、掐丝、填丝等程序，呈现各种细腻的线状纹饰。

第三道工序是银饰半成品的组装和加工。银饰半成品打制好后，各自都是以零散的部件出现的，要把这些单独的部件组装成一件完整的银饰成品，还要进行精加工。主要步骤包括裁剪、焊接、装饰、清洗、抛光等，这是最为复杂的一道工序，需要银匠师有足够的耐心和细心。

▲ 打造合适厚薄大小的银片

▲ 银坯制作

▲ 裁剪

▲ 加热焊接

▲ 装饰组装

▲ 细节加工

▲ 清洗

▲ 抛光

　　苗族的大件银饰造型繁复，因此组装时要格外细心，稍不留意裁剪不平整或安装错位，这件银饰就成了废品，从而造成巨大的损失。以苗族银饰凤冠为例，组成凤冠的银饰小件多达上百种，蝴蝶、龙凤、鱼、花、叶等不同零件分别安装在哪里和如何安装都有着严格的规定，稍有不慎，整件凤冠就会变成次品或者废品，所以凤冠整合过程非常考验银匠师傅的技艺。银饰制作完成后，先将这些小物件放在一个容器里浸泡一段时间，使它们表面产生一层蜡质，然后把它们放入干燥箱内进行干燥处理。银饰装配后颜色为淡红色、没有光泽，还要最后进行一次清洗和抛光，使银饰显示出光泽来。

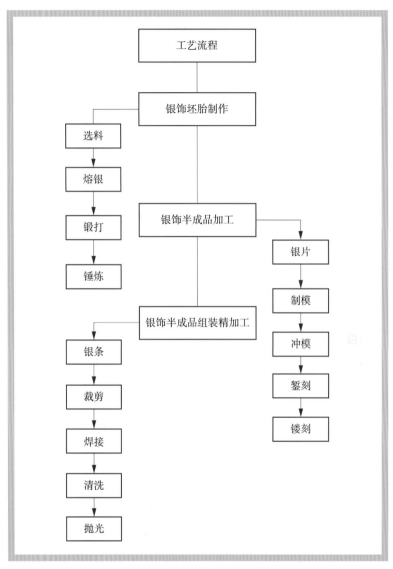

▲ 苗族银饰工艺流程

（三）锻制技艺

苗族银饰的锻制技艺是一项需要经过长期艰苦磨炼才能获得的手工工艺，充分体现了苗族人民聪明能干、智慧机巧的民族性格。松桃、凤凰两地的苗族银匠长期生活在民间，以个体小作坊经营为主，未形成大规模的制作厂房。受传统思想的禁锢，苗族银饰锻制技艺以家族内部传承为主，大都是子承父业，传男不传女，传内不传外，形成了一种封闭的传承方式。一方面，这种传承方式一定程度上限制了技艺的自由流动；另一方面，这种较为封闭的传承方式又能够完整地保存传统锻造技艺，每个苗族银匠都会从祖辈那里习得自己的独门绝技。如今，随着非物质文化遗产保护工作的推进，苗族银饰锻制技艺逐渐"外放"，银匠们慢慢开始招收徒弟传授技艺。尤其是一些被命名为"少数民族传统手工艺传习所"的苗族银饰制作作坊，愿意在公开场合展示苗族银饰制作过程，大批的专家学者、非遗保护单位通过文字及影像方式记录下了苗族银饰的锻制技艺。作为传统手工制作领域的一朵奇葩，苗族银饰传统锻造技艺的核心技艺包括熔炼技艺、锻打技艺、模具制作技艺、焊接技艺、拉丝技艺、编结技艺、錾刻技艺等。

1. 熔炼技艺

原材料熔炼加工是准备制作银饰品的必要前提，也是苗族传统银饰锻制的第一道工序。先在坩埚里放入银料，接着将坩埚置于风箱火炉上用木炭覆盖坩炉，利用风箱鼓风的方式提高温度，最后使银料完全受热熔化为银液使杂质与银液完全分离，就可以得到纯净的银子。具体方法是：先在铁块上磨一个小口（直径为 5 毫米左右），然后把熔炼后的银粉放入这个小口里，

▲ 风箱鼓风加热熔炼

再向长条状钢槽中倒入熔银液使银液固化。整个过程大概需要个把小时。火候和时间的把握在这道工序中至关重要，火候不够，银料无法完全熔化，时间过长，则会导致银液老化，而影响银饰品的成色。为了节省时间，有的银匠已不再使用传统的木炭坩埚，而采用燃气火枪或者电炉进行熔炼。在松桃银匠龙根主的银饰加工作坊里，有一套电炉熔银设备，整个熔银过程仅需十几分钟。

随着机械化发展，银料熔炼加工过程已逐步为半机械化所取代，该机器可按原料中银与其他组分之比，进行大范围熔炼，以制造出大量银片、银条、银砖及多种半成品。很多银匠都选择购买这种由机器加工而成的半成品，省时省力。根据课题组对田野点的调查统计，松桃、凤凰地区手工银饰锻制技艺大都还保留着手工熔银方面的技术，但目前真正还在使用手工熔银手艺的只有少部分银匠。

2. 锻打技艺

锻打是苗族传统银饰制作的一项关键技术。苗族传统银饰制作基本都是从粗坯银片或银条开始，因此，锻打对银饰成品的品质影响很关键。首先，将凝固好的热银取出，放在铁砧上趁热用榔头捶打紧实，就成了制作银饰的粗坯。其次，应采用捶打的方法除去粗坯表面银条杂质，把冷却后的粗坯置于铁墩上用铁榔头捶打，一边捶打一边翻起，前脸捶打、侧脸捶打，下手迅速、捶

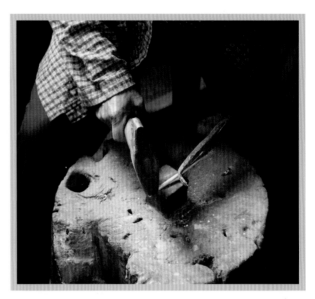

▲ 锻打加热后的银

打有力，直至银条表面杂质被清除，此时粗坯表面仍有少量气孔存在。然后将粗坯银条放在木槽上重新吹火加热，使银条表面熔化，银水能够流动，将气孔和裂缝填满，等银条自然冷却后，继续用铁锤敲打。就这样通过反复捶打、加热，银条的密度、广度、硬度才能达到制作银饰的要求。

粗坯锤打完成后，还要进行细坯的加工。苗族银饰的细坯多由方条、圆条、银片和银丝组成。若制作手镯，要将银条捶打成中间成方形长条、两头成圆柱细条的形状；若需制作银片，则把它捶薄摊宽，若需制作银丝便捶成细条，再用丝眼板拉丝。细坯捶打要改用小一点的铁锤，力度适中，不能过重也不可过轻，边捶打边翻面，在捶打的过程中根据眼观和手感不断调整力度和速度，否则很难达到需要的形状。锤揲技艺需要长期操作且熟练掌握力道的银匠才能驾驭。打制到需要的形状后，制坯这一道工序就算完成。

锻打技艺关键是要掌握好时机与强度。一是锻打时间不宜太长，一般以1~3小时为宜。在这个时期内锻打后，应及时进行淬火处理。由于金属内部组织变化大，温度升高快，容易产生裂纹。捶打时间太早，硬度及品质都得不到保证；冷却时间越长，捶的难度越大，很难捶出银片。二是锻打时力度应均匀适度，力度过小，耗时长，不易成形；力度过大，会出现废品。锻打时，若时间太长，硬化的银条也需回火加热。

3.模具制作技艺

各式各样的模具是制作苗族银
饰的重要工具，对银饰成品的质量
来说至关重要。从材质来看，模具
包括铁模、钢模、铜模、锡模等，
大多数银匠会选择铁质模具，因为
铁硬度大，不容易变形，使用时间

▲ 苗银阴阳模具

长；从形状来看，模具有凸形、凹形、正方形、长方形、圆形等，还有花鸟虫鱼造型，
也有为了满足现代人审美需求而制作的一些新型纹样。

▲ 各种制作银饰纹样的半成品（银、铜、铁）

传统的苗族银饰模具一般采用
手绘刻模的方法，先在制作模具的
材料上一笔一画地画出图案，然后
刻模；刻模时通常会在一块铁质材
料上刻出多个形状相似、样式不同
的模具，以满足不同银饰制作的不
同规格需要，从而保证了模具的多
样性。模具对于苗族银饰的制作来
讲至关重要，每个苗族银匠的模具
种类和数量都不尽相同。有的模具
是银匠师傅的祖辈们一代一代传下
来的，是银匠家的传家宝。松桃县
盘信镇的黄东长就保存着几十种祖

辈传下来的錾子。一般来说技艺越精湛，模具的种类就越齐全，因此银匠们也会花时
间琢磨如何制作出更多样的模具来。就以錾子来讲，由于錾刻对象的材质、纹样、肌
理不同，银匠们会把錾子头磨制成尖、方、圆、平、三角、菱形、"V"字形以及各种
花鸟鱼叶等不同形状，用来錾刻出纹理造型各不相同的纹样。随着时代的发展，人们
对银饰样式的需求更为多元化，苗族银匠也会根据顾客的需要，设计并制作出各种新
式的模具。松桃银匠师傅龙松就有100多种錾子，不仅包括传统的图案，还有26个英
文字母，以及简单的姓氏，这些都是他根据如今顾客对银饰的需求而专门制作的。

随着机器化时代的到来，有的苗族银匠也开始从外面购买半成品，再根据需要采用机刻的方式来制作模具。与传统手工制模相比，机器制模可以进行批量生产，因为模具一模一样，做出的饰品也会千篇一律，没有自身的独特风格。

▲ 传统手工制作的工具和现代工具

4.焊接技艺

苗族银饰部件构造较为复杂，尤其是大件银饰，包括大大小小各种不同的部件，因此需要先将各个部件制作好，再根据银饰形状的组装要求，把相关部件焊接起来，并装饰上花纹。传统焊接技艺一般采用吹火焊接的方式，焊接时用镊子夹住需要焊接的部件，对准需要焊接的地方；另一只手拿着钳子夹起一根银丝，银丝头蘸上白色的粉末状硼砂，对准焊接点；点燃煤油灯，嘴里含着吹子将火苗吹向焊接

▲ 用铜管对着油灯吹对银进行加热锻造

点，蘸了硼砂的银丝快速熔化，部件与主件便牢固地黏结在一起。传统焊接技艺十分考验银匠师傅的功力，焊接前要先进行精巧的设计，按照物件先小后大的顺序逐一组装焊接，防止组接有误等情况的发生；焊接中吹火时必须保持气息均匀连贯，保证银饰受热均匀，焊接才会牢固，因为稍有不慎就会造成焊接点不平整或温度过高损坏银饰本来的模样。

由于传统吹火焊接很难把握火候，对银匠师傅的气息把握要求较高，现在很多银匠都选择使用小型的燃气火枪进行焊接，减少吹火的环节，银匠师傅也更容易在焊接点上集中注意力。

5. 拉丝技艺

银丝对于苗族银饰的制作来说举足轻重。苗族银饰中需要使用各种粗细不一的银丝，各种花形银片的镶边，各种大小部件的串联，大到龙凤图案，小到花草图案，都需要使用银丝。传统手工拉丝是苗族银饰锻制技艺中较为复杂而细小的一道工艺，充分展现了苗族银饰锻制的精髓。拉丝时，首先需要将银条进行淬火捶打，让银条变软；锻打好的银条先用锉子锉出尖头，便于穿入拉丝板的眼孔；将拉丝板卡放在拉丝架上面，脚踩拉丝架横档进行固定，把锉好尖头的银条先放到拉丝板较大的眼孔之中，用钳子钳住尖头，借助人力将银条拉过眼孔，为了防止银丝被拉断，一般拉到50厘米左右会稍作停顿再拉。就这样从大孔开始拉，然后再用小孔拉，最后就可以将银条拉成一根非常细的银丝。一般的拉丝板都有30到50多个大小不同的眼孔，所拉成的银丝粗细各不相同。一根银条经过几十次不同眼孔拉丝，最细的直径与人的发丝差不多。拉丝时银匠的力度把握十分重要，用力必须均匀，拉出的银丝粗细才会均匀；力度过大，银丝容易断裂，力度过小，银丝则无法从眼孔中拉出来。银丝拉好后，银匠还会认真检查银丝的质量，最后进行洗涤备用。拉丝比较耗费体力。为了节省人力，如今有的银匠也会使用电动拉丝机，将银条先拉成粗银丝，最后再用手工拉成较细的银丝。

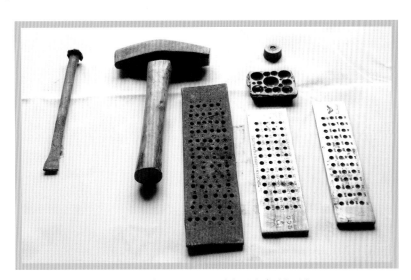

▲ 手工制作的拉丝板和现代机器生产的拉丝板

6. 编结工艺

编结是指将拉好的银丝通过搓、掐、焊等流程，编织成具有一定造型的部件，属于银饰制作中的细活，也是机器很难替代、需手工完成的工艺，一般包括搓丝、掐丝、焊丝等流程。搓丝时，将拉好的两根细银丝放置在一起，用木质滚条将两根银丝朝一个方向搓在一起，两股银丝通过绞缠形成独特的水波纹路，同时也增加了柔韧性。掐丝主要用来勾勒轮廓，将搓好的银丝用手掐出不同的图案，有的银匠会用模具进行掐丝，有的银匠则全凭想象任意掐出需要的形状，苗族头饰中常见的蝴蝶、龙凤、花鸟等花型，都可以通过掐丝来制作出轮廓形状。焊丝是将掐好轮廓形状的银丝焊在银片上，形成凸起于二维平面的浅浮雕线，让饰品更具立体感和装饰感。

7. 錾刻技艺

錾刻是苗族银饰深度加工和细部加工的主要程序，经过錾刻，银饰表面呈现多层次的立体精美纹样，大大增加了苗族银饰的装饰效果；同时錾刻的各种独特纹样具有明显的民族文化内涵和审美情趣，是苗族银饰区别于其他民族银饰的重要体现。錾刻工艺是在完成银饰外观的基本制作后，银匠用小铁锤敲打各种大小不同的金属錾子，在银饰表面留下錾痕，从而形成各种不同的立体纹理。每位苗族银匠都是一位绘画大师，有的银匠会在银饰表面先画出需要錾刻的花纹，依据纹样选择合适的錾子，然后用锤子和錾子一点一点刻画出来；一些经验丰富的银匠不需画图，也不需要任何范本，全凭心与手的通融配合，直接用錾子在银饰上面自由"作画"。錾刻技艺具有强烈的个人情感和艺术特色，如同绘画艺术具有不同的风格流派，银饰錾刻也呈现多样的艺术特色，是银匠个人的艺术天赋和技艺水平的重要展现。因此苗族银匠都会在制作过程中不断地反复练习，去磨炼自己的錾刻技艺。

从技法上看，錾刻包括阳錾、阴錾和镂空錾。阴錾也叫平雕，錾刻出图案的表面纹理，使图案凹于银饰表面，使线条形成顿挫、深浅的效果。手镯、项圈上的花纹通常采用阴錾。阳錾也称浮雕，以花纹轮廓为基准，花纹外的多余部分錾平，形成图案纹理凸出饰物表面的立体感，触感明显，在制作银壶、银碗中使用较多，服饰中较少采用。镂空錾是指在银片上錾出花纹后，再顺花纹边缘先錾刻，錾刻时要錾掉设计中不需要的多余部分，形成透空的纹样。从技巧上看，錾刻主要是看錾刀的功夫和手指技巧的变化运用，指力、腕力、腰力及运气融为一体，操作过程行云流水，用力过大，容易将银片錾穿，用力不够，又不能将纹理的层次凸显。每一次敲打都是心与手的完美交融，一錾一刻间，从扁平到立体，从冷硬到温润，从无形到有神，奇迹就这样在苗族银匠的指间诞生。通常不同艺人存在不同指法技巧，錾刻出的纹样也会各有不同，就算是同一个师傅也会有所不同，这也正是手工錾刻工艺的独特之处。

四、图案纹样

苗族银饰图案作为一种载体、符号，反映了苗族土生土长的文化。它承载着苗族人民对美好生活的追求以及向往；同时也蕴含着丰富而深刻的民族内涵，具有极高的审美价值和艺术魅力。苗族传统银饰图案装饰主题，承袭中国传统图案主题内核，以宗教信仰、神话传说、现实生活为中心，以动植物、抽象几何纹、生活场景等为主展开创作，从表现形式上看既平面又立体，其主要特征在于：主题鲜明，构思精巧，因物寓意，崇祖尚古，图必意，意必吉，具象和抽象互为补充，写实和写意互为补充，总体造型讲究点线面相统一，具有独特而强烈的民族色彩，个性鲜明。

纹样的存在，使银饰真实地反映出了苗族人民的生活状态、民俗文化及审美情趣，带有浓厚的精神功利性。它不仅是苗族人民历史文化的折射，也是民族特征的体现。杨正文在《苗族服饰文化》中说道："对于没有文字的苗族，能延续至今的生存奥秘，正是由于其顽强地持续着一个民族必须拥有的身份记忆，以及由这个记忆生成的最强烈的色彩象征。"凤凰、松桃一带的苗族银饰图案丰富多样，从整体上看，纹样主要分为四大类：图腾崇拜类、动植物类、抽象几何类及民俗生活类。

（一）图腾崇拜类纹样

苗族人民具有万物有灵且美的观念，崇拜自然，崇拜神灵，崇拜祖先，在银饰图案上也有所体现。熠熠夺目的苗族银饰上，各式各样的图腾纹样栩栩如生，赋予银饰以灵性和神性。图腾崇拜类题材主要有两类：一类主要表现为对某种自然之物崇拜，以蝴蝶、龙凤、枫叶等为代表，大都出自苗族本土神话传说，也有受汉文化影响而产生的。据统计，蝴蝶图案在苗族银饰中的应用最为普遍，小到纽扣、发簪、吊坠、耳坠，大到凤冠、压领，都有蝴蝶的构图及造型，这与苗族的图腾崇拜有关。苗族神话传说中认为蝴蝶妈妈是苗人的祖先，蝴蝶承载着苗人对先祖的深情怀念，同时蝴蝶本身造型美丽多变，再加上受汉文化影响，"蝴"与"福"谐音，具有幸福吉祥之意，饱含了苗族人对幸福生活的向往，因此苗族银饰中有着多姿多彩的蝴蝶纹样，尤其在头饰中最为常见，常与花卉、虫鸟相搭配。

▲ 银饰中的蝴蝶纹样

▲ 苗族银碗的龙凤纹

龙凤纹样也是苗族银饰中较为常见的图案，凤冠、龙帽都体现了苗族对龙凤的崇拜，凤凰、松桃很多地方至今仍有"接龙"仪式，很多苗族村寨都将龙作为保护神。

另一类主要来自神话传说中的人物，以蚩尤为代表。蚩尤是苗族的民族英雄，为了表达对他的崇拜和敬仰之情，苗族银饰中大量地使用战争中所用的刀、剑、戟等造型图案，以此纪念苗族祖先蚩尤的骁勇善战，这些纹样深厚沉郁，是苗族曲折历史的见证。比如银针筒上就坠有立体的刀、剑、戟造型。

▲ 苗族银针筒上的刀、剑、戟等造型

（二）动植物类纹样

苗族银饰上的动植物纹样，多源于日常生活中司空见惯的花鸟鱼虫、飞禽走兽等。苗族的祖先们在长期生产、生活实践中积累和形成了丰富的艺术经验和较高审美能力。这些民族文化的积淀，为苗族银饰纹样提供了取之不尽、用之不竭的创作源泉。苗人和绝大多数中国人一样，也很擅长在生活中发现美的事物：林间有飞鸟，江中有鱼虾，树上有桃子、石榴等，门前庭院里有桐子花、桃花、莲花、菊花、喇叭花、藤蔓、竹子等，畜养的动物有牛羊鸡兔等。只要是在生活中能看到的自然万物，都有聪明的银匠拿去做银饰图案。其中各种花卉的图案纹样最为常见，且各地的花型也有所不同。松桃一带较为常见的有桐子花、喇叭花；凤凰一带较为常见的则是银椿花。

▲ 银饰中的植物石榴纹样

（三）抽象几何类纹样

苗族银饰中还有一些抽象的几何纹样，常见的有从自然现象中提取的纹样，如太阳纹、水波纹、云纹、月亮纹、星星纹、旋涡纹等；还有半圆形、圆形、扇形、直线、曲线等几何纹；以及富有变化的"回"形纹、"井"字纹、"十"字纹等，大多是银匠凭脑海中的想象任意发挥创造出来的。这些富有特色的纹样，常常通过穿插重叠的方式进行组合，以立体的形式各放异彩地呈现在银饰上，使银饰显得古朴大方，既代表着苗族迁徙所经历的特定的历史，也是苗族人民生活的真实写照以及对生活的艺术加工。

（四）民俗生活类图案

苗族银饰为苗族人民的生活创造了美，苗族银饰的图案之美也来源于生活，具有浓郁的民俗生活气息，寄托了人们对美好生活的向往。苗族银饰中常出现各种日常生活工具的形象，如牙签、耳挖、顶针、八宝、铃铛、锁等纹样，集装饰性、实用性为一体，是对苗族日常生活的客观映照。

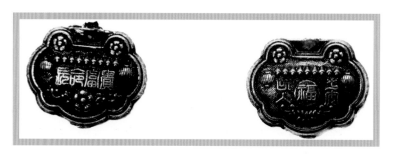

▲ 对孩子寄托祝福的长命锁

随着时代的发展，外来文化与本民族文化的融合，苗族银饰的纹样也慢慢吸收了其他文化的成分，变得越来越丰富。尤其是受汉文化的影响，苗族银饰的图案也有了很大的改变，出现了一些汉族中常见的祥瑞图案。苗族银饰中的"五毒纹样"，具有辟邪消灾的民俗象征功能；银插头上的"福禄寿喜"纹样，则象征着招财纳福；童帽中的"麒麟""狮子"等，则寓意着对儿童的美好祝愿。

▲ 用文字在银饰上表达美好祝愿

五、文化内涵

苗族银饰锻制技艺在 2006 年被列为国家级非物质文化遗产，从材料到工具，从制作工艺到图案造型，无一不体现出传统手工艺的精妙绝伦和苗族人民的无穷智慧。苗族银饰在制作过程中千锤百炼，苗族的历史文化、图腾信仰、日常场景、审美理想等，都被熔炼进了银饰之中。可以说，苗族银饰不是单纯的装饰品，而是一本根植于苗族社会生活中的无字史书，它的图案和造型就成了记载苗族历史文化、表达民族情感的重要载体，更是苗族精神的象征。读懂苗银，才能真正读懂苗族的历史文化和苗族人民的精神世界。

（一）苗族银饰文化价值 ···

1. 作为族群识别的符号

苗族银饰与其风俗习惯、审美风格、精神追求和价值观有着密切的关系，是苗族文化外化的一种表现方式，并构成苗族民众浓厚的文化认同感。一方面，对外部而言，银饰是苗族区别于其他民族的重要符号标志。苗族传统银饰制作历史悠久，技艺发展纯熟，是整个苗族社会演进的象征。苗族是没有文字的民族，银饰是苗族的历史发展、精神追求、风俗习惯、审美观念等的重要表现形式，是苗族微缩的历史，形成了苗族人民强烈的民族认同感。比如，苗族银饰中经典的"蝴蝶"纹样，便是苗族起源的符号象征，如同汉族的龙纹一样，成为重要的民族文化符号。如今，银饰已成为苗族最鲜明、最耀眼、最富特色的一张文化名片，体现了苗族千百年来的文化风格，是苗族区别于其他民族的重要标识。

另一方面，对内部而言，银饰也是划分不同支系的标志。苗族分布地域广、支系多，在苗族内部群体中，银饰有着明显的区域性特征，是识别苗族支系的重要标识。银饰的不同工艺流程、不同佩戴习俗、不同饰品风格等，都体现了不同地域的苗族在民间民俗文化形态、价值取向、审美风格方面的差异，与不同支系苗族所在地域的自然环境，以及共同生活的民族都有着密切联系。从头饰来看，凤凰、松桃一带的苗族都由缠绕的头帕，以及固定在头帕前端的银头冠、后部的伞状银花、帘状银披裙组成，这与黔东南、黔西北等苗族地区有所不同。黔东南苗族妇女佩戴牛角形状的银角，银饰以大以多为美，风格最多。黔东北则鲜以银为饰，最为精简。就算是同属于一个支系的苗族，佩戴银饰的种类也会因地域的不同而存在差异，比如凤凰苗族银饰头插是银椿花，松桃一带的头插则是桐子花。

2. 作为财富与地位的象征

银本为贵金属，在古代是作为流通货币而存在的，是财富的重要物质表现形式。苗族祖先常年迁徙，漂泊不定，人走则家随，他们将银饰挂在身上，不仅可以装饰美化自身，而且可以保护个人财产，就这样逐渐形成了"以钱为饰"的习俗。《苗族古歌》中记载："金银实在多，装满柜和箱，拿来造柱子，撑天不晃摇；拿来造日月，挂在蓝天上；天地明晃晃，庄稼才肯长。"说明金银一直就被苗族人民视如珍宝，被苗族人民视为财富和地位的象征，这可能是苗族人好银最直接的原因。

作为物质财富和社会地位的重要体现，银饰越多，表明家庭越富裕，社会地位越高，如餐具、茶具、酒具等银饰器具经常出现在苗族达官显贵的家庭中，一般的家庭根本用不起。清嘉庆《龙山县志》道："苗俗……其妇女项挂银圈数个，两耳并贯耳环，以多夸富。"在苗族的重大节日，苗族姑娘都会盛装出场，戴上整套盛装银饰，一整套盛装银饰重达三四十斤，造价高达几万元，而他们的父母也会因此而感到无比的自豪与荣耀。这些银饰一方面可以展示苗族姑娘的美，另一方面还可以显示家庭的财富和地位。随着社会经济的发展，松桃、凤凰一带的苗族家庭收入显著提高，银饰在普通家庭中开始普及，其作为财富和地位的象征功能已经开始淡化。

3. 作为爱情婚姻的标志

苗族银饰具有重要的民俗价值，是苗族婚嫁风俗的重要体现。苗族婚礼讲究排场和礼仪，婚礼中一般都安排有送亲队伍（伴娘）和迎亲队伍（迎亲娘）进行迎送，新娘、伴娘、迎亲娘都要穿戴银盛装，一路走来，银铃叮当，煞是热闹。苗族青年男子要将姑娘娶进门，必须为新娘订制一整套盛装银饰作为彩礼，银饰多，则表示新郎家境富裕，银饰少，则表示新郎家境贫寒。新娘在出嫁这一天，会穿上最华美的盛装，戴上银凤冠、银帽、银插、银耳环、银项圈、银项链、银披肩、银腰链、银挂、银手镯、银戒指、银链子，等等。娘家还要将多年来给女儿配置的银饰作为陪嫁物品送给女儿，银饰的多少也成了判断新娘家里富裕程度的重要依据。新娘的银饰和服饰嫁妆越多、越精美，就越体面，得到的赞誉也越多。根据项目组在松桃、凤凰一带的实地调查，在改革开放前一般家庭为新娘准备银1~2.5千克，而近年来都增至2.5~5千克，用来为新娘打制一整套盛装银饰，包括头饰、胸背饰、腰饰、项圈、手镯、戒指、耳环等。尤其是在春节前后时间段内，是苗族男女订婚结婚的密集时段，也是苗族银饰需求激增的时段，苗族银匠往往忙得不亦乐乎。

在以往，银饰也是评判女性年龄大小的一个重要标志，已婚女性和未婚女性所戴的银饰数量也会有不同。

未婚女性所戴银饰较复杂，以美观为主，尤以头饰上的凤冠为甚，作为银饰上最富贵的构件，更是未婚女子身上最显著的标志。另外，未婚女子还将银腰带束在腰上，将各种银链条和银挂件挂于胸前，以显示身姿之美。穿得花枝招展、戴着凤冠的苗族姑娘是在暗示着身边小伙子本人还单身。而已婚女性所戴银饰，也将从繁到简。另外，银饰还可以显示出苗族女子的智慧、勇敢以及对婚姻的执着。苗族青年男子在择偶时，根据苗族姑娘银饰的穿戴、穿着打扮决定是否与之恋爱，因此未婚女子对穿着打扮十分讲究，通常把自己装扮得漂漂亮亮。由于苗族盛装难买，全靠苗族姑娘亲自一针一线缝出来，而且所戴的苗族银饰也都由自家打制。苗族男子会从女孩的穿搭来评判女孩勤劳与否、干练与否。而在现代社会，人们已经不再把银饰看作是女性美的标记，认为它可以反映出一个人的智慧和修养。同时说明银饰已成为一种身份和地位的象征。所以，每到隆重的喜庆之日，苗族女孩都要把自己装扮得漂漂亮亮，以此显示自家丰裕与自身干练，以吸引更多异性的目光。

随着社会的发展和时代的变迁，如今松桃、凤凰一带的苗族人民，深受汉文化的影响，苗族姑娘的衣着打扮也紧跟时代潮流，平日里很少穿苗族服装，也不佩戴盛装银饰，因此，现在在苗族地区已经不能从银饰佩戴上判断苗族女子是否已婚，苗族银饰的婚姻标识功能正在慢慢消失。

4.作为巫术信仰的器物

苗族是具有信鬼好巫传统的古老民族，苗族人认为"万物皆有灵"，在银饰中也有体现。

苗族人民自古以来就喜爱用金银制作各种饰物来装饰自己的生活和表达美好愿望。苗族银饰种类繁多，造型优美独特，寓意吉祥美好，深受人们喜爱。在古代，苗族祖先崇尚银质，银质既是一种精美的装饰物，又是一种神奇的驱邪之物，它可以防毒除魔，庇佑安宁，并作为巫术器具应用在图腾活动之中。过去因科学不昌明，生产力欠发达，苗族祖先对自然界充满敬畏，将病、死、伤、疫等灾害的到来看作是自然界对人的处罚，认为戴上具有"魔"性的护身符能趋利避害。苗族巫文化倡导万物有灵，使得苗族民众对银饰巫术功能极为重视，因此苗族银饰由饰品逐步演变成为驱邪物。

除有祛除邪气之作用外，许多苗族银饰寓意吉祥幸福之美好愿望，穿戴银饰能赐福苗族人民、助其消灾除灾，是巫文化的心理体现。松桃、凤凰地区的苗族要为出生不久的小孩戴上银项圈和银手镯，意在祈求他们终生平安和健康成长。而苗族女性也喜欢将一些贵重之物戴在脖子上，表示对神灵的虔诚与敬畏。银首饰中最引人注目的就是银锁和压铃。孩子胸前所戴的银锁錾刻有多种式样的花纹图案，如"长命富贵""吉祥如意""福"字。女性凤冠龙凤图案表示龙凤呈祥，压铃表示长命珍贵。银饰这一器物能够在心理上为民众提供一种安全感，同时诠释着苗族民众祈求神明保佑、期盼幸福人生的美好愿景。

（二）湘黔边传统苗族银饰审美价值

对于爱美的苗族人民来说，银饰就是美的象征，在美的展示上发挥着重要的功能。苗族银饰丰富多样的款式，满足了苗族人民的审美需求，彰显出苗族人民的审美品位和审美理想。尤其是随着时代和社会的发展，苗族银饰财富象征和婚姻标识功能慢慢消失，巫术功能也逐渐衰退，而个体化的审美装饰功能则得到凸显。尤其是随着旅游业的发展，苗族银饰作为商品的用途扩大，正从私人婚嫁用品拓展为大众生活工艺品、旅游文化产品。

1. 苗族银饰的工艺之美

作为传统手工艺术，苗族银饰锻制有着严谨的结构组成和复杂的操作流程，在银饰的种类、纹样设计及制作组装等方面都表现出苗族特有的手工技艺之美。从锻制技艺来看，镶嵌法、錾花法、花丝法，还有各种焊接、锻造、镂空、拉丝等技法，无不体现出"物化创造"的艺术性和审美性。在银饰造型的设计上，苗族银匠可谓高手。苗族银饰造型别致，图案多样，有着复杂、对称而又严整的艺术格局，各种动植物及抽象几何图案别出心裁，无不体现出苗族银匠无穷的想象力和创造力，以及富有民族特色的艺术思维和造物观念。苗族银匠从大自然中、民俗生活中以及苗族刺绣中汲取灵感，根据传统的苗族民族习惯及审美情趣，对银饰进行造型及纹样的设计，并根据人们的需求不断推陈出新，使工艺越来越精进，进而使苗族的银饰更加完美，提升了艺术品位。

2. 苗族银饰的视觉之美

银饰从视觉上和感官上给人的第一感觉就是精美、华丽、繁复，最突出的特点是以大为美、以重为美、以多为美。苗族银饰以大为美的艺术特征在头饰上表现得最为突出，松桃、凤凰一带的苗族妇女以头帕作为基底，再戴上凤冠、前插、后插等，在头上堆得大如山，呈现巍峨之美。苗族银饰以重为美，越重越好，苗族妇女一身盛装银饰重达 10 千克，光是头饰就有好几千克。苗族银饰以多为美，从头到脚，有头饰、颈饰、腰饰、胸饰、背饰、脚饰等，五花八门，层层叠叠，琳琅满目，呈现一种雍容华贵的繁复之美。随着时代和社会的发展，苗族人民关于银饰的审美也发生了变化，从"以大为美，以多为美，以重为美"逐渐发展到"以精为美，以新为美"。

▲ 苗族女性盛装佩戴银饰

第十四章 湘黔边苗族服饰传承与发展

湘黔边苗族服饰是传统"男耕女织"生活的重要体现,是凝结着苗族人民智慧的历史与文化载体,承载着苗族人民最广泛、最基础的情感与生活。历史上武陵山沟壑纵横、交通封闭和聚族而居的人文地理环境为湘黔边苗族服饰赋予了讲求生态、遵循传统、功能多元等鲜明特征。

但值得注意的是,湘黔边苗族服饰正遭遇现代化和全球化的冲击,传承数千年的传统服饰文化生态已经支离破碎,传统纺纱织布手艺面临巨大冲击,绣娘、银匠人数锐减,市场萎缩,传统生产工艺和技术面临失传,保护、传承与发展已经成为今天湘黔边苗族服饰的关键词。幸运的是,随着湘西苗绣于2006年入选第一批国家级非物质文化遗产名录,湘黔边苗族服饰也迎来了良好的发展机遇。在政府、民间、社会多元力量的参与支持下,湘黔边苗族服饰已经初步探索出了一条多元化的保护、传

▲ 银饰

承与发展道路。一批苗族服饰作坊、合作社、研发公司、文创产业、博物馆等民间组织不断涌现；数字化技术、生态博物馆等新技术和新理念也开始融入，进一步推动了湘黔边苗族服饰的传承、保护与发展。

一、传承现状

居住在武陵山核心地带的湘黔边苗族，数千年"男耕女织"的生活状态，沟壑纵横、交通封闭、聚族而居的人文地理环境，共同形成了湘黔边苗族服饰丰富多彩的文化和相对固定的传承机制，为湘黔边苗族服饰文化的稳定传承奠定了基础。

湘黔边苗族服饰传承既有传统，又讲规矩。一是口传心授。苗族没有文字，自然也没有服饰类教材，需要口传心授手把手地教导，加之日常耳濡目染，日久即学会了服饰制作工艺，这是最古老、最原始的传承方式。二是师徒制。服饰刺绣的传承，苗族一般是首先传女儿，其次传亲属晚辈，也有传好友之女的。如是女儿，一般是长辈强制传习，让女儿具备女红之技，不必行拜师之礼；如传外族外姓，严格者，要行正式拜师之礼，择吉日，焚香跪拜师父，师父则立规矩要求，学生学成后再行谢师礼。三是服饰刺绣传女，银饰制作传男。在苗家，是否拥有娴熟精湛刺绣技能是衡量苗家女子贤能的重要标准，拥有优秀的刺绣之技，常受夸赞，若没有一手苗族刺绣技艺傍身，择偶出嫁都会受影响。银饰制作者往往称为银匠，多为男性，其工艺首先传自己的孩子，也传外姓。四是通过传习所、学校等培训机构传承。近年来，各地农业农村局、乡村振兴局、扶贫办、地方民宗局、经贸局、文化局等机构，大力扶持非遗传习所，依托传习所培训苗绣、银饰制作技艺；各类地方院校依托非遗传承中心，将非遗传承人请进校园、走上讲台，由基层选派学员，进行刺绣、银饰学习制作；一些规模型企业也在做传统手工艺的培训工作，客观上对工艺及文化的传承与保护起到了一定的作用。但由于时间短，培训量不足，效果一般。五是自学成才。现在进行苗族刺绣的已经不限苗族人民了，也有其他民族人民。一些爱好者，学湘绣、黔绣，也兼学土家绣、侗绣、苗绣。触类旁通，自己琢磨，进而创新，自学成才。自学者，不受束缚，对于创新，大有裨益；但因其对苗绣纹样、图案的文化内涵了解不深，往往会出现随意篡改、张冠李戴的现象。

总体而言，在现代化与全球化的背景下，湘黔边苗族服饰传承保护难度越来越大的原因如下。

▲ 制作银饰——焊接

▲ 制作银饰——组装

（一）传统生产生活方式发生改变

湘黔边苗族服饰文化的传承与发展，所反映的是"男耕女织"式的传统山地农耕文明，服饰制作是苗族传统女性所应掌握的最基本的技能。湘黔边苗族俗语"人比人，花比花"，其中"花比花"就是比苗绣的功夫。对于苗家人来说，衣服绣得好，是其家境殷实、聪明能干的重要标志。但现代生活方式冲击了这一基本模式，苗族女性作为现代产业工人大量进城务工，或读书深造成为职业女性，服饰制作技能已经不再是衡量苗族女性贤能的基本标准，因此现在的父母已经不再强调女孩一定要学会针线活了，"家庭式""师徒制"的传承方式日渐稀少。

（二）社会发展进步，民族融合渗透

自明清以来，随着武陵民族走廊各民族交往交流日渐频繁，湘黔边苗族服饰与各民族服饰文化的交融日渐深入、加速变迁。原本共生于山地农耕文化体系下的苗族人的服饰，历经现代化的洗礼和全球化的磨砺，原本的多元功能逐渐退化，作为服饰文化拥有者的苗民们走出大山，服饰的选择面更加广泛。现代服饰因美观实用、穿戴简便，且易融入大众而更加受到苗族人的青睐。传统苗族服饰由常服退而成为礼服，需求严重下降，学习与传承服饰制作技艺的人日趋零落，服饰制作技艺传承链条逐渐断裂。

▲ 制作银饰——组合

（三）机械化服饰生产技术对传统造成巨大冲击

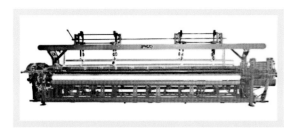
▲ 有梭织布机

早在20世纪60年代，湘黔边苗族服饰已开始使用机械化生产。最早是1969年花垣镇机绣厂，主要生产花边、花被面、花枕套等机绣产品，70年代则主要生产机绣、织锦、苗绣等产品。以此为开端，湘黔边苗族服饰尤其是苗绣的机械化生产逐渐成为主流。当前湘黔边苗绣既有老式的低速绣花机，也有新型的高速绣花机。机器取代手工刺绣，虽然大大提高了生产效率，但也导致绣娘逐渐放弃了锉花、剪花、绘制纹样等核心技能的学习与传承。传统苗族银饰锻制技术也与此相似，作为一项非常消耗体力的手艺活计，其生产工艺流程较为繁杂，银匠们开始倾向于高效生产、降低生产成本的半机械化银饰生产模式。

2016年，松桃银匠龙根主投入30多万元从福建引进了一批机器，有空气锤、油压冲床机、钻孔机、压膜机、压条机、打磨机、抛光机、电炉等，从化银、锻打、钻孔、錾刻到抛光、清洗等，都可以用机器完成。以手镯制作为例，调试好机器，将银条放压膜机压膜，再用机器切边，绕圈，最后进行抛光打磨和清洗，单次做一个手镯所耗费的时间不到10分钟，如果流水批量制作，平均需要3分钟左右，就能完成一套流程，效率大大提高。

机械工艺的引进，大大提高了银饰制作的效率，但机械只能代替化银、锻打等部分粗活，像搓丝、掐丝、填丝等细活，机器目前还无法完成。

▲ 化纤布料代替家织布

（四）原料的工业化量产

生态性本是湘黔边苗族服饰的重要特点，无论是布料纺织、刺绣材料，还是印染原料，均取自天然，却因工艺烦琐而效率低下。现代纺织和印染技术极为发达，而且效率很高，根本用不着自织自染，传统的纺织、印染工艺也将失传。

（五）缺乏传承培训专项资金、传承机制不完备

传承人称号是国家传承制度所赋予的，具有政治和文化资本的符号内涵，是推动

非物质文化遗产传承的主要力量，各地政府为了更好地传承苗绣技艺，每年拨付一定的扶贫资金资助有传承称号的绣娘免费培训其他绣娘。在湘黔边苗区，国家级传承人在政策上有一定经费支持，但有的省、市、县级传承人不一定有经费补助，即使有也极低。如湘西州比较重视非遗传承人队伍建设，对国家级、省级、州级非遗传承人分别给予传习补助资金，引导传承人进入景区开展传承活动，支持省级以上传承人成立大师工作室，一次性对国家、省级工作室分别补助50万元、30万元传承活动资金，利用旅游市场的产业关联效应推动非遗活态传承。但令人遗憾的是，湘黔边部分地方政府因财力有限，对传承人资助力度有限，权利与义务的不对等，抑制了传承人主动传承的热情与责任感。

传承人的评审政策不一，有的地方县级政府积极开展评审活动，有的地方根本没有评审机制，造成地域间的不平等。多久评审一次也不确定，部分真正有高超技艺的民间苗绣和银饰艺人没有机会获得正式传承人资格与身份，进而失去了获得传习补助资金的机会。

在很多大专院校、科研机构，原来从事艺术或设计的工作人员，由于经费问题限制了对民间工艺的研究。在当地高校，很多教师出于情怀和兴趣从事这方面的研究或实践，客观上对苗绣和银饰行业的发展产生较大影响。但由于经费和机制问题，所起作用有限。所以，各地应该建立关于民间工艺的科研培育机制，系统设计关于民间工艺的科研主题，研究和编制校本教材，结合产教融合和旅游市场开发，做好专题调研，推动成果培育。

二、传承价值

湘黔边苗族服饰特别是苗绣与银饰工艺，作为中华民族传统手工艺的瑰宝，以其丰富的内容、高超的技艺、深刻的文化内涵，成为人类共享的非物质文化遗产，极具传承价值。

（一）图案内容丰富、表达形式多样，审美价值极高

苗族服饰以其精湛的工艺、绚丽的色彩、繁多的款式、丰富的文化内涵成为苗族文化的重要载体，被誉为"穿在身上的苗族史诗"。湘黔边苗族服饰包括头帕、披肩、上衣、围腰、腰带、花带、裤、裙、绑腿、鞋等，这些服饰上装饰有几何纹、动物纹、植物纹等多达几百种，且富于幻想、寓意深刻。湘黔边苗族服饰有纺织、印染、

刺绣、织锦、挑花、数纱、蜡染、扎染等一整套成熟的传统制作流程，而各种技艺均有独特的生产流程和加工方式。湘黔边苗族妇女认为自然界万物都有其色彩，也都是她们选择的素材，将这些"色彩"穿在身上，有一种源于自然而又超越自然的美；这是一种相当先进的回归自然、返璞归真的观念。在制作服饰时讲究图案疏密聚散的变化，及满地花的构图方式，注重服装的整体感要求。同时，广泛运用对称或均衡的结构，放射或求心的布局，团花与角花的呼应等手段，使整体构图匀称，体现了服饰图案独特的艺术魅力。这些放在现代服装理论中都是不落伍的。

▲ 收藏于凤凰县山江博物馆的银饰作品

湘黔边苗族刺绣和蜡染图案讲究"规整性"和"对称性"，就是挑花刺绣的针点和蜡染时的染距都有严格的规格，追求合理变化，或等距，或对称，或重复循环。图案结构严谨，给人以整齐、紧凑感。尤其是挑花刺绣图案，很容易在其中找到圆心，坐标轴不论沿横向还是纵向折叠，都是对称的。许多图案，不仅整体组合对称，而且大图案与小图案之间也是对称的。同时讲究图案的色彩搭配，强调色彩与图案的完整和统一，似乎事先经过精确计算，即使将数学公式、几何原理套入，其图案结构间的等距、对称关系也分毫不差。

（二）苗族服饰有较为深厚的传承基础 ·············

1.苗族服饰蕴涵着丰富的民族文化符号

苗族服饰是苗族文化传承的重要载体。苗族没有文字，形成了"以图纪事"的记忆与表达传统。苗族绣娘把族源始祖、民族迁徙、信仰祭典、民俗生活等一针一线地绣制在服饰上，世代"穿"承，永志不忘。例如，湘黔边苗族裤腿上的挑花图案，主要表现其祖先开疆拓土、历经风雨的艰辛过程，将民族自豪感寓于其中，也不乏教育功能，提示子孙不忘祖先，不忘初心。这些文化功能，为苗族服饰传承奠定了思想基础。

▲ 湘黔边苗族裤腿上的挑花图案，记载了苗族迁徙历史

▲ "麒麟送子"帐帘　凤凰县山江博物馆藏

▲ 桐子花绣品，用枝繁叶茂表达子嗣绵延之意

2. 信仰崇拜促进传统手工艺的传承

湘黔边苗族人民大多居住在山区，与自然和谐相处，关系密切。在他们看来，万物有灵，他们的一切食物和生活用品都是山神所赐，也就是神灵所赐、自然所赐。所以，他们敬奉神灵，敬仰自然，并将其具象化为动物，就是龙、蝴蝶、鱼等，且作为刺绣的主要题材和图案来源，一代代传承。

▲ 湘黔边苗族在巴裙上绣制的抽象化的龙图案

▲ 湘黔边苗族绣制的"双龙戏珠"装饰带

3. 旅游业为湘黔边苗族服饰创造了新型传承场域

旅游业的兴起，给地方经济发展带来了新气象，"购"成为旅游业的要素之一。苗族服饰于是也"登堂入室"，成了苗族村寨、旅游景点热门和畅销的商品之一，这给苗族服饰发展带来商机，也带来传承和发展之机。旅游从业者及服装研究人员开始研究苗族服饰的民族性、代表性以及美学价值、收藏价值，将传统的手工艺与游客的心理需求相结合，研发出传统的、现代的、可供不同受众选择的苗族服饰和银饰，并形成自己的特色和自己的市场。在促销的过程中，苗族模特着苗族盛装置身游客中，或做导游、导购，或做形象代言，吸引游客；景区还设计苗族节庆或宴会，盛装巡游，载歌载舞，喜形于色，银铃声声。人们开始认识苗族，认识苗族文化，认识苗族服饰。苗族刺绣和银饰有了市场。

▶ 2019年第六届苗族银饰服饰文化节上的凤凰县代表队

　　有的地方，还设计情景式、沉浸式、互动式的苗族服饰制作或银饰打造的体验活动或研学活动，让游客或学生参与简单易学的刺绣或银饰打造，亲身体验苗族传统手工艺的流程，这种体验就是文化的体验，能拓展游客视野，丰富游客的知识，让旅游变得更有意义，为苗族服饰的传承撒下了更多的种子，为苗族服饰产业的发展注入了新的活力和方向。

▶ 铜仁市中南门古城黔绣馆开展苗绣研学活动

4.湘黔边苗绣的生态价值优势是传承的重要切入点

苗族服饰与自然生态的相关性，构成了湘黔边苗族服饰的突出特点。一是苗族刺绣的图案选择都源于自然生活。只要是能够代表美好吉祥的事物，如花草、鱼龙、飞禽等，苗族绣娘都会将它们编织刺绣在自己的衣服、围裙、头巾、鞋袜以及床上用品上，很质朴和原生态。二是原材料的生态性。染布材料都源于自家种植或从山上采来的原料（如板蓝）；布料经过种麻、收麻、绩麻、纺线、漂白、织布等一系列复杂的工艺，到刺绣、蜡染、裁缝的原始手工流程，最健康，最绿色。真有"天以高远纳万物"之感。绿色和生态是发展和研究苗族服饰的一个重要切入点。

（三）高校与职业院校、科研单位的介入为传承提质

学校是当下湘黔边苗绣技艺习得最重要的场所。近年来，湘黔边的高校与职业院校、科研单位在民族服饰的传承和保护过程中发挥了积极作用，有力地促进了苗族服饰的保护和发展。在湘西，苗绣同湘西苗画、踏虎凿花、苗族挑花等正式进入中小学课程。同时，湘西州政府鼓励中小学举办非遗兴趣与培训班，由传承人担任教师教授苗绣课程，并开展非遗进校园活动，支持各类学校建立非遗项目传承基地。

铜仁学院武陵民族文化研究中心、铜仁职院武陵山民族地区乡村产业发展研究中心等科研单位都将地方非遗文化的挖掘、保护、传承、创新作为重要研究内容；地方高校的专家积极参与地方非遗保护条例的调研与编制工作，积极参与非遗传承人的认定和培训工作。例如，贵州大学、贵州民族大学、铜仁学院、铜仁职业技术学院等高校也开展了苗族服饰文化进校园活动，培养了一大批传承苗族服饰技艺的优秀人才。例如，2016年铜仁学院被批准为贵州省非物质文化遗产传承人群培训基地，2017年贵州民族大学获批国家级非物质文化遗产传承人群培训基地。近三年培训了剪纸、蜡染、扎染、土陶、民族服饰等非遗传承人上千人。铜仁学院艺术学院、武陵民族文化生态保护与旅游开发协同创新中心的老师们为民族贸易企业设计产品达100多种，为地方非遗项目的传承和发展做了大量工作。这些都为苗族服饰文化与工艺传承作出了贡献。

湘西民族职业技术学院民族艺术系开设了工艺美术专业和服装设计专业，湘西民族职业技术学院还承担国家社科基金湘西苗绣技艺传承重大研培项目，免费学习湘西苗绣技艺。2018年，举办"非遗＋扶贫"——湘西苗绣及服饰设计与制作培训班；2019年，承办中国非遗传承人群研修研习培训计划——湘西苗绣创意产品设计研培班；2021年，承办中国非遗传承人群研修研习培训计划——苗绣及苗服传承人培训班。

▲ 2017年，花垣县"七秀坊"举办"让妈妈回家"苗绣培训班

（四）国家政策助推民族手工业健康发展 ·········

　　贵州省相关部门先后制定实施了《贵州省民族民间文化保护条例》《贵州省非物质文化遗产保护条例》，大力保护和传承民族文化。苗绣被列为第一批传统美术类国家级非物质文化遗产，苗族服饰被列为第二批民俗类国家级非物质文化遗产。贵州成立苗绣产业发展工作领导小组，制定苗绣产业化、时尚化、国际化、品牌化发展目标，积极培养本土民族文化传承人。例如铜仁市苗绣产业带头人石丽平、杨丽等人组织培训了成千上万的绣娘、绣爷，培养了大量的苗族服饰从业人员，促进了苗族服装制作企业蓬勃发展，银饰、刺绣等工艺品远销海外，成为贵州脱贫致富的重点产业，同时也为苗族服饰文化的保护与传承开辟了新的道路。

　　继习近平总书记关于非物质文化遗产保护的重要指示批示精神，中共中央办公厅、国务院办公厅印发了《关于进一步加强非物质文化遗产保护工作的意见》，继承和弘

扬中华优秀传统文化，保护好、传承好、利用好非物质文化遗产。贵州省委办公厅、省政府办公厅印发了《贵州省关于进一步加强非物质文化遗产保护工作的实施意见》，明确提出了加快推进苗绣产业高质量发展，壮大苗绣产业市场主体，研发生产高品质苗绣产品等目标任务。

"特色苗绣既传统又时尚，既是文化又是产业，不仅能够弘扬传统文化，而且能够推动乡村振兴，要把包括苗绣在内的民族传统文化传承好、发展好。"习近平总书记"点赞"的苗绣，在贵州省、湖南省等地成为带动群众脱贫致富的特色产业。

国家一直重视民族贸易企业培育，财政部印发的《民族贸易和民族特需商品生产贷款贴息管理暂行办法》和《关于继续做好民族贸易和民族特需商品生产贷款贴息工作有关事宜的通知》以及"千家培育百家壮大"工程，都有力推动了民族贸易企业的发展和民族旅游产品的开发。

（五）新型传承人与组织正在涌现

湘黔边苗族服饰传承组织机构主要有苗绣传习所、合作社、扶贫公司等，在湘西地区合作社、公司等有数十家，广大苗绣工作者在这些组织中获益的同时，也传承了苗绣技艺。

改革开放以来，在湘黔边苗族地区，新一代有文化的苗绣和银饰传承人已经涌现。过去从事苗绣工作的是农村妇女，称为绣娘，现在从事这个行业的人趋于年轻化、专业化。在铜仁市，幼儿专科学校、铜仁学院、铜仁职业技术学院三个学校的学生都有从事苗绣工作的学生；有的学生已经有了自己的作品，并将自己的作品拿到景区去售卖，或利用节假日到苗绣工作室、作坊去打工，一是为自己挣点零用钱，二是对自己来说也是实习锻炼。这是可喜的现象。

有的学生和老师合作，进行服装设计，将苗族元素融进现代服饰中，有的作品还参加了设计比赛或国际会展，收到了良好的社会效益和经济效益。

▲ 用装饰性银片组合成的龙图案

三、创新发展

苗族服饰传统生产工艺和技术必须顺应历史的发展，符合当代人生活和审美的需求，坚持自主创新，坚持民族文化特色，坚持与科学研究相结合，坚持推陈出新，符合新时代中国特色社会主义要求，这是基本原则。我们欣喜地看到，苗族服饰产品已经开始推陈出新，出现了崭新的气象。

（一）内容及形式的创新

在充分保存、丰富苗族服饰文化内涵的前提下，利用化学染料、化学色布以及丝线等现代服饰制作材料，引进现代生产设备和技术，改进苗族服饰传统生产工艺和技术，做到引"新"入"旧"，制旧如"旧"。结合现代人的服饰需求，将传统服饰元素融入现代流行时尚，设计制作出有苗绣元素的内衣、手袋、包、窗帘、桌布等现代日常生活用品。苗族服饰以其独特的美学价值、别样造型、丰富纹样、精湛工艺等已成为现代服饰设计领域不可或缺的元素之一。

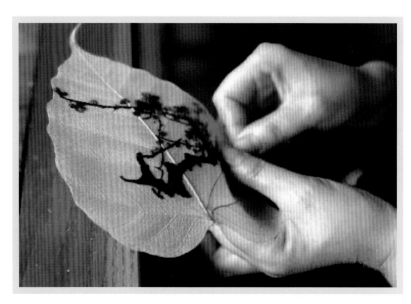

▲ 铜仁苗绣传承人杨丽的黔绣——叶脉绣

以湘黔边苗族传统服饰为基础，融入现代服饰设计元素，充分提取苗族服饰长衫外套、长条飘带、塔裙等造型元素，几何纹、动物纹、植物纹等纹样元素，黑色、红色、蓝色、白色等色彩元素，运用蜡染、刺绣等工艺及现代服饰设计技法，把传统工艺与现代工艺相结合进行创新实践，突出苗族服饰亮点，为现代服饰设计领域带来更多苗族传统服饰的美学元素。

▲ 龙家兴的油画作品——《苗花猫》

2021年，龙家兴（苗族，铜仁职院美术老师）结合贵州传统苗族刺绣向现代艺术的转换创作的油画作品《苗花猫》入选"第二届全国高校教师教学实践优秀美术作品展"。2020年，在贵州省铜仁市第九届职业技能大赛上，龙家兴老师的另一幅作品《巴代之歌》获得装饰品设计与制作（个人组）一等奖。这件作品以贵州松桃苗族"巴代"（苗族祭师）所穿的法衣作为题材，这件法衣本身就是苗族刺绣成品，它是在纸上采用刺绣的技法，刺出无数的小孔，通过小孔的疏密来表现法衣颜色的深浅变化，在小孔上加颜料，最后转换成平面的装饰画，装饰画的图案可以与包、抱枕、围巾、手机壳结合，制作成产品。这种传统的刺绣图案造型不仅得到了传承，还在它的基础上进行了创新，衍生成新产品。

▲ 龙家兴的苗绣作品——《巴代之歌》

凤凰县山江博物馆收藏的苗族鼓舞图案

邹雅娴以湘黔边苗族绣花与丹青苗族挑花元素为设计灵感创作的针织裙

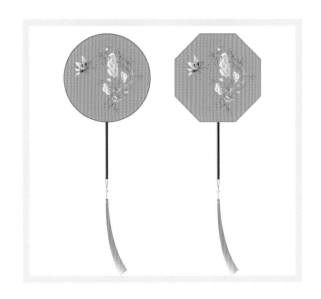

◁ 潘洪礁以"蝴蝶妈妈"为主题创作的团扇

　　设计者们秉承了兼收并蓄的原则，对新的思想、新的事物持开放包容的态度，在对其原有服饰文化理解的基础上，充分吸收现代元素，取长补短。在保持传统文化精髓的同时把苗族服饰演绎成更具时代感、更能有效传播的作品，使苗族服饰走出民族地区，走向全国，走向世界。苗族服饰文化在保护中传承，在传承中保护，创造性发展，赋予苗族服饰新的时代内涵和表现形式。苗族服饰的传承是一个动态的变化过程，要将不同时代的社会意识、价值追求体现在新的作品上，通过传统的或新颖的手法表达传统的或新颖的主题。苗族服饰是苗族在其漫长的发展历史中创造的物质和精神财富。当前我国经济社会发展已经取得了举世瞩目的成就，苗族生活的区域也发生了翻天覆地的变化，苗族服饰也同样需要紧跟时代步伐，在变化中推陈出新，适应现代社会发展形势，追求时代特色，通过传统与市场的不断互动，促进自身的创新和发展。

▲ 借鉴苗绣元素设计的手机壳、雨伞图案

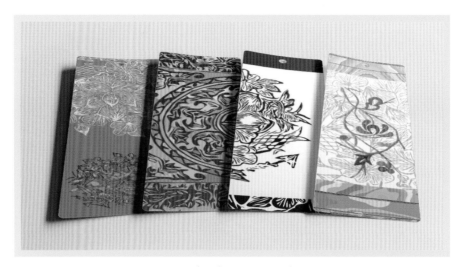

▲ 铜仁职业技术学院学生借鉴苗绣元素设计的书签

▲ 借鉴苗绣元素设计的口罩

借鉴苗绣「蝴蝶戏梅」纹样创作的雨伞

借鉴苗绣「鱼鸟莲纹」设计的马克杯

△ 邹雅娴借鉴苗绣纹样设计的内衣作品

（二）传承机制的创新

传统的苗族服饰制作工艺的传承多以口传心授为主，传承人多分布在苗族村落，因此由各地政府牵头开展苗族服饰制作的文化活动，将具备该项技艺的传承人、专家学者、院校师生协调成立专门的传承队伍，通过多方合力对苗族服饰的传承和文化进行持续性的研究，从而带动地方区域旅游经济发展，改善传承现状。例如，服装设计专业人员可将苗族服饰文化的经典元素提取出来，并将其与新时代的流行元素相结合，以此加强苗族服饰文化推广，提高知名度。

△ 潘洪礁用平绣、马尾绣和打籽绣手法创作的《梵净冬色》

苗族服饰文化传承的重点是手工艺制作环节，但是随着社会经济发展，苗族人民群众已经逐渐融入现代化生活，各种传统的工艺制作技术也在逐渐退出苗族人民的生活，尤其是青少年群体对于苗族服饰传统制作工艺鲜于了解。为改善此问题，一是地方政府需建立传统手工艺教育体系，可在中小学适当开设手工课程和苗族歌舞课程等；二是针对性地开展社会文化教育，让更多青少年群体能够接触并了解苗族服饰文化；三是围绕苗族服饰传承制作，印发各种漫画、书刊及绘本，促使青少年以图文并茂的方式加深对民族优秀服饰文化的理解。

▲ 2022年铜仁学院非遗传承人群培训基地开展手工技艺培训

松桃苗族自治县中等职业学校面向学生开发设计了苗绣课程，作为服装设计专业学生的必修课。老师们亲自编写校本教材。任课老师分两类，一类是学校请进来的民间艺人、苗族绣娘，主要负责讲授设计、剪裁、针法、缝制技艺；另一类是服装专业的老师，负责讲授服装专业理论，如历史源流、文化内涵与审美情趣。

▲ 2021年松桃苗族自治县中等职业学校学生绣制的党旗

（三）营销手段的创新

新时代互联网技术的迅猛发展为民族贸易带来了营销方式的深刻变革。新媒体成了苗族服饰文化最有效的宣传途径，运用网络、电视、报纸、杂志、歌舞剧、微电影、时装秀等营销渠道向外界推广苗族服饰文化和服饰产品，逐渐成为常态。新型营销手段，给苗族服饰产业产品带来了活力，塑造了苗族服饰的新形象。

苗绣不再养在深闺，有了宣传口号。也仿照苏绣，做起了广告，有了广告词。如"苗银苗绣，诗画人生""苗绣：行走的苗族历史""绣娘飞针走线，文化千古流传""艺承千载，绣领天下""丝丝出娇手，线线含古韵""千年的技艺，永恒的

▲ 凤凰古城商店中的苗族服饰

美丽""苗绣：美在工艺，贵在品质""凤凰苗绣，卓绝千古""松桃苗绣，锦绣中华""布里苗乡风景，绣中历史乾坤"等。苗家人也学会褒扬自己的产品，简单的广告词，让人们感受到的不仅仅是商品本身，而是背后的文化和艺术魅力。

再看看左边这些精美苗绣招贴画设计，主题鲜明，意蕴深刻，震人心魄，令人倾心，深刻表达了苗绣的文化内涵和艺术特征，也极大地刺激了人们的消费需求。

▲ 苗绣招贴海报

2021 年 4 月 8 日至 11 日，由贵州省文化和旅游厅主办的"锦绣黔坤"贵州苗绣主题展在上海举行。由苗绣传统服装、苗绣元素时尚服装以及苗银饰品等组成的百余件展品，吸引了众多中外参观者驻足观赏。现场策展工作人员给观众讲解贵州苗绣文化，邀请观众试穿贵州苗绣特色服饰，通过

▲ 2021 年 4 月 "锦绣黔坤" 贵州苗绣主题展在上海举行

"体验式＋场景化"的宣传方式让观众近距离感受贵州苗绣的魅力。

苗绣唱响国际国内舞台，为这个世界带来苗族风采。苗绣也走上了巴黎、伦敦、纽约时装周。

▲ 2017 年巴黎时装周上的苗族元素

▲ 石薇、潘洪礁老师创作的有苗绣元素的时尚女装

"短视频""直播带货"等网络销售形式，打破了原有的销售方式，扩大了受众群体，开辟了文化传播和产品销售的新路。为各类用户搭建起苗族服饰文化消费和视觉观赏的场景，使得苗族服饰的非遗传播呈现时尚、轻快的流行文化风格，更好地迎合了大众的需求。短视频时代下，打破地域的桎梏，实现受众的全范围扩展，借助网络技术让苗族服饰与人们"面对面"交流，并逐渐在不同群体的视野中活跃和创新。

在苗族服饰产品的推广营销过程中，应最大限度地利用短视频平台进行广泛的市场宣传和推广工作。以苗族服饰为主题，结合苗族历史文化风貌拍摄一系列专题片，从地理、历史、人文等多角度展现当地风貌，也是更多人认识与了解苗族历史与当地苗族服饰的窗口。在内容创作上要深耕、尽善尽美，以苗族服饰的深远历史为底蕴的苗族服饰系列片必能在内容上打动人，在精神上鼓舞人，使观看者产生浓厚兴趣、喜爱与向往之意。另外结合短视频平台传播、更新速度快的特点，制定有节奏、有逻辑的投放计划，突出精美画质、特色产品、匠心精神，吸引观众眼球，打造观看爆点，塑造现象级非遗传播方式。对于苗族服饰来说，它的精美外观、图案故事、丰富的象征意义等多维度的文化魅力，使得苗族服饰在短视频平台上快速寻得一席之地，得到受众群体的欢迎。

网络销售窗口

网络直播，能让人们近距离体验苗族服饰制作过程，增加体验感、真实感、亲切感。有的网络直播讲述苗族服饰特点，甚至设计技术特点；有的网络直播就是在带货，使传承人面向观众畅谈创作故事，讲述创作历程，介绍苗族服饰基本知识，在互动中也有利于传承人了解消费者偏好，更有利于激发其创作灵感，丰富苗族服饰产品种类与形式。在直播中可根据时间节点设置互动答题、奖励礼物等环节，丰富观看体验，并且根据直播后的反响调整内容，借直播之力使苗族服饰分一杯羹。有的还通过"情景式""剧本杀"等形式，给顾客留下了深刻印象。

网络直播方便快捷，内容丰富，娱乐性、直观性、互动性强，让更多观众认识、了解了苗族服饰。例如在直播过程中或因优质内容得到观众的点赞和打赏，直播间里可加入商品链接进行售卖，只需点击就能快速完成购买过程，产生收益。对于传承人和绣娘来说，直播的便捷性与产生效益的简洁性极具优势，免去了门店、摊位的成本，甚至不用参加千里之外的展销会，仅一部手机就能实现刺绣与消费者的连接，实现利益最大化。

新平台的建立，新技术的运用，让苗族服饰产品参与到浩荡的市场经济洪流中，应转变苗族服饰从业者的思想观念，着力扩大区域以及国际苗族服饰市场，开阔眼界，学习先进经验，进而进行创新，提高人们的关注度，增强社会影响力，这对苗族服饰文化的传播意义非凡。运用互联网技术创新传播方式，守好非遗品质，讲好非遗故事，讲好苗族故事，讲好苗绣苗银文化，是湘黔边苗族苗绣银饰从业者以及广大民族和文化工作者的共同愿望。

苗族服饰要发展，我们还需做大量工作且需要长期努力。

一是通过金融手段扶持苗绣与银饰等传统民族工艺产业。条件成熟的地方可以建立产业扶持基金，扶持民族手工业发展的专项，扶持民族手工业企业发展。由点及面，培植更多重点龙头企业、重点产品，培育更多的标志性产品、更多的"千家百户"、更多的模范民族手工业企业。

二是做好苗绣与银饰等传统手工业市场培育工作。通过降税、免费、以奖代补等办法，为店铺、作坊、工作室等疏通渠道、创造条件；做好宣传媒介工作，鼓励走出去建窗口、办展会；鼓励创新的文化创意宣传和技术传播，鼓励对有关苗绣苗银的传统文化的历史挖掘且出品相关的影视作品。这方面，国粹京剧文化在传播上做出了表率，苗绣苗银背后的故事也很精彩，急需挖掘和表达。进一步规范和提升旅游市场民族产品门店及生产企业的品质，让其成为游客最喜欢、最放心、最划算、最值得购买、最乐意购买的产品。

三是加大苗绣苗银制作艺人的培养力度。除了现行的非遗传承人、民间艺人培训外，还应该在少数民族聚居区的地方高校、职业技术学校，有针对性地设置与当地非遗项目有关的专业和课程，如"苗族手工业""苗绣"等。实行定向招收或委培制度，降低录取标准；研究好人才培养标准，实施好课程计划，做好实习、实训基地建设工作及就业指导工作。把非遗传承人请进学校、请上讲台，将理论与实践紧密相连，课堂与市场密切合作，让这项事业和这方面的人才看到希望。

四是鼓励传统苗绣等工艺大胆创新。借助现代工艺创新传统工艺。发展技术是传统手工艺发展的关键。要打破行业界限，敢于打破常规，融入新理念、新技术、新材料。不能抱残守缺，故步自封；要善于学习、不断进步，与现代人的生活相协调。要去粗取精，学会扬弃，发扬优秀传统文化，摒弃腐朽落后陋习。高校和科研团队要加强少数民族传统手工艺科研工作，尤其是那些即将失传的工艺，要把抢救、挖掘、整理作为民族工艺科研工作的主基调。尤其是有关的史料文献，要尽快整理和研究，出品一批关于苗族手工艺的口述文献、门类齐全的研究资料和普及读物。

追求美是人的天性，苗绣之美在于其技术高超，造型奇特，想象丰富，色彩强烈，在于其对自然、宇宙、生命起源的理解和认识，在于其浓郁的苗族风情和深邃的文化内涵。我们有理由去喜欢它、传承它。

第十五章　湘黔边苗绣银饰代表性非遗传承人

本章所述苗绣和银饰非遗传承人，都是湘黔边地区非遗传承人的代表，他们创办的企业是当地民间民族工艺企业的代表，也是本课题组的重点研究对象。这些人都在为湘黔边苗族非遗项目的传承默默贡献，他们中的每个人都是一部书，每个人都有一个关于非遗传承的精彩故事。一旦走近他们，你就会收获感动。

石丽平

石丽平，女，苗族，大专文化，1966年1月出生于贵州省松桃苗族自治县。国家级非物质文化遗产代表性项目苗绣省级代表性传承人、第十三届全国人民代表大会代表、"2019中国非遗年度人物"。

出生于刺绣世家的石丽平，从小就对刺绣有着深厚的情感，为了保护和传承苗绣技艺，她用了10年时间走遍贵州苗寨，挖掘苗绣技艺、收集刺绣纹样，行程超过2万千米。2008年12月，她带领3名绣娘创办贵州省松桃梵净山苗族文化旅游产品开发有限公司，至今已培训绣娘1万多名。2016年以来，石

▲ 非遗传承人石丽平

▲ 石丽平作品"鸽子花"

丽平积极参与"一企扶一村"计划，与当地村寨结成帮扶对子，采用"公司＋基地＋农户"的形式，实行"计件为主＋效益＋产品提成"的薪酬模式，实施"公司＋易地搬迁扶贫工坊＋搬迁户"联结培训，在易地扶贫搬迁点开设了 100 个扶贫工坊，实行"一人一工坊"居家就业模式，解决了 4000 多名留守妇女居家就业问题，帮助 300 多名贫困人口脱贫，创造年产值 6000 多万元。她先后捐资 60 多万元修建 10 多千米乡村公路，资助 17 名贫困大学生完成学业，为当地扶贫开发、贫困救助、贫困学生就业等累计捐资 200 多万元。

2020 年 10 月 16 日，石丽平获得"2020 年全国脱贫攻坚奖奉献奖"。

刘新建

刘新建，男，汉族，1968 年 2 月 27 日出生于湖南省凤凰县，17 岁开始学艺。2018 年被原文化部评为国家级非物质文化遗产代表性项目蓝印花布印染技艺传承人。其父亲刘贡鑫系刘家蓝印花布第四代传人。

刘新建自幼随父学艺，熟练掌握了蓝印花布的制作技艺，包含裱版、描稿、制版、上桐油、调料、刮浆、入染等制作过程，并对蓝印花布的图案设计、制作工艺进行了大胆创新。印染工艺讲究做工精细，构图巧妙，色彩鲜明，寓意深刻，他制作的蓝印花布色泽鲜艳，清新淡雅，美观大方，深受广大消费者的喜爱。代表作品有《凤戏牡丹》《金鱼

▲ 非遗传承人刘新建

▲ 刘新建印染作品

戏莲》《吉庆有余》《双鱼福寿》《吉庆丰收》《八宝生辉》等，作品远销东南亚，并多次参加国内外举办的民间工艺品大赛，在国内外享有很高的声誉。

近年来，刘新建与湖南工商学院、中南大学、湖南大学、湖南师范大学等高校开展合作，并开设讲座，参与特邀课的讲授。他曾多次参与接待了前来凤凰县调研的国家领导人，蓝印花布印染作品还受到时任国务院副总理刘延东、全国政协主席贾庆林、原文化部副部长董伟等领导的赞扬，并鼓励他为传承和弘扬民间工艺继续努力。

杨丽

杨丽，女，汉族，1976 年 11 月出生，大学学历，铜仁碧江人，"黔绣"品牌创立人，铜仁市苗绣非物质文化遗产代表性传承人，贵州省第十三届人大代表，铜仁市女企业家协会会员、碧江区妇女联合会兼职副主席、碧江区女企业家协会监事长。

从小目睹母亲的苗绣技艺，杨丽经过多年苦苦摸索，将梵净山的自然之美与苗绣相结合，在树叶上穿针走线，独创出美轮美奂的"叶脉绣"，并创建贵州黔绣非遗文化产业发展有限公司。她曾荣获贵州省脱贫攻坚"奋进奖"、两赛一会"特等

▲ 非遗传承人杨丽

▲ 杨丽的代表性作品——叶脉绣

奖"，荣载国家级"十三五"重点规划项目，进入中华传统手工艺保护丛书《绣娘》名录；先后被授予贵州省巾帼建功标兵、贵州省"三八红旗手"、贵州省"最美劳动者"、贵州省首届"黔绣工匠""贵州名匠"、"贵州最美女企业家"、贵州省"十四五"规划"锦绣计划智库专家"等荣誉称号。

2010年，杨丽公司团队创作的"铜仁印象"系列旅游产品，荣获2010年多彩贵州旅游商品两赛一会"铜仁名创"创新奖；2011年4月，经贵州省商务厅选拔，组团赴意大利佛罗伦萨参加2011年国际手工业及礼品展；2012年5月，代表贵州省十佳民族手工艺企业赴美国参加"2012年美国拉斯维加斯春季礼品展"。她所创办的公司曾被授予"贵州省非遗手工艺保护性传承基地""省级巾帼创业示范基地""省妇女手工创意设计示范基地""省级乡村振兴示范企业""智慧锦绣·贵州省妇女特色手工创新研发基地""贵州省非物质文化遗产生产性保护示范基地""碧江区非遗（苗绣）保护示范基地"等荣誉。

梁成菊

梁成菊，女，1948年出生于湖南省吉首市古丈县坪坝镇曹家村，湘西州非物质文化遗产苗族花带技艺代表性传承人。

▲ 非遗传承人梁成菊

梁成菊的家乡曹家村是湖南省省级乡村振兴示范村、中国传统村落。苗家传统文化源远流长，其中打花带和刺绣以图案精美、色彩多样、手艺精湛闻名遐迩。梁成菊耳濡目染，自17岁起便自学绘画，后又跟着其祖母和母亲学会了绣花和打花带的技艺，并自行研究出新式的绣花纹样。由于刻苦钻研织花带的技术，梁成菊织花带的技艺越来越精湛，她的作品尤其讲究图案的对称和色彩的搭配，织出的花带质地结实，画面布局精巧匀称，深受附近乡邻的喜爱。

　　梁成菊曾参加湘鄂渝黔边区首届民族民间旅游商品暨民间工艺大师评选大赛，其参赛作品曾荣获优秀产品奖。她还多次接待各地的花带爱好者来她家学习、交流。如今，她已74岁高龄，但她仍为吉首市古丈县曹家村传统制作技艺的传承辛勤地耕耘着。

▲ 梁成菊制作的花带作品

龙吉堂

　　龙吉堂，男，苗族，1938年出生于湖南省凤凰县禾库镇德榜村银匠世家，湘西州非物质文化遗产苗族银饰锻制技艺代表性传承人。他从小学习银饰锻制，是远近闻名的"锻制大师"。其儿子龙先虎、孙子龙建平跟随其从事锻银技艺，祖孙三代人坚守匠心，传承着苗族银饰传统文化。

　　龙吉堂幼年就跟随其父亲走南

▲ 非遗传承人龙吉堂

闽北，曾到贵州、云南、西藏、青海等地做银匠活。从小耳濡目染再加上踏实勤奋，少年时就已经娴熟掌握了苗族银器传统锻制方法。在他的带领下，德榜村成了湘西最具规模的"银匠村"。龙吉堂长子龙先林，1962年7月出生，12岁时跟随其父亲龙吉堂学习银饰加工等一系列制作工艺，擅长大链、帽子、戒指、龙凤的制作。龙吉堂次子龙先虎，1972年8月出生，16岁随其父亲龙吉堂学习银项圈、银手镯的制作技艺。因为其勤奋好学，3年便学成出师，30岁开始带徒授艺，至今授徒10余人。

2014年，龙吉堂成立吉虎手工银饰厂，这是一家专注于苗族银饰制造、研究、开发、生产及销售的民族产业公司，被政府授予"非物质文化遗产保护基地"，公司产品占据本地市场70%的份额，并销售于全国各地，年产值400万元，实现利润200万元，以点带面促进了苗乡经济的发展。2017年8月，龙吉堂苗银制作场所被原湖南省文化厅、湘西州文化广电新闻出版局评为苗族银饰基地。2018年3月，禾库镇政府授予其凤凰县禾库镇苗族银饰锻造技艺传习所、德榜村苗族银饰锻造技艺生产性保护基地示范户。

▲ 龙吉堂锻制的银饰作品

▲ 非遗传承人麻茂庭

麻茂庭

麻茂庭，男，苗族，高中文化，1953年出生于湘西凤凰山江镇马鞍山村，是湘西麻氏银饰制作匠人家族第五代传人，也是麻氏家族的唯一传人，国家级非物质文化遗产苗族银饰锻制技艺代表性传承人。

麻氏是湘西凤凰山江镇有名的银匠世家，是湘西地区最大的银匠流派，有着150余年的历史。1974年，麻茂庭高中毕业后，回到家乡务农。他的父亲麻清文是山江有名的祖传银匠师，一心要把他培养成有名的银匠。

麻茂庭便跟随其父亲学习传统银饰制作。由于天资聪慧，加上勤奋好学，经过短短几年时间的学习，他便将麻氏制银工艺完全传承了下来。得益于自身较高的文化修养，他在继承祖传制银技艺的基础上活学活用、与时俱进，制作的银饰品构图别致，样式新颖，技艺精湛，既保留了苗族银饰原始古朴的传统特色技艺，又在传统技艺基础上进行大胆创新，将当代流行的造型和纹样融入银饰设计制作中，受到年轻消费者的喜爱。

▲ 麻茂庭银饰作品——手环

从艺40多年来，麻茂庭与银饰朝夕为伴，精心打造和制作了上万件银饰品，苗族银饰传统锻制技艺通过家族传承的方式在麻茂庭的手中得到了最大程度的保存。如今，麻氏五兄弟中四个已经改行，只剩年事已高的麻茂庭一人还耕耘在苗族银饰手工艺术的园地。2015年，麻茂庭的小儿子麻金企退伍后主动跟随他学习制作银饰，也接过了麻氏银匠世家的大旗。

黄东长

黄东长，男，苗族，初中文化，1954年出生于松桃盘信，为黄家苗族银饰加工第六代传人，也是苗族黄家手工制银技艺现今唯一传人，铜仁市非物质文化遗产项目银饰锻制技艺代表性传承人。2018年，盘信黄家银饰加工厂被贵州省民宗委、贵州省文联命名为第三批贵州省少数民族传统手工艺传习所。

1841年，黄家从松桃普觉安化搬迁至盘信定居，黄东长从小耳濡目染，传承了祖辈留下的银饰手工技艺，从艺五十载有余。家中有四个子女，只有大儿子黄峰从小跟随他学习银饰手艺。盘信黄家银饰加工厂是黄东长在盘信自家住房里开办的一家集制作、修理、销售为

▲ 非遗传承人黄东长

▲ 黄东长银饰制作模具包

一体的银饰手工家庭作坊，主要为附近乡民制作加工各种银饰，每年制作加工的银饰用料达 50 千克。黄东长一直沿袭着传统的锻造手艺，图形纹样也多是一成不变，虽技艺精湛，但制作出来的银饰种类较为固定，且纹样相对单一，主要为松桃一带的苗服配饰。

由于年岁已高，加之在银饰造型及功用上相对保守，没有能紧跟市场趋势调整工艺，黄家银饰手工作坊没有得到大的发展。为了满足市场消费需求，2022 年夏，黄东长和他的儿子黄峰在盘信镇街上租赁了一间门面用于制作售卖银饰。

龙根主

龙根主，男，苗族，1949 年出生于松桃火连寨的银匠世家，贵州铜仁市非物质文化遗产项目银饰制作技艺传承人。2013 年，龙根主注册"火连纯银"商标，2016 年火连纯银作坊被贵州省民宗委、贵州省文联命名为少数民族传统手工艺传习所。

龙根主的父亲早逝，为了养家糊口，他在 17 岁时就跟随其叔父龙光达学艺，20 岁时就成为当时全乡颇有名气的银匠师傅。1970 年，他被原世昌乡政府安排到"综合厂"副业组从事制作加工苗族银饰品工作，被授予"能工巧匠"的称号。1976 年，龙根主以"能工巧匠"代表身份参加松桃苗族自治县成立 20 周年县庆活动。1981 年，龙根主离开"综合厂"，在火连寨开了一个制作银饰的小作坊。

2006 年，龙根主承

▲ 父子师徒。右为松桃银匠龙根主，左为其子

接松桃苗族自治县成立 50 周年县庆银饰礼品的加工，所制作加工的贵宾礼品受到领导和贵宾的交口称赞。2013 年参加"金沙回沙杯"多彩贵州铜仁市旅游商品"两赛一会"，并荣获"铜仁名匠最佳创意"奖。2013 年 5 月，松桃县民族文化产业园建成，龙根主成为第一批入驻商户。2014 年，参加"金沙回沙杯"多彩贵州铜仁市旅游商品"两赛一会"，荣获"铜仁名匠"一等奖。2014 年 11 月，在中国（贵州）国际民族民间工艺品·文化产品博览会中，荣获贵州省二等奖、铜仁市最高奖。2016 年，龙根主承接松桃苗族自治县成立 60 周年县庆银饰礼品的加工制作。同年，为松桃县政府制作一套苗族银饰作为松桃苗族自治县成立 60 周年县庆献礼精品，现收藏于松桃苗族自治县成就成果展馆。

龙松

龙松，男，苗族，大学文化，铜仁市非物质文化遗产项目银饰制作技艺传承人，1984 年出生于松桃世昌乡甘溪村，开办松桃贵银庄银饰加工厂，2018 年贵银庄被命名为贵州省"民族民间手工艺传习所"，成为贵州大学、苏州大学、铜仁学院传统技艺手工银饰教学实践基地。

龙松的堂叔龙绍良是甘溪村里有名的家传银匠，他从小耳濡目染，15 岁高中毕业以后，选读美术设计类专业学校，假期跟随其堂叔学习银饰制作技艺。2008 年，龙松与妻子杨伶俐开办家庭式银饰作坊。2013 年，在松桃县民族文化产业街建立独立的加工厂房，生产 20 余个品种 100 多个款式

▲ 非遗传承人龙松

的银饰品，并注册了自己的商标，开了网店，通过全国 28 家代理商和网络销售，产品远销全国各地。2014 年，成功注册小微企业。2017 年，企业全年销售额达到 85 万元。

2017 年底，龙松扩大门面，其作坊的加工和营业面积达 120 平方米，成为松桃民族文化产业街规模最大的银饰作坊。

随着银庄口碑渐旺，龙松开始广收学徒，不少民间爱好者、高校师生都前来向他学习手工银饰制作技艺，他还在自己的村子里不定期开展手工银饰技艺培训，也为一些企业培训工艺骨干人才。

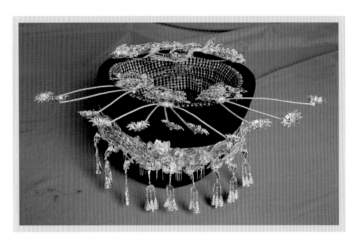

▶ 龙松作品——盛装银饰

龙玉门

龙玉门，女，苗族，1971 年出生于凤凰县禾库镇岜人寨，中国优秀织锦工艺传承人、湖南省级非物质文化遗产湘西苗族花带技艺传承人。

龙玉门的家乡岜人寨地处武陵山腹地，有着"男人打苗银，女人织花带"的传统。她 7 岁时便跟随母亲学习花带编织，至今从艺 42 年，娴熟地掌握了各种传统图案的编织技法。她编织的苗族花带宽的有 10 多厘米，可以作围脖；窄的 1 厘米左右，可以当手环；不宽不窄的，可以系在腰间作腰带。多年来，在传统苗族花带编织技艺的基础上，她还把现代元素与民族文化充分融合，探索新织法、新图案、新款式，创作出与时俱进的新作品《十二生

▲ 非遗传承人龙玉门

肖》《湘西风情》《老鼠迎亲》等，作品《十二生肖》获首届非物质文化博览会铜奖。她所研发的手机嵌名花带为全国首创。

由于经常在凤凰沱江边现场展示花带编织技艺，龙玉门受到媒体的广泛关注。2000年，被媒体誉为"沱江织女""花带西施"。她的花带作品被北京美术学院、湖南省工艺美术馆等多家单位收藏；编织工艺技术被中央电视台、香港凤凰卫视等多家新闻媒体专题采访和报道；2011年，被中国织锦专业委

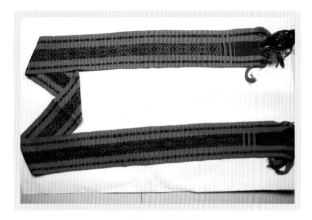

▲ 龙玉门花带作品

员会授予"中国优秀织锦工艺传承人"称号。2017年，龙玉门加盟爱梦（北京）文化传播有限责任公司，致力于苗族花带传统技艺的传承和推广。

王曜

王曜，男，1967年8月出生于贵州安顺，2003年定居于湖南凤凰，中国民族蜡染艺术大师，非物质文化遗产代表性项目凤凰蜡染技艺州级代表性传承人，曾入选2019"中国非遗年度人物"候选名单。现任中国民族工艺美术蜡染分会副主席、湖南省民间美术研究会副主席、湖南省民间美术研究会民族蜡染艺术委员会主任、蜡魂艺术馆馆长。

王曜1986年开始从事蜡染工艺设计制作，后自己创办蜡染厂，辗转到了凤凰古城，创办"蜡魂艺术馆"，成为当地蜡染作坊中一块响亮的招牌。

▲ 非遗传承人王曜

他的蜡染作品细腻而丰富，善于将蜡染的传统元素与现代流行元素相结合，把中国画的技法、版画甚至油画或者是木刻等绘画的表现手法融进蜡染工艺之中，其作品在业内深受好评，是凤凰蜡染技艺最具代表性的人物。2011年，他有19幅作品登上了法国、荷兰、比利时、美国、德国等5个国家邮票，并在5个国家同步发行。

从事蜡染设计工作30多年，王曜致力于蜡染艺术的研究和传承，他常年在"蜡魂艺术馆"制作、展示各种蜡染作品，还广招学徒，利用节假日和寒暑假举办"湘西蜡染传承少年游学行"，带动更多人参与到保护传统民族民间技艺的活动中来，将蜡染文化发扬光大。

▲ 王曜的蜡染作品

吴仙花

吴仙花，女，苗族，生于1968年8月，大学本科，松桃苗族自治县中等职业学校教师，先后在贵州省松桃苗族自治县芭茅中学、正大中学、盘信民族、民族寄宿制中学、县中等职业学校任教。近几年来，致力于苗族刺绣的传承教学与研究。2018年，被评为铜仁市非物质文化遗产项目苗绣代表性传承人。

2013年9月，松桃苗族自治县中等职业学校将苗族刺绣文化和技艺引进校园，把苗族刺绣作为民族艺术特色课程，让苗族刺绣传统技艺成为"活态"得以保护和

▲ 非遗传承人吴仙花

传承。吴仙花在松桃职校培养了数千名掌握苗族刺绣技艺的学生，多次被松桃梵净山苗族文化旅游产品开发有限公司、松桃县就业局和铜仁市就业局聘请为苗族刺绣技能教师，开展苗族刺绣技能培训，培训了3000多人次农村妇女，为农村妇女就业提供技能支撑，拓宽她们的就业渠道，让她们在家就能实现就业和再就业。2016年被评为"铜仁市促进民族团结先进个人"，2020年被教育部职业技术教育中心研究所录入产业导师资源库，多次被评为先进教师，多次参加贵州省职业院校技能大赛并获特色项目三等奖、二等奖。

▲ 吴仙花刺绣作品

石佳姐妹与七绣坊

在湘西花垣县石栏镇，有一家七绣坊苗服饰文化有限责任公司，是石佳、石巍姐妹于2017年成立的。两姐妹主要从事苗族服饰产品研发、生产、销售的工作。几年来，她们大力开展技术革新，有6项实用新型专利采用新型制版技术，将苗族刺绣工艺进行改进；利用机械生产将苗绣量产化；将传统苗绣与时尚元素相结合，使其产品更多元化、受众更广泛；通过3D建模技术和虚拟数字技术实现设计、展销电子化。两姐妹是对苗绣传承有情怀的人，她们聘请了苗绣非遗传承人作为指导老师开办就业培训，开展"让妈妈回家"公益培训项目，截至2022年10月已有超过1000名苗族女性同胞免费参加培训学习，培训合格以后与公司签约上岗，所制作的衣饰由基地统一销售，同时承接外贸代工订单，保障基础就业。其中签约绣娘486人、建档立卡贫困户132人，使300余名留守儿童的父母返乡稳定就业。

石佳说："做这个项目就是想让家乡有产业、让妇女们在家门口就能就业。"

石巍说："接受高等教育的意义不是摆脱贫困的家乡，而是帮助家乡摆脱贫困。"

▲ 石巍作为设计师参加 2020 中国国际时装周

▲ 七秀坊公司的专利之一

　　走进银饰锻造传承人黄东长的作坊，你会感觉到丝丝简陋和苍凉；但当你看见"黄东长们"脸上的自信和自豪，你会感到这门技艺的传承希望。走进湘西七绣坊，置身绣娘群，仿佛走进了多彩的花园，苗族绣娘满头的银饰，发出银铃般的声响，用声音烘托着一种和谐与美好；再看看每个人脸上，都洋溢着灿烂的笑容，你会深刻地感受到她们的幸福和快乐。这就是现代湘黔边苗族非物质文化遗产传承人的形象和气质，我们有理由相信，有了他们，中国苗绣的明天一定会更加美好。

主要参考文献

【1】伍新福.苗族文化史[M].成都：四川民族出版社，2000.

【2】伍新福.苗族历史探考[M].贵阳：贵州民族出版社，1992.

【3】[南朝宋]范晔撰，（唐）李贤等注.后汉书[M].北京：中华书局，2000.

【4】王菊.民族服饰制作技艺及文化传承——以西江千户苗寨为例[D].陕西师范大学，2019.

【5】[清]萧琯纂修，[清]徐鋐主修.松桃厅志·校注本[M].贵阳：贵州民族出版社，2006.

【6】[明]沈瓒编撰，[清]李涌重编，伍新福校点.五溪蛮图志[M].长沙：岳麓书社，2012.

【7】云南省苗学会编.苗族的迁徙与文化[M].昆明：云南民族出版社，2006.

【8】李锦伟.试述明清时期黔东农村经济作物的发展[J].安徽农业科学，2010（1）.

【9】贵州省松桃苗族自治县志编纂委员会.松桃苗族自治县志（1986-2006）[M].北京：方志出版社，1996.

【10】文化松桃丛书编委会.苗绣松桃[M].北京：时代出版社，2016.

【11】尹婧，安勇.湘西苗族织锦技艺传承的式微及数字化保护策略[J].湖南包装，2017（12）.

【12】杨昌雄.苗族桑蚕丝绸技术的发展[J].丝绸，1985（5）.

【13】吴仕忠.中国苗族服饰图志[M].贵阳：贵州人民出版社，2000.

【14】郭康丽.传统汉剧典型的服装结构研究[D].武汉纺织大学，2017.

【15】顾韵芬，刘国联，曾慧.金代女真族服装结构处理技术的探讨[J].东华大学学报（社会科学版），2007，7（4）：312-317.

【16】龙叶先.苗族刺绣工艺传承的教育人类学研究——湘西凤凰苗族农村社区（椰木坪村）个案分析[D].中央民族大学，2005.

【17】贺琛.苗族蜡染[M].昆明：云南大学出版社，2006.

【18】覃燕君.设计美学规律在服装设计中的应用[J].纺织报告，2018（4）：75-77.

【19】秦建星.贵州松桃苗族服饰的审美价值探析[J].贵州民族研究，2016（7）：98-101.

【20】杨正文 . 苗族服饰文化 [M]. 贵阳：贵州民族出版社，1998.

【21】麻明进 . 苗族装饰艺术 [M]. 长沙：湖南美术出版社，1987.

【22】夏建中 . 文化人类学理论学派 [M]. 北京：中国人民大学出版社，1997.

【23】《吉首市志》编纂委员会 . 吉首市志（1989~2005）[M]. 北京：方志出版社，2012.

【24】《吉首市志》编纂委员会 . 吉首市志 [M]. 长沙：湖南出版社，1996.

【25】段知力 . 湘西苗族服饰传统动物图案研究 [J]. 戏剧之家，2017（23）.

【26】骆醒妹 . 浅谈湘西苗族服饰审美 [J]. 中央民族大学学报，2011（1）.

【27】江成，贺景卫，苏晓 . 巴楚巫文化影响下的湘西苗族女装探析 [J]. 湖南包装，2018（179）.

【28】张鹏凯 . 湘西苗族童帽纹饰中的神权色彩 [J]. 湘南学院学报，2021（1）.

【29】朱霞 . 传统工艺的生命力及其民俗过程——以云南乌铜走银技艺的生成、濒危与活化为例 [J]. 广西民族大学学报（哲学社会科学版），2020（4）.

【30】张智艳 . 基于结构符号学共时分析理论的湘西苗族服饰刺绣纹样阐释 [J]. 湖南包装，2019（185）.

【31】张国华 . 简谈湘西苗族服饰艺术及其文化特征 [J]. 吉首大学学报（社会科学），1991（4）.

【32】田爱华 . 湘西苗族银饰艺术的审美价值研究 [D]. 浙江师范大学，2009.

【33】中共松桃苗族自治县宣传部 . 松桃密码 [M]. 贵阳：贵州民族出版社，2013.

【34】尹斐 . 苗族银饰锻造技艺传承的教育人类学研究 [D]. 中央民族大学，2012.

【35】冯佰伟 . 湘西苗族银饰锻造技艺的非遗影像研究 [D]. 吉首大学，2019.

【36】梁太鹤 . 苗族银饰的文化特征及其他 [J]. 贵州民族研究，1997（3）.

中国少数民族特需商品传统生产工艺和技术保护工程第十二期工程
——西南地区少数民族服饰（第一部分）：湘黔边苗族服饰
专家评审组决议书

　　西南地区少数民族服饰项目（第一部分）：湘黔边苗族服饰专家评审组受项目甲方国家民族事务委员会共同发展司委托，于2022年11月26日，对项目乙方铜仁职业技术学院所承担的"中国少数民族特需商品传统生产工艺和技术保护工程第十二期工程——西南地区少数民族服饰（第一部分）：湘黔边苗族服饰"项目进行终审评议：

　　一、全书主题鲜明，结构清晰，逻辑层次合理。在大量田野调研基础上，从服饰溯源、形制特点、工艺技术、穿戴说明、文化内涵、美学意义及传承创新等方面对湘黔边苗族服饰展开较为详尽的记述和阐释，重点发掘和记录了"苗绣""苗染""苗族传统织布""苗族银饰"等传统生产工艺和技术，彰显了中华文化的绚丽多彩。这对铸牢中华民族共同体意识具有重要的作用，对民族传统服饰工艺技术的传承和保护具有重要的意义和较高的参考价值。

　　二、本书作为一部系统收集、整理、研究湘黔边苗族（红苗）服饰文化的著作，无论是从民族学，还是从民族服饰学、民族服饰文献学的角度，尤其对苗学之红苗研究、服饰学之湘黔边红苗服饰研究，均提供了很有价值的参考和补充。

　　三、本书项目组成员由铜仁职业技术学院及周边高校苗学、民俗学、苗族语言学、文化及遗产学等专家学者及服装设计师、美术师、摄影师组成，他们生活在湘黔边地区，生活、工作中与苗族交往、交流、交融，对苗族及苗族服饰非常熟悉。书中阐释的苗族服饰文化现象，很多章节看起来更像是口述史，这是地方非遗文化挖掘、搜集、整理、保护、研究、传承的有效实践，尤其是对即将失传的民间工艺，以地方专家为主，通过项目课题形式组织研究团队开展田野调研、写口述史，最后形成专著，是一种很好的保护途径。

四、本书有三个特点：一是很多涉及工具、流程、图样的图示，都采用线描图的方式，这使得记录呈现得更为直观清晰。二是本书项目组成员在湘黔边地区田野考察充分，获取的一手资料翔实且丰富。三是书中涉及的专用名词，都是由当地苗族语言学教授用苗语予以注音，这是研究态度严谨的体现，更是对苗族文化的一种保护与传承。

主要问题：一是书中对湘黔边苗族服饰相关文献的采录，数量不足、研究不深、阐释不够，二是书中对湘黔边苗族服饰的美学意义研究欠深入，有待进一步探索。

经专家评审组讨论，一致同意"中国少数民族特需商品传统生产工艺和技术保护工程第十二期工程——西南地区少数民族服饰（第一部分）：湘黔边苗族服饰"项目通过终审。

专家信息

中央民族大学美术学院教授、博士生导师，博士

中国民族博物馆收藏部主任、博士

清华大学美术学院长聘副教授、博士生导师，博士

北京服装学院教授、硕士生导师

浙江理工大学服装学院教授、硕士生导师，博士
浙江理工大学瓯海研究院副院长

鸣谢单位

铜仁市民族和宗教事务委员会

湘西土家族苗族自治州民族宗教事务局

花垣县民族宗教事务局

凤凰县民族宗教事务局

松桃苗族自治县民族宗教事务局

铜仁市碧江区民族宗教事务局

铜仁市苗学会

铜仁学院武陵民族文化研究中心

铜仁学院武陵民族文化保护与旅游开发协同创新中心

铜仁职业技术学院武陵山民族地区乡村产业发展研究中心

铜仁职业技术学院铸牢中华民族共同体意识研究基地

铜仁职业技术学院贵州省乡村特色产业发展研究中心

凡例

（1）本书苗文为贵州世居民族语言测试专家龙智先教授所注。注释格式为汉文（苗文），如鱼纹（Benx dab mloul）。

（2）本书所采用的图片除注明出处的以外，均为课题组成员拍摄。本书所有线描图由课题组成员邹雅娴、龙家兴、潘洪礁绘制。